结构设计新形态丛书

Tekla
钢结构深化入门与提高

文 远 编著

中国建筑工业出版社

图书在版编目(CIP)数据

Tekla 钢结构深化入门与提高 / 文远编著. -- 北京：
中国建筑工业出版社，2025. 2. --（结构设计新形态丛
书）. -- ISBN 978-7-112-30927-6

Ⅰ. TU391.04-39

中国国家版本馆 CIP 数据核字第 2025PA5108 号

本书为"结构设计新形态丛书"之一。本书作者为网络达人。本书含有大量的视频可扫码
观看。全书共八章。主要内容包括：建模准备；零基础框架建模；简易门式刚架建模；管桁架
建模；出图准备；出图；常用系统节点；常用操作。
本书可供钢结构从业人员使用，并可供各层次院校的师生使用或作为培训教材使用。

责任编辑：郭　栋
责任校对：李美娜

结构设计新形态丛书

Tekla 钢结构深化入门与提高

文　远　编著

*

中国建筑工业出版社出版、发行（北京海淀三里河路 9 号）
各地新华书店、建筑书店经销
北京红光制版公司制版
北京云浩印刷有限责任公司印刷

*

开本：787 毫米×1092 毫米　1/16　印张：13¼　字数：326 千字
2025 年 6 月第一版　　2025 年 6 月第一次印刷
定价：**79.00** 元
ISBN 978-7-112-30927-6
（44485）

目　　录

Tekla 是芬兰 Tekla 公司开发的钢结构详图设计软件，它是通过先创建三维模型以后自动生成钢结构详图和各种报表来达到方便视图的功能。曾用名Xsteel。Tekla 是一款专业的建筑信息模型软件，功能包括三维实体结构模型与结构分析、三维钢结构细节设计、三维钢筋混凝土设计等。它为建筑工程和施工行业提供全面的解决方案，可以帮助设计师、工程师和建筑师从设计到施工的整个过程中轻松地创建精确的三维模型。

1.1 新建项目及软件介绍

1.1 新建项目

1.1.1 选择软件配置和环境

双击图标启动 Tekla 软件，选择中文环境，配置采用钢结构深化。见图 1-1。

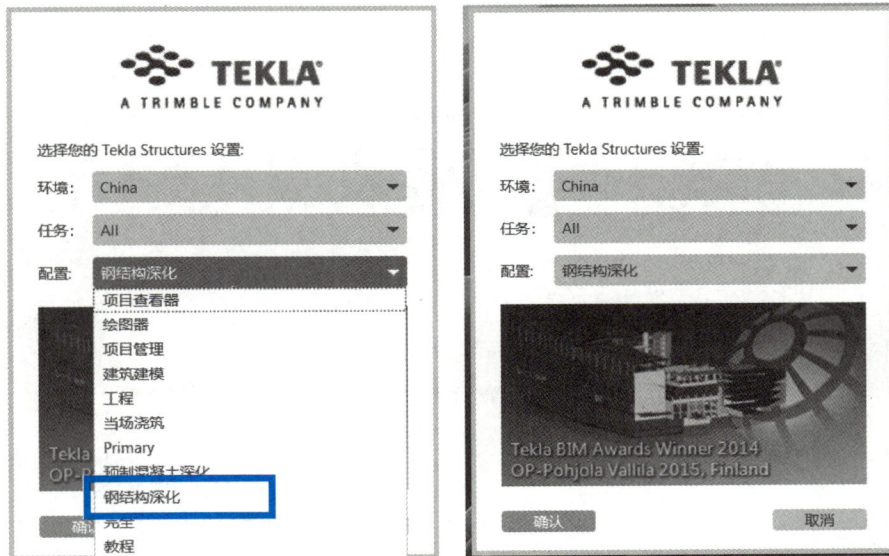

图 1-1 启动 Tekla 软件

1.1.2 创建新的项目

点击文件选项，新建项目，见图 1-2。模型名称可以根据自己实际做的项目名称修改。如果个人使用软件建模，默认选择单用户即可，见图 1-3。

图 1-2　新建项目

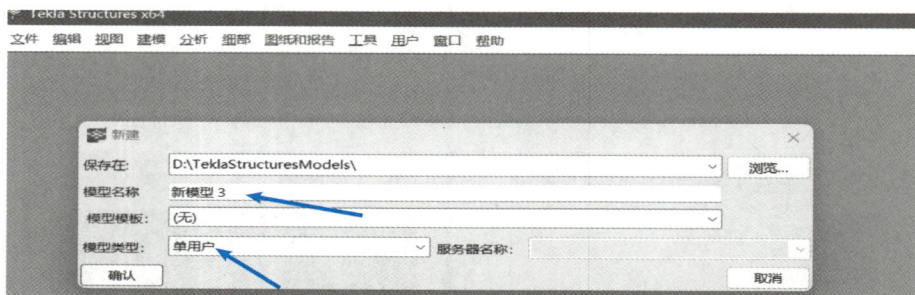

图 1-3　修改项目名称

1.2　工具栏

1.2.1　调出工具栏

（1）选择：工具→工具栏→所有默认工具，见图 1-4。拖动每个工具栏的最前端，可以自行摆放到合适位置，见图 1-5。

（2）软件界面图标大小设置：工具→自定义→放大的图标。见图 1-6、图 1-7。

图 1-4　调出工具栏

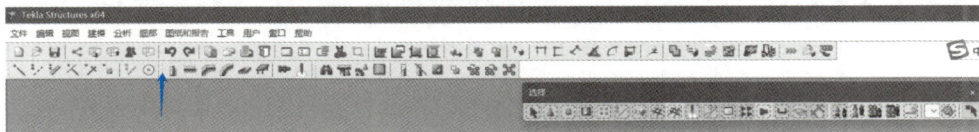

图 1-5　拖动工具栏

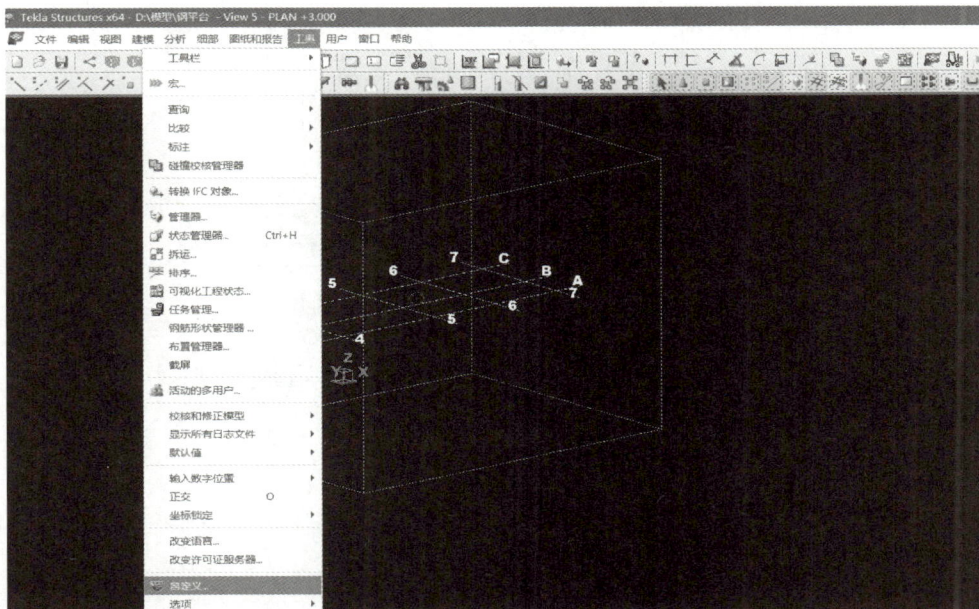

图 1-6　放大图标一

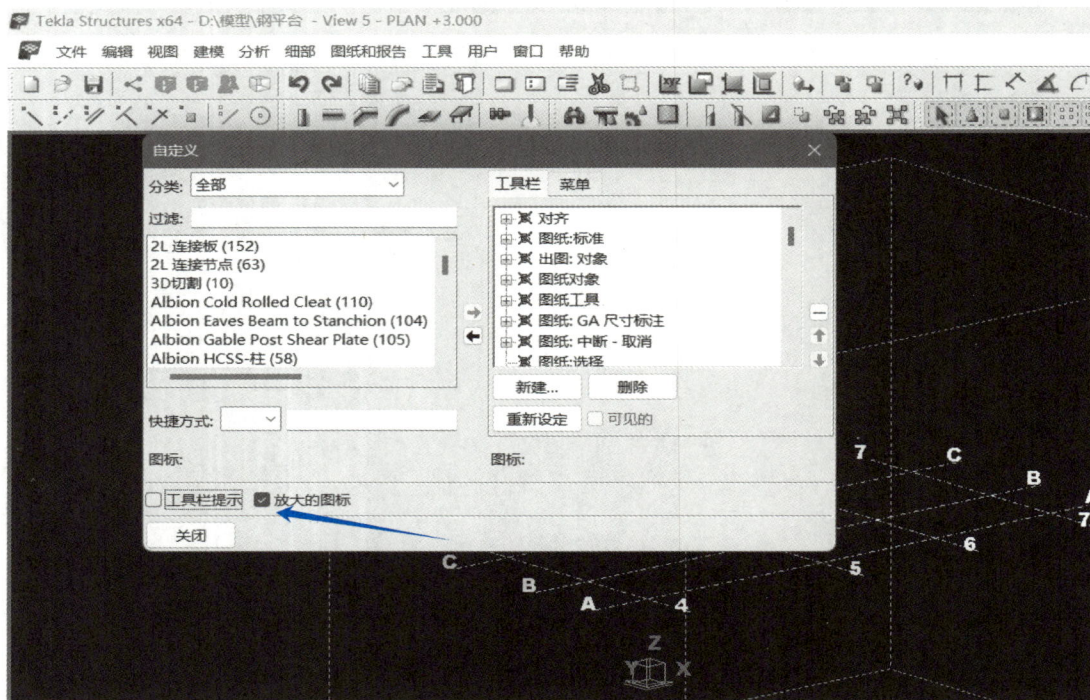

图 1-7   放大图标二

1.2.2   常用工具的介绍

1. 标准命令行

2. 视图命令行

3. 钢结构命令行

4. 创建辅助线、 点、 圆及轴线

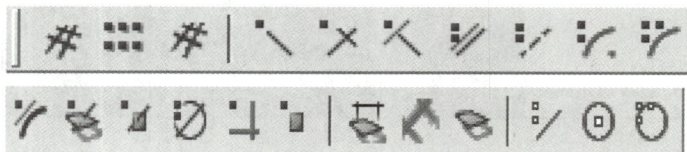

5. 选择命令行

6. 测量命令行

7. 节点命令行

　　如果要了解每个工具的具体用法，可以把鼠标移动到单个的工具上，界面会自动提示，并对当前的工具做出解释，见图 1-8。

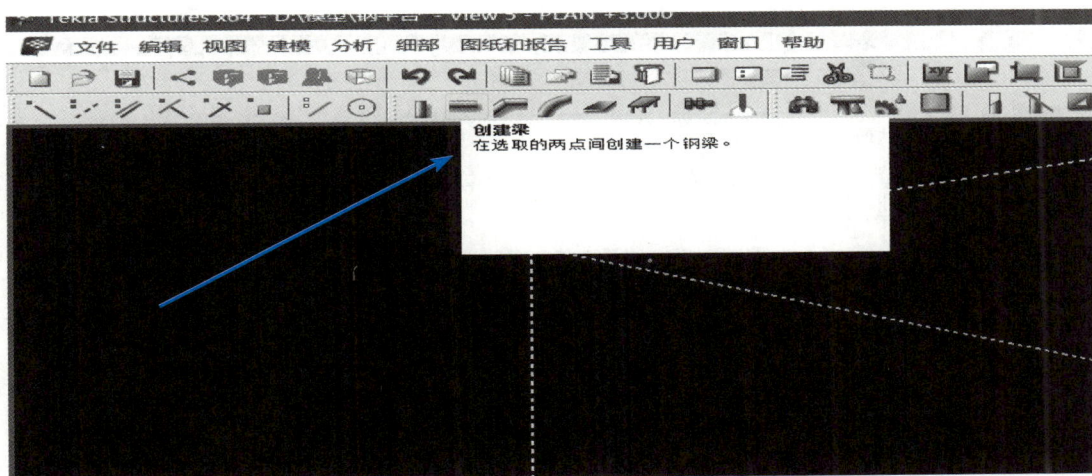

图 1-8　工具用法提示

1.3　软件设置

1.3.1　修改软件背景色

　　工具→选项→高级选项，见图 1-9、图 1-10。

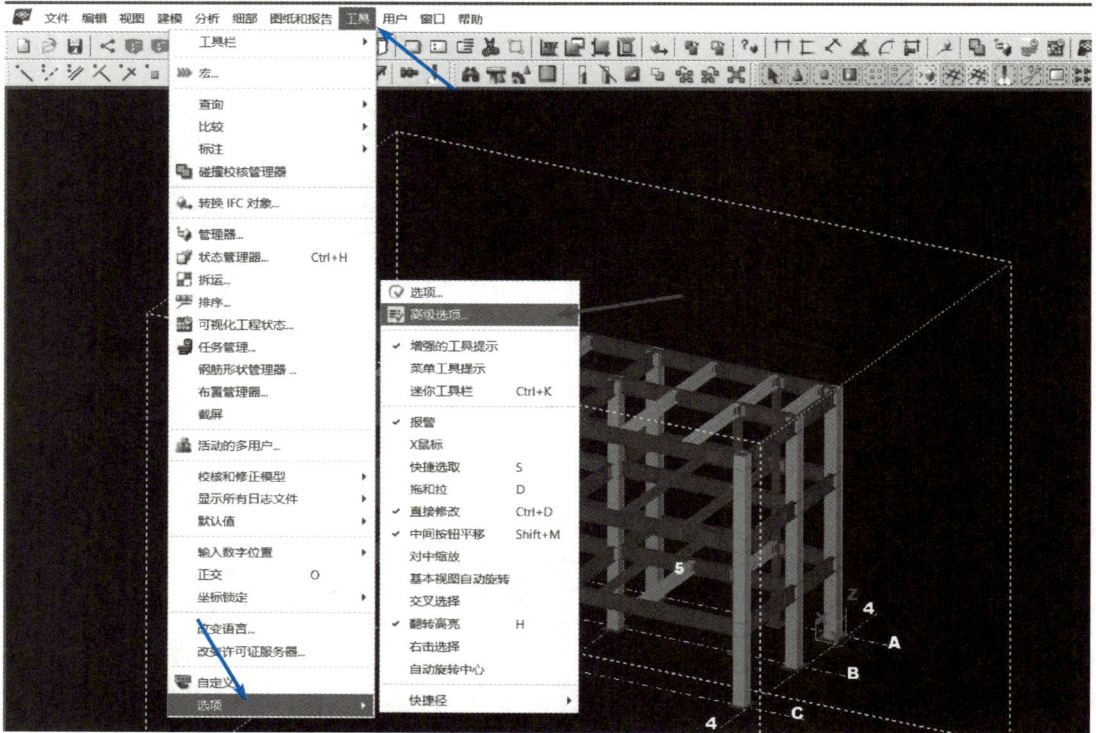

图 1-9　修改背景颜色一

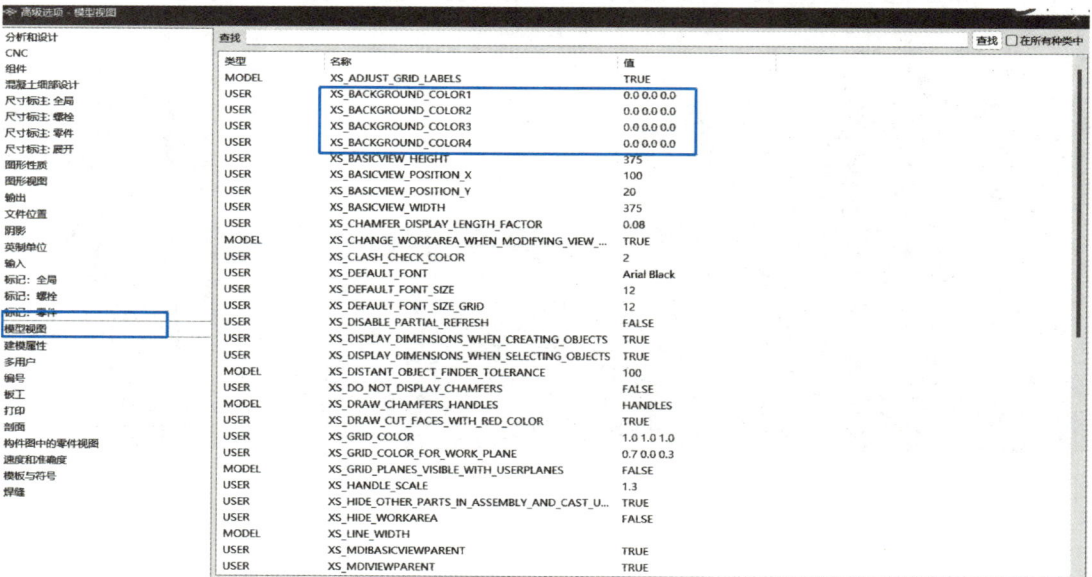

图 1-10　修改背景颜色二

1.3.2　修改轴线颜色

修改轴线颜色见图 1-11。

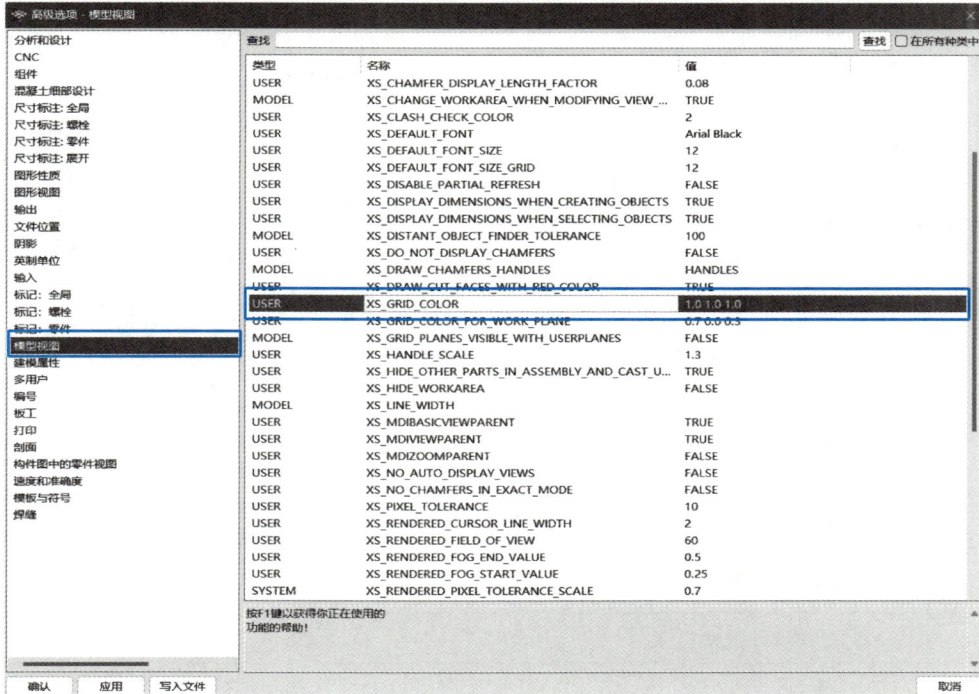

图 1-11　修改轴线颜色

1.3.3　修改标注颜色及文字颜色

修改标注颜色及文字颜色见图 1-12。

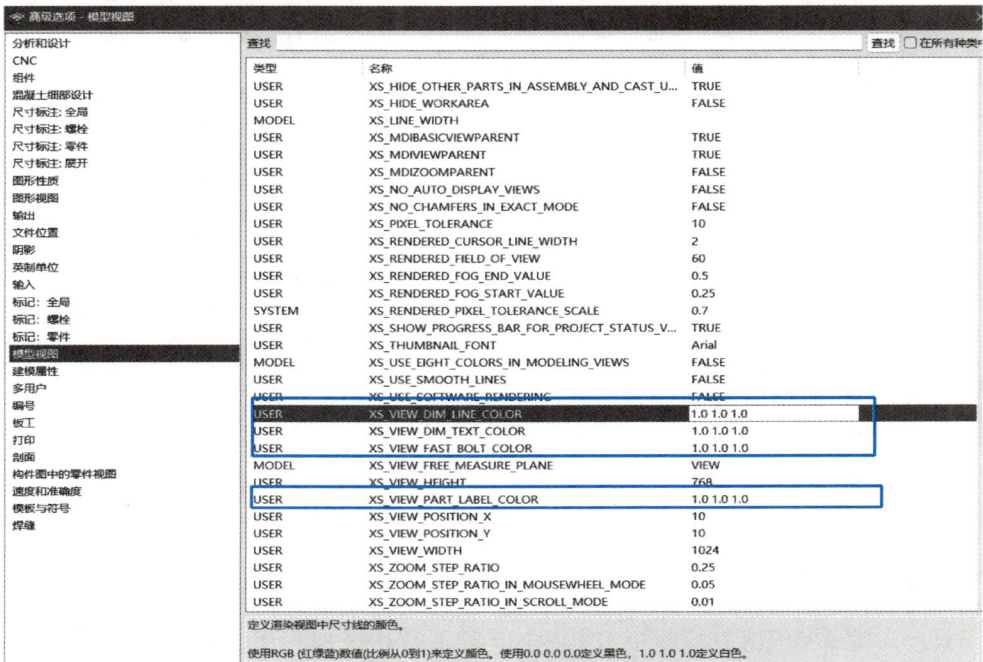

图 1-12　修改标注颜色及文字颜色

1.4　快捷键

1.4.1　常用默认快捷键

常用默认快捷键见表 1-1。

1.4　快捷键的设置

常用默认快捷键　　　　　　　　　　　　　　　　　　　　表 1-1

序号	命令	快捷键
1	零件线框表示	Ctrl＋1
2	零件用阴影表示线框	Ctrl＋2
3	零件隐藏线	Ctrl＋3
4	零件渲染	Ctrl＋4
5	节点线框表示	Shift＋1
6	节点用阴影表示线框	Shift＋2
7	节点隐藏线	Shift＋3
8	节点渲染	Shift＋4
9	放平视图	Ctrl＋P
10	设置视图旋转点	V
11	切换视图	Ctrl＋Tab
12	删除	Del
13	撤销	Ctrl＋Z
14	重做	Ctrl＋Y
15	重复上一个命令	Enter
16	中断	Esc
17	复制	Ctrl＋C
18	移动	Ctrl＋M
19	测量距离	F
20	关闭迷你工具栏	Ctrl＋K

1.4.2　快捷键的设置

　　工具→自定义，然后找到对应的命令或者工具，添加相应的快捷键，见图 1-13～图 1-15。

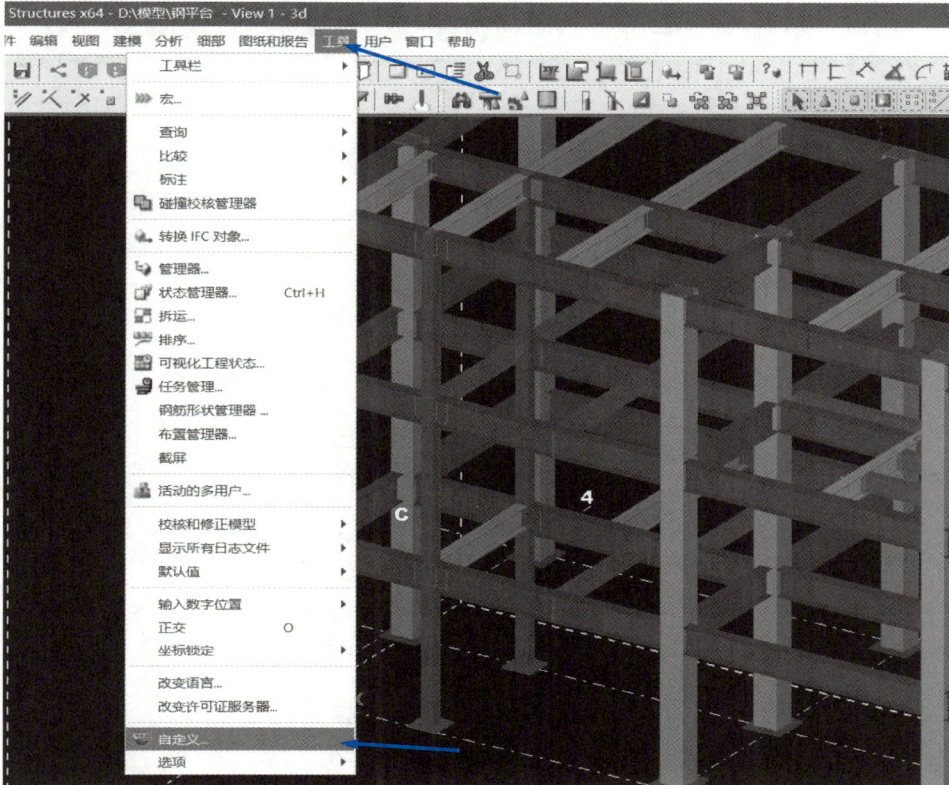

图 1-13 自定义菜单

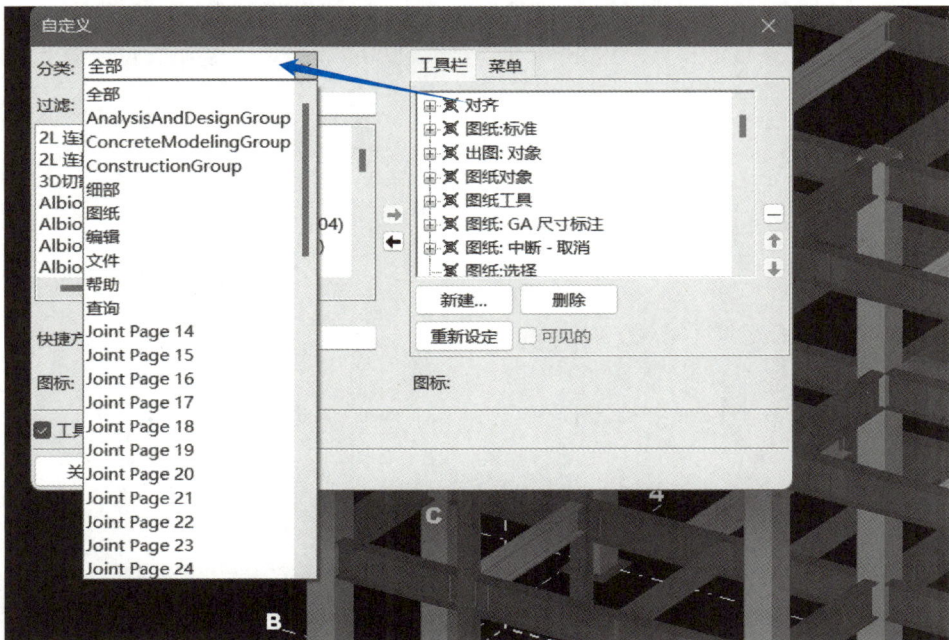

图 1-14 搜索要修改的快捷键

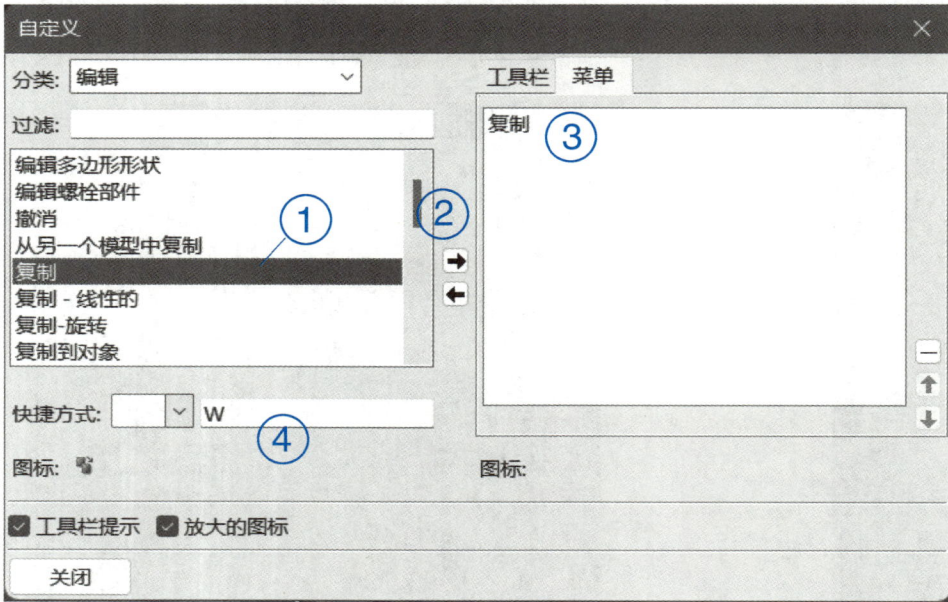

图 1-15　设置快捷键步骤

第2章

零基础框架建模

本章主要是通过一个简单的框架案例，对软件的基本操作进行讲解，把基础的操作和实际案例相结合，这样会对软件的操作理解更为深刻。框架的建模顺序为：创建轴线→创建钢柱→创建钢梁→核对截面→梁柱节点→梁梁节点→柱脚节点。

2.1 创建轴线

2.1 创建轴线

（1）新建框架项目，进入软件以后，可以看到系统有默认的轴线。双击轴线，弹出轴线对话框，见图 2-1。

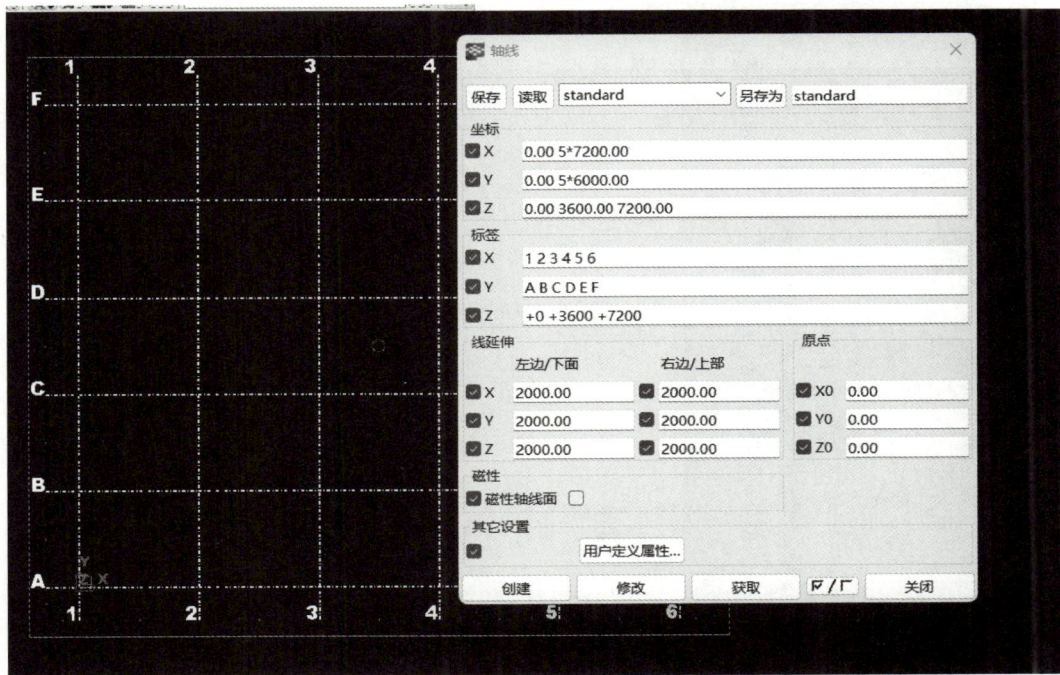

图 2-1 创建轴线

（2）根据结构平面图（图 2-2）填写轴线数据。数据填完以后，选中系统默认轴线，点击修改即可，见图 2-3。这里不需要点击创建，点击创建就会再创建一组轴线，模型里就会有两组轴线。

1）坐标 X、Y：轴线与轴线之间的间距，单位为 mm，输入数据时空格隔开。

11

2）坐标 Z：相对于±0.000m 的绝对距离，代表标高。

3）标签：代表着轴线名称，按照设计图填入即可。

4）线延伸：代表着轴线向外延伸的距离，一般情况下就是系统默认值。

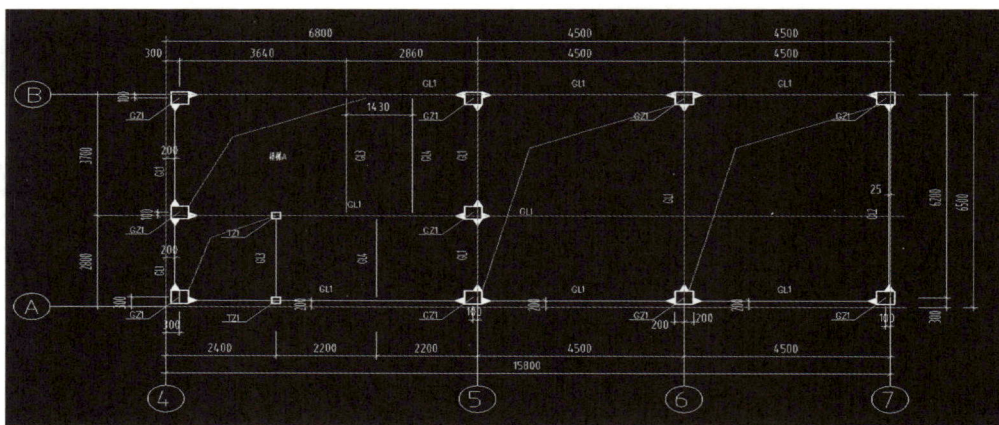

图 2-2　平面图

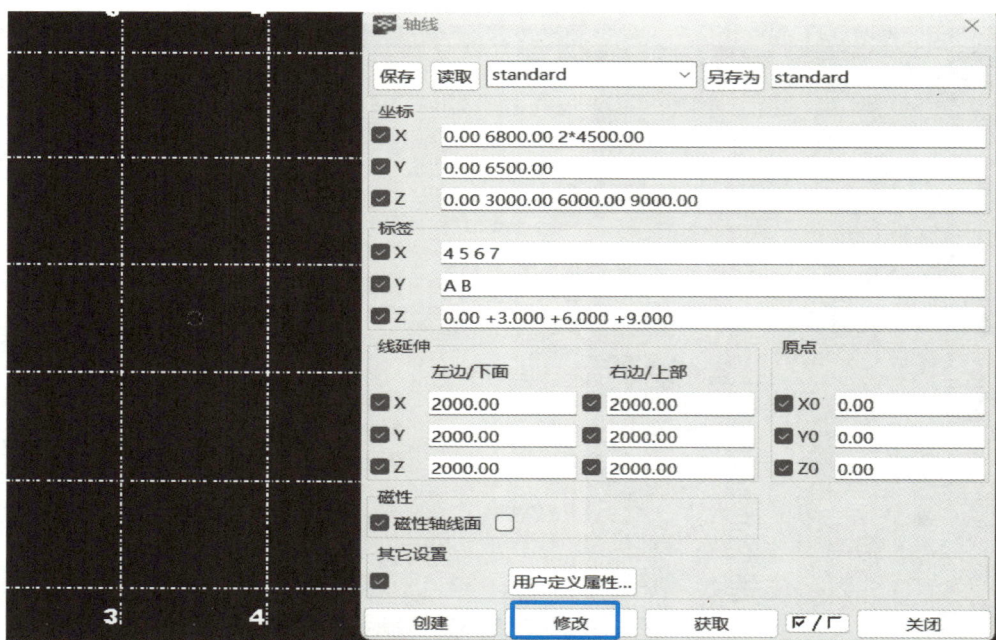

图 2-3　修改轴线

（3）轴线数据填好以后，可以保存轴线，例如本项目的名称是"钢框架"，那我们就可以把轴线数据用此名称保存。如果轴线被误删了，还可以读取轴线，见图 2-4。

（4）点击"用户定义属性"，在"锁定"选项里选择"是"；然后，选中轴线，点击"修改"，这里可以锁定轴线。锁定轴线的目的，是防止在建模过程中误删轴线或者被移动，轴线被锁定后就无法被删除或者移动，见图 2-5。

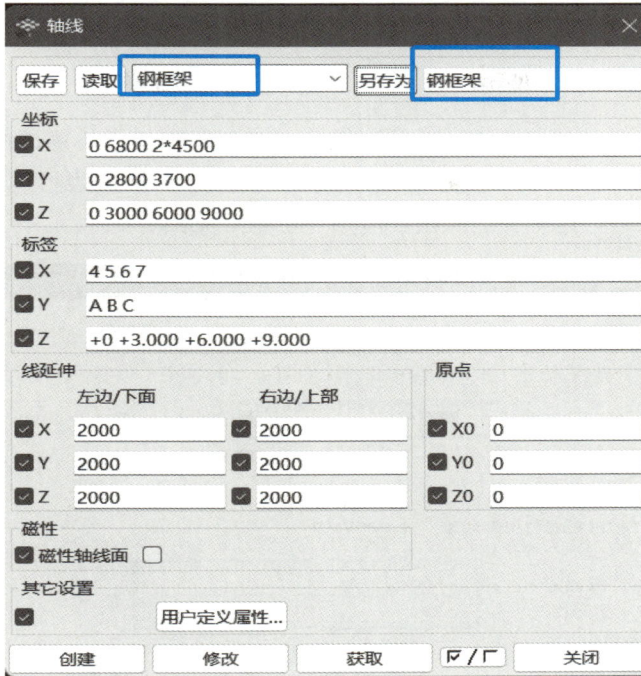

图 2-4　保存轴线

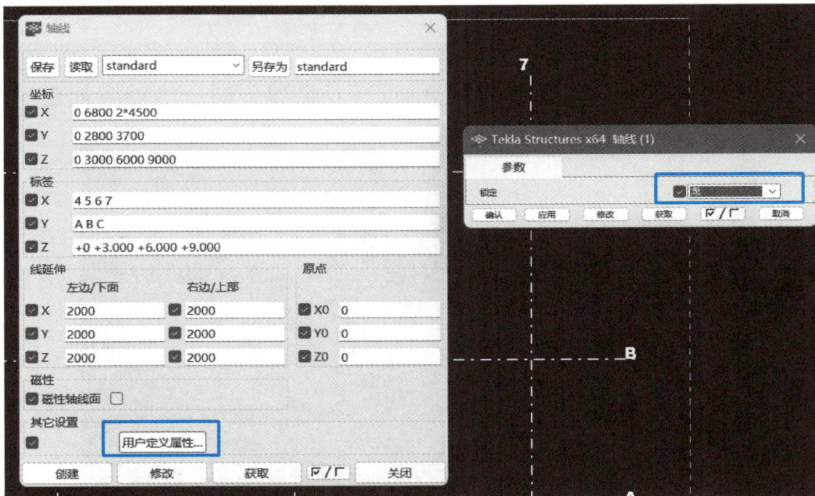

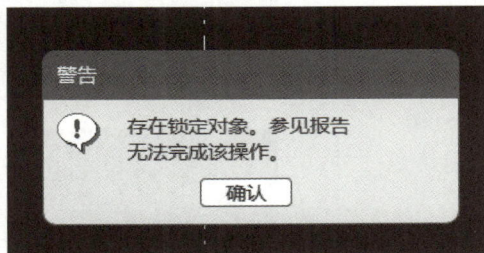

图 2-5　锁定轴线

2.2 创建视图

（1）创建视图前，首先对视图进行设置，双击 3D 视图任意位置，弹出视图属性对话框，角度改成平面，显示深度改成 500。显示深度代表可见的距离，500 就代表 0.5m。设置好以后，这里我们点击：应用→确认，见图 2-6。

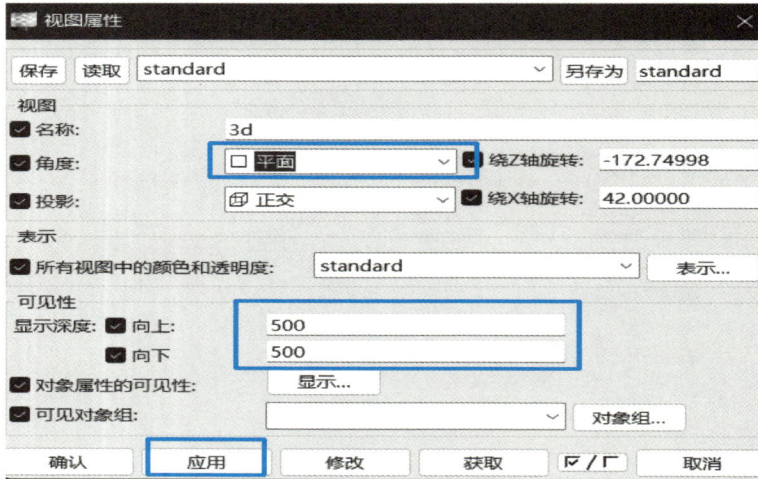

图 2-6　修改视图深度

（2）选中轴线，右击，从弹出的菜单当中选择：创建视图→沿轴线创建，见图 2-7。

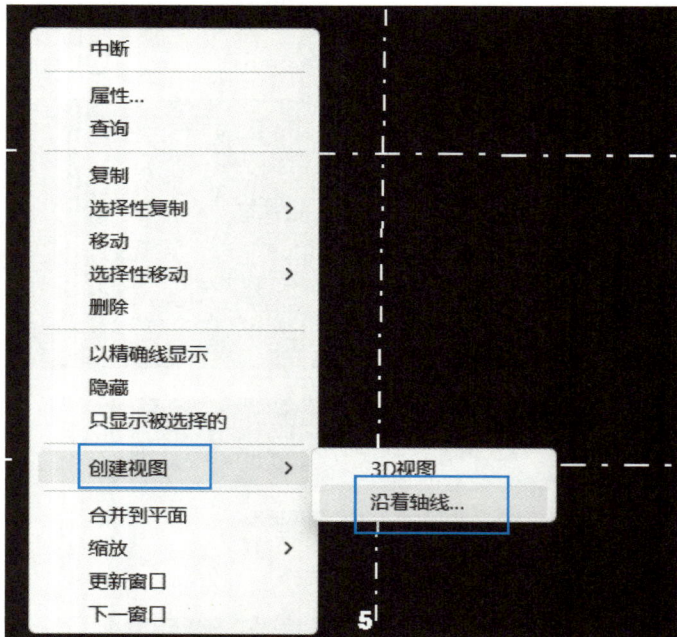

图 2-7　创建视图

（3）打开视图列表，就可以找到创建的视图，点击向右"箭头"就可以调成可见视图，Ctrl＋Tab 键可以切换视图。Ctrl＋P 键可以放平视图，见图 2-8。

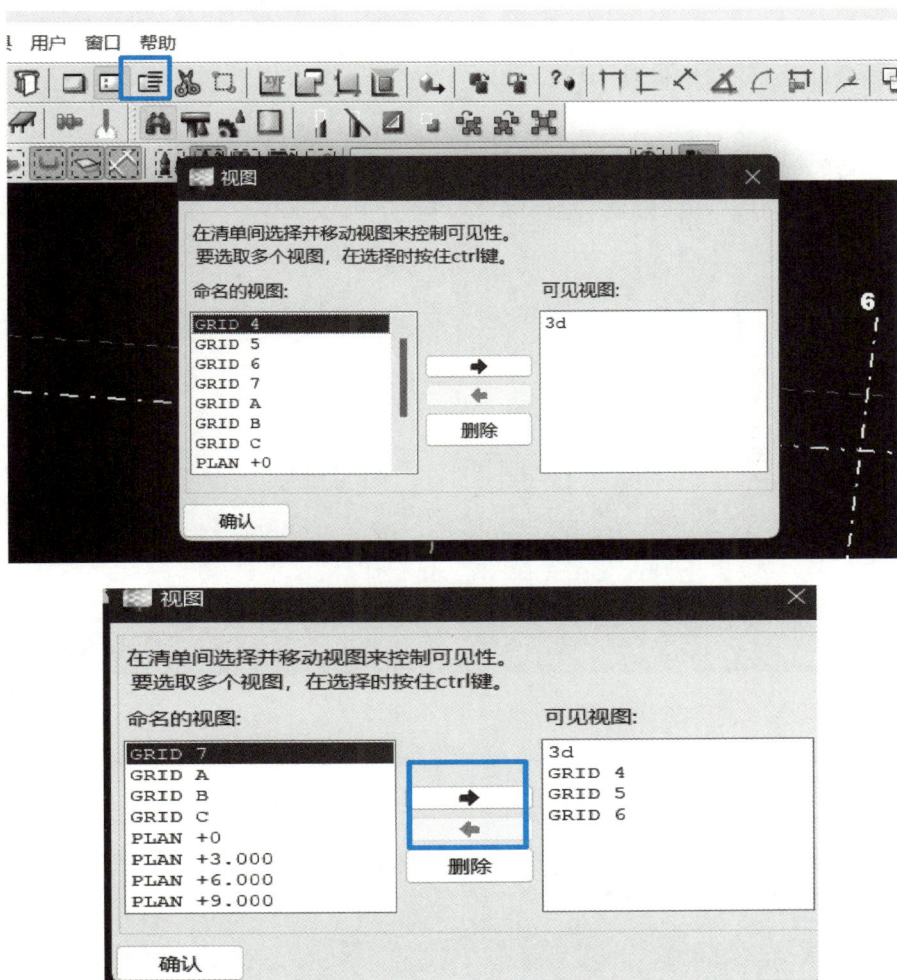

图 2-8 视图列表

2.3 模型搭建

2.3.1 创建柱子

（1）根据结构平面图可以找到钢柱的代号为 GZ1，根据材料表找到 GZ1
的截面为箱形柱，截面规格：箱 400×400×16×16，见图 2-9。

（2）调出 4 轴的立面视图，Ctrl＋P 放平，然后设置工作平面，点击"设置工作平面"。在当前视图任意位置点击一下，即可完成。见图 2-10。在我们每次创建零件或者修改零件的时候，每切换一次视图就要设置工作平面，这一点很重要。不设置工作平面进行操作很容易出现错误。

2.3 模型搭建

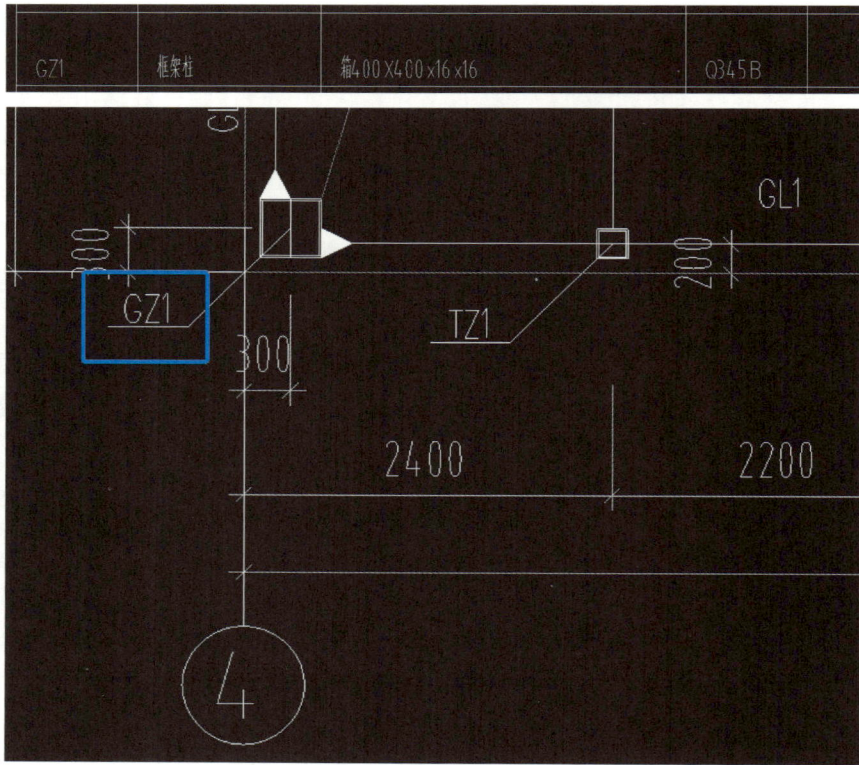

图 2-9　GZ1 截面型材

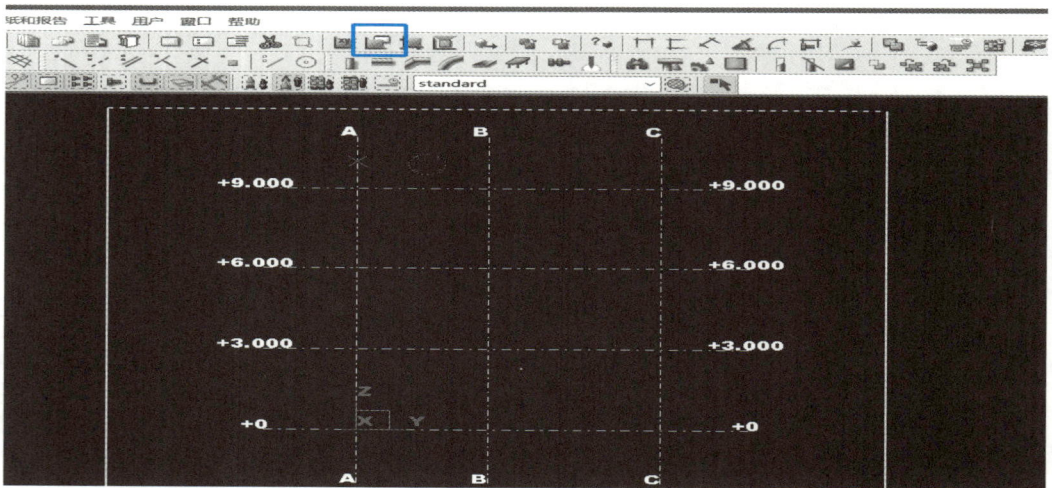

图 2-10　设置工作平面

（3）创建钢柱。双击"梁"的图标，弹出梁属性对话框，然后填写属性（这里实际做项目的时候一般都是统一用梁命令来创建柱，不用柱命令）。对话框里我们只需要填写名称、截面型材、等级即可，其他属性可以批量填写，这样可以节省我们建模的时间，见图 2-11、图 2-12。

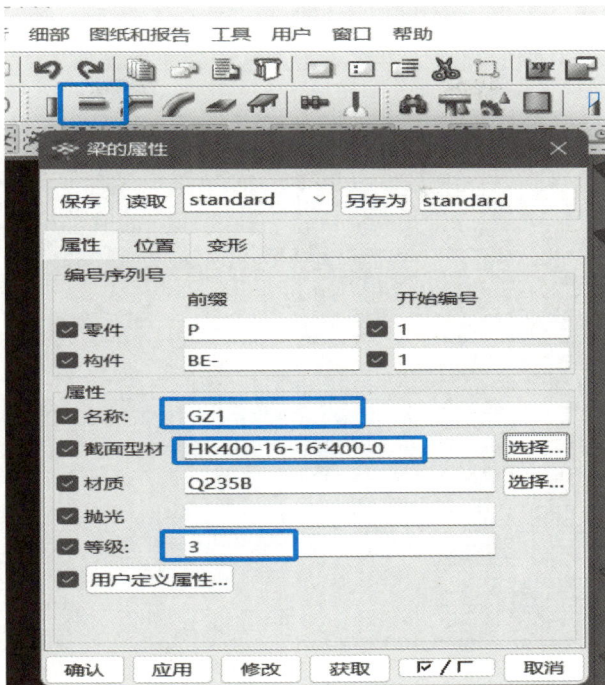

图 2-11 填写相应属性

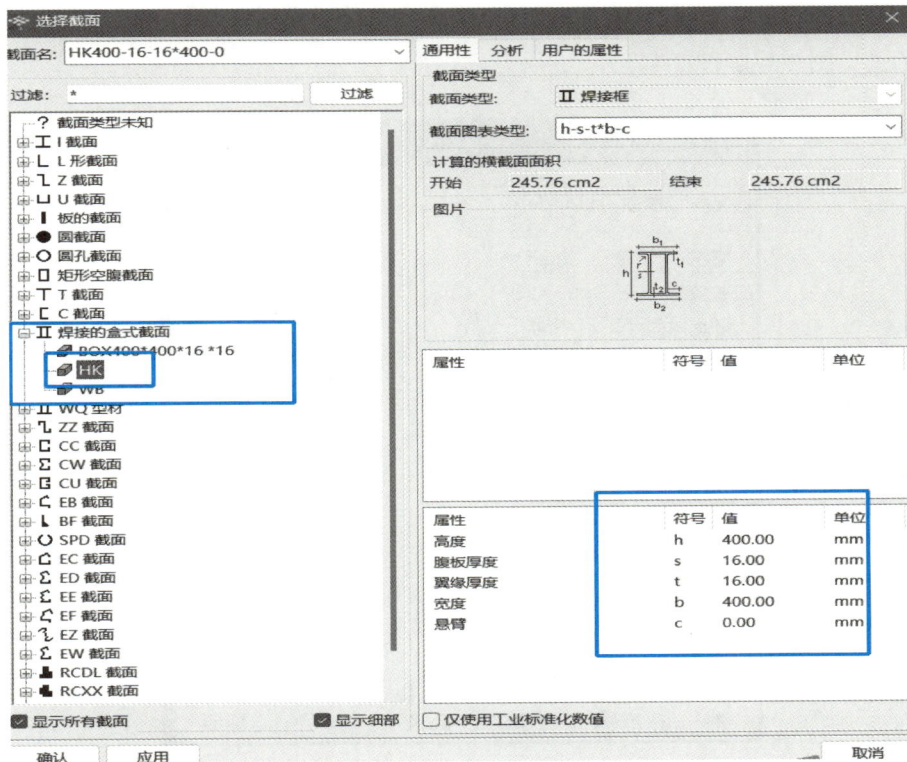

图 2-12 填写截面

（4）属性填写完成，点击"创建梁"的图标，点击 A 轴和 0 轴的交点，延着 A 轴往上移动到 A 轴与＋9.000 轴的交点。再次点击，这根柱子就完成了，见图 2-13。

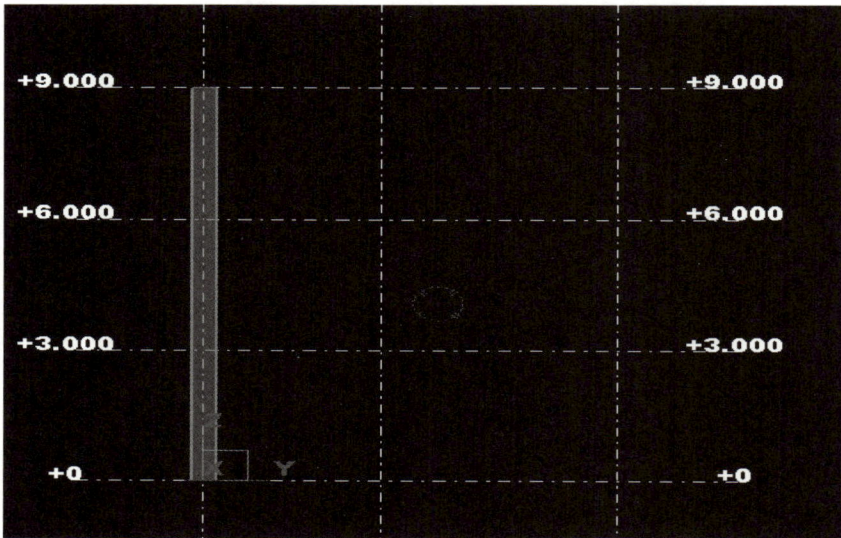

图 2-13　创建钢柱

（5）切回 3D 视图，放平，设置工作平面，调整柱的位置。双击柱的属性，弹出柱的属性对话框。在"位置"选项里，"水平的"这一项改成"中间"，这样柱子的控制点就自动居中了。见图 2-14、图 2-15。

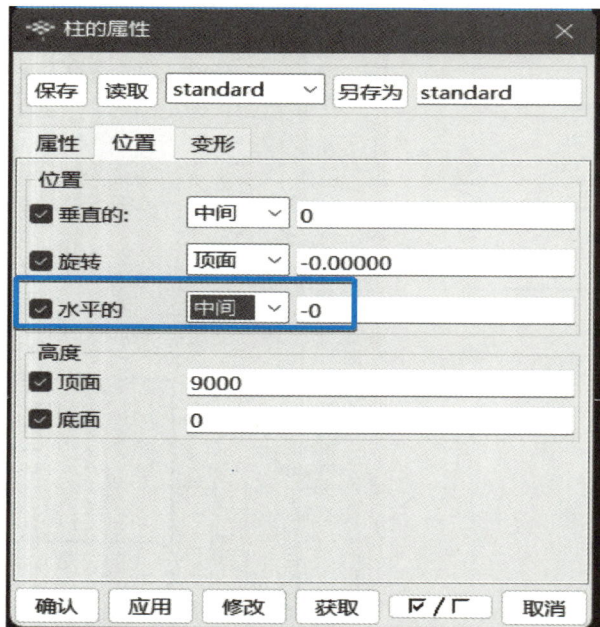

图 2-14　调整柱的位置一

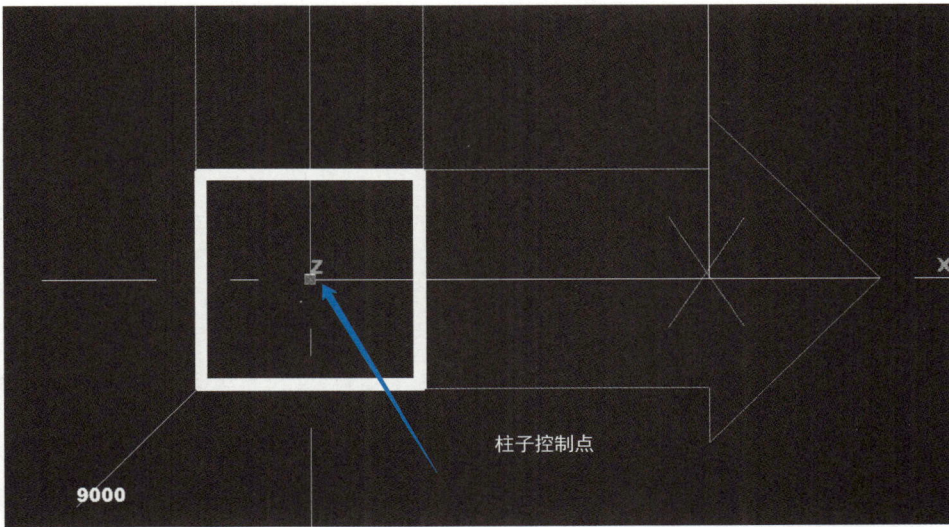

图 2-15　调整柱的位置二

（6）根据设计图（图 2-16）给柱子定位。点击选中柱子，右击，从弹出的菜单中选择"移动"。首先，点击 X 轴线上任意一点，沿着 X 轴往右拉，给一个向右的方向；然后，直接输入 300，就能弹出"输入数字定位"的对话框；接着，按下回车键即可，见图 2-17。

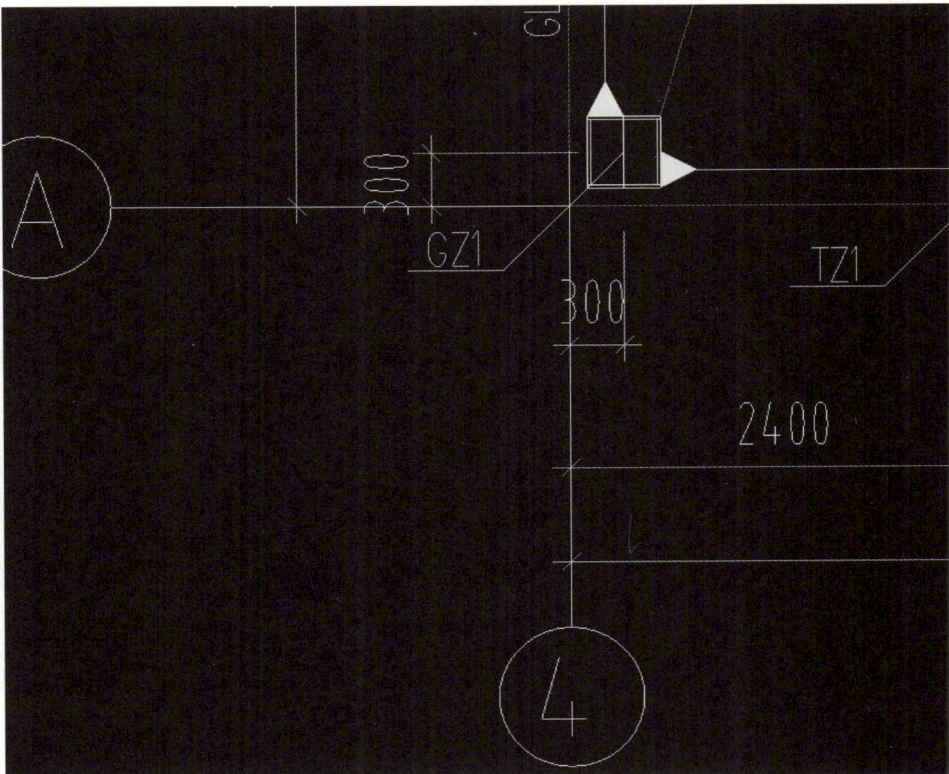

图 2-16　平面图

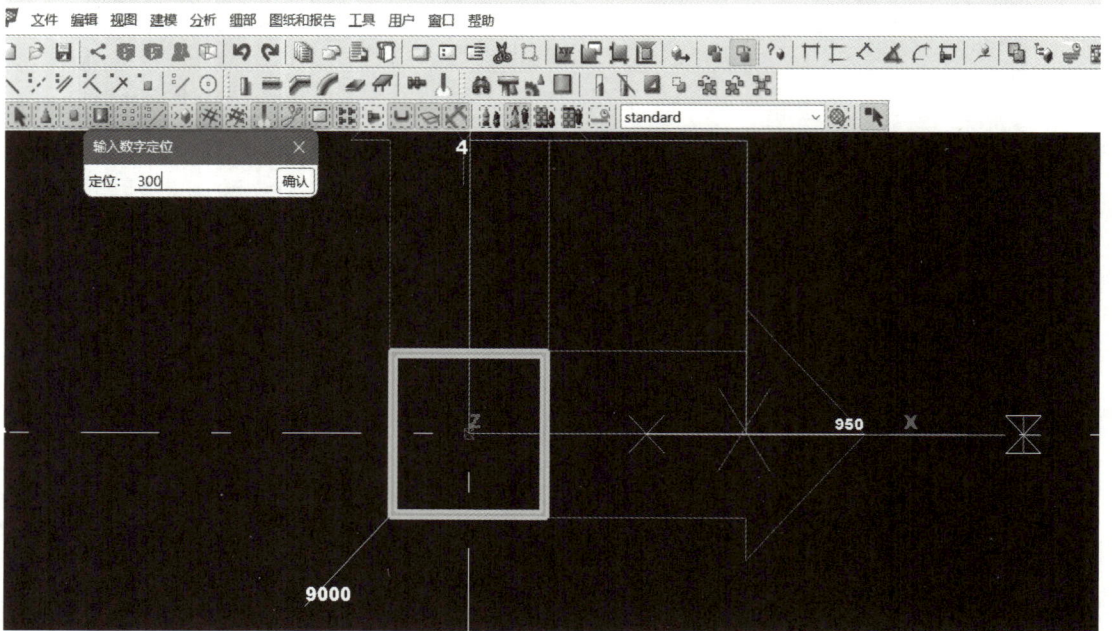

图 2-17　移动钢柱

（7）第一根柱子定位好以后，然后选中柱子。右击，从弹出的菜单中选择"复制"，复制其他位置的柱子，然后根据设计图定位，见图 2-18。

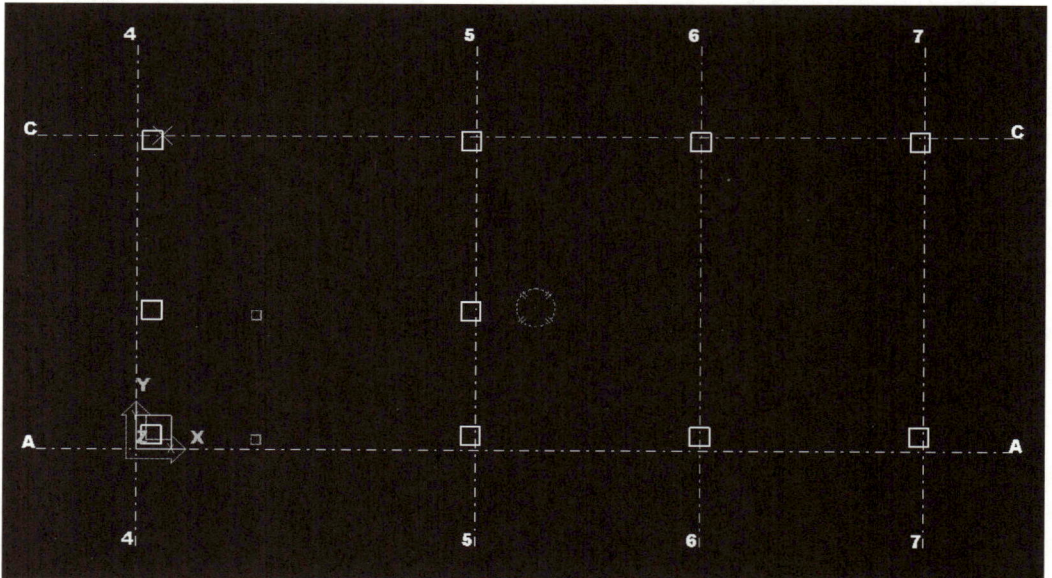

图 2-18　复制钢柱

2.3.2　创建梁

（1）根据材料表录入梁的截面，见图 2-19。例如：GL1，双击"创建梁"图标，弹出"梁属性对话框"，填写梁的属性，然后保存。在绘制梁的时候，直接读取即可，见图 2-20。

GL1	框架梁	H500×200×8×12	Q345B
GL2	框架梁	H650×250×12×14	Q345B
GL3	框架梁	HN400×200×8×13	Q345B
GL4	框架梁	HN300×150×6.5×9	Q345B

图 2-19　钢梁材料表

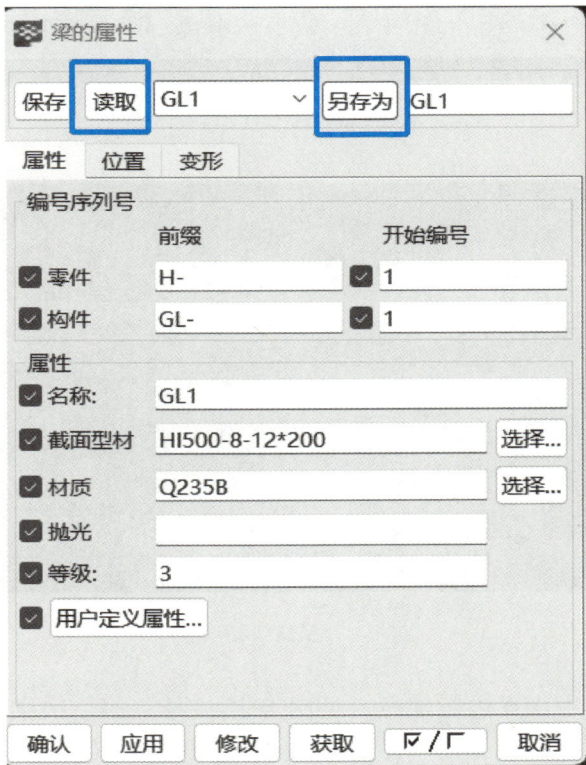

图 2-20　保存截面

（2）根据设计图绘制钢梁，见图 2-21。例如：3m 标高的钢梁平面布置图，我们在模型中切到 3m 标高的视图。点击"创建梁"图标，读取保存好的梁的截面。捕捉柱的边缘与轴线的交点，点击起点和终点，见图 2-22。

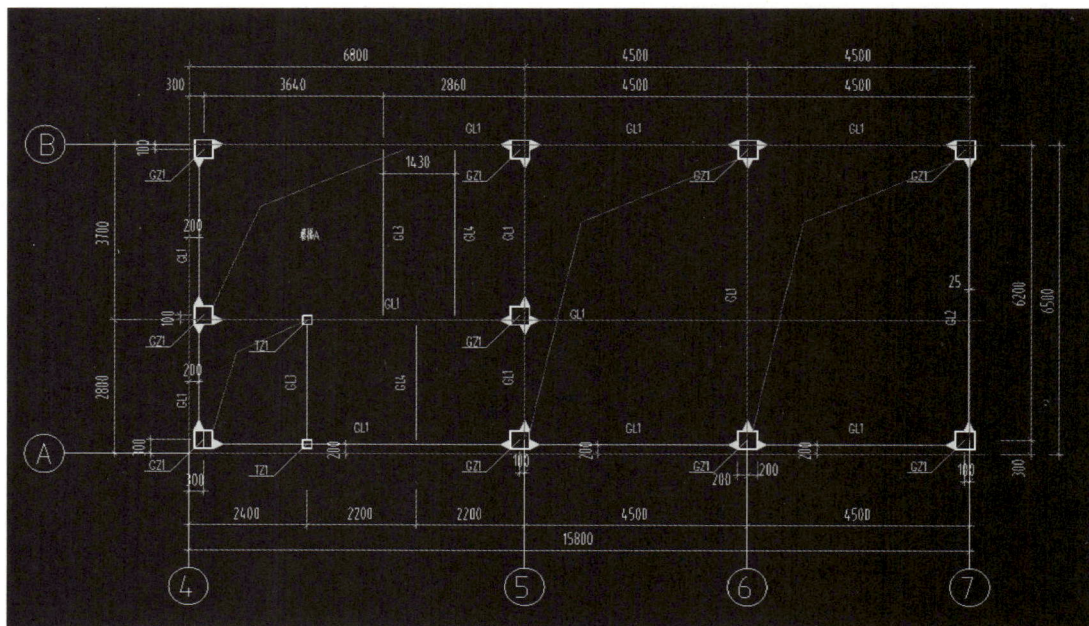

图 2-21　根据设计图绘制钢梁

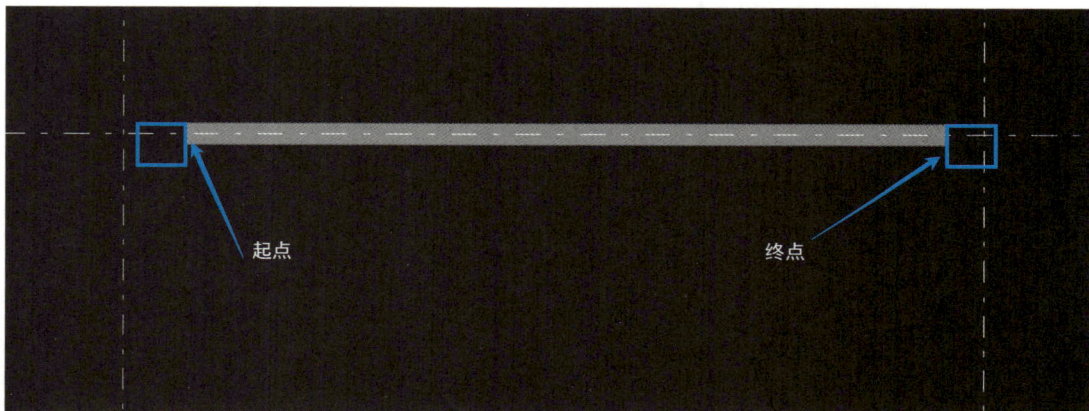

图 2-22　起点和终点

（3）根据设计图对次梁进行定位，见图 2-23、图 2-24。次梁定位需要做辅助线，首先双击"平行点"图标，弹出"距离对话框"。根据次梁的定位距离填入数据，见图 2-25。

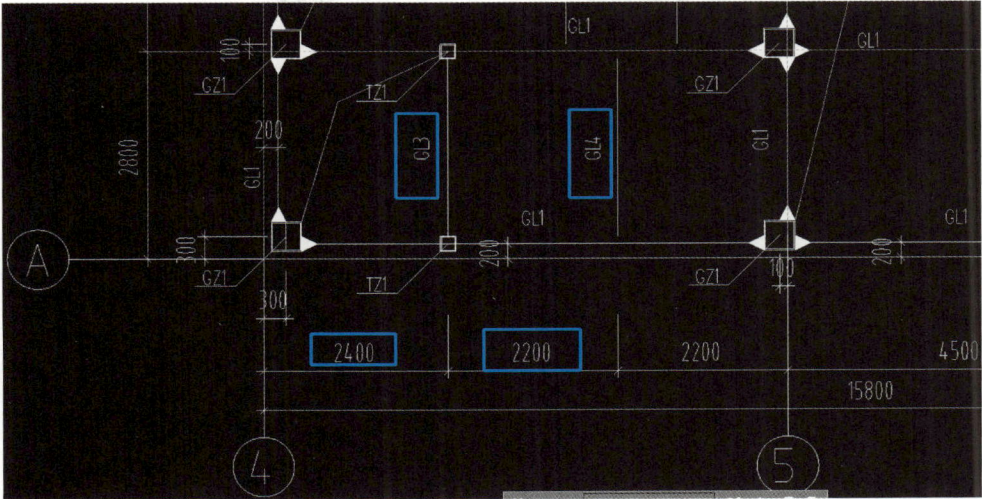

图 2-23　设计图一

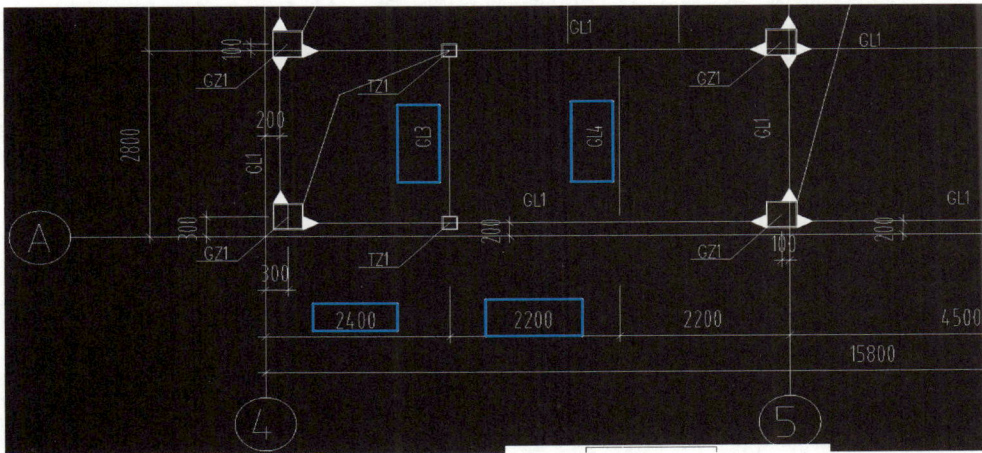

图 2-24　设计图二

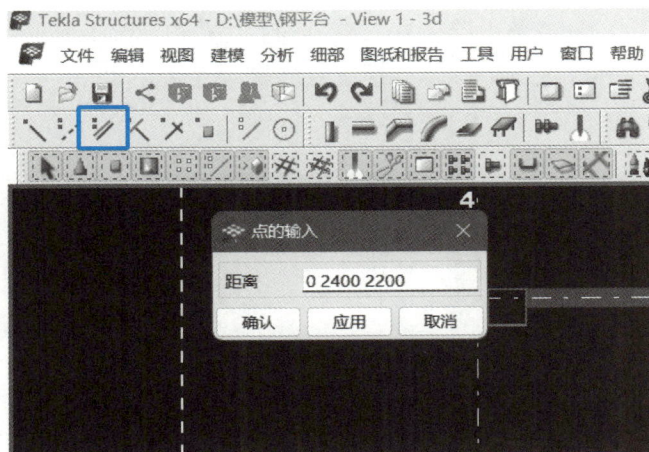

图 2-25　输入定位数据

（4）数据填写完毕，启用"平行点"工具沿着 4 轴往右侧作平行点，见图 2-26。

（5）点击"辅助线"工具，连接辅助点。这样，就可以定位次梁的位置了，见图 2-27。

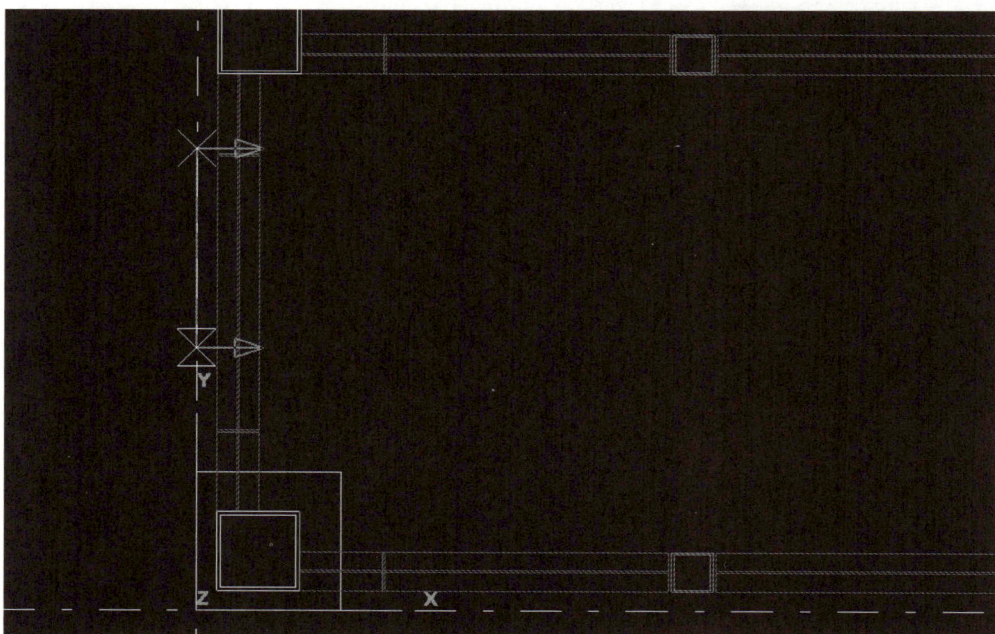

图 2-26　创建平行点

图 2-27　画辅助线

（6）根据定位辅助线，然后绘制钢梁，按照这个方法，我们可以将每层的钢梁绘制完，见图 2-28、图 2-29。

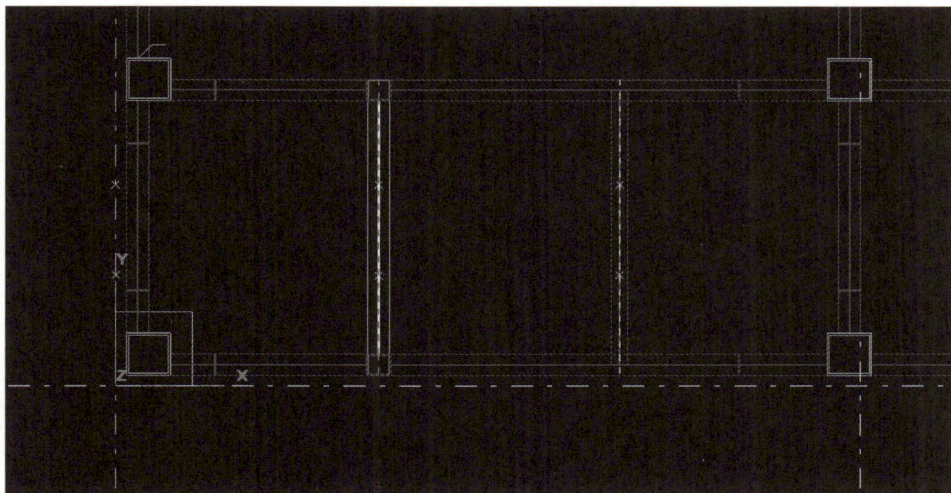

图 2-28　绘制钢梁

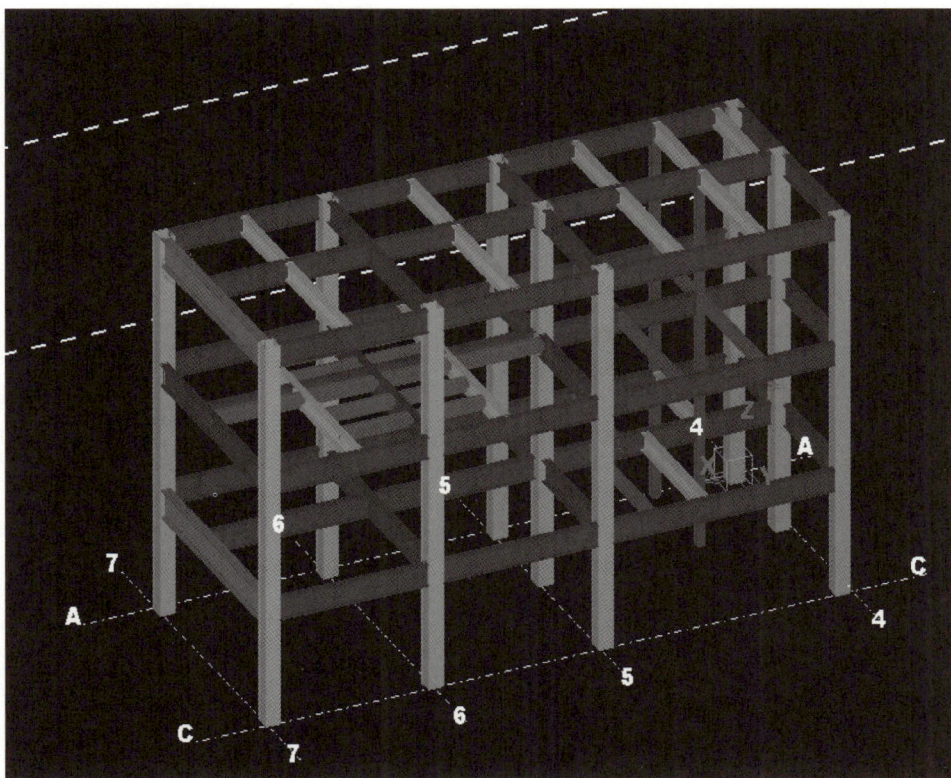

图 2-29　完成后框架

2.3.3　核对截面

（1）切到 3m 标高的平面，双击任意位置，弹出"显示属性对话框"，点击"显示"，见图 2-30。

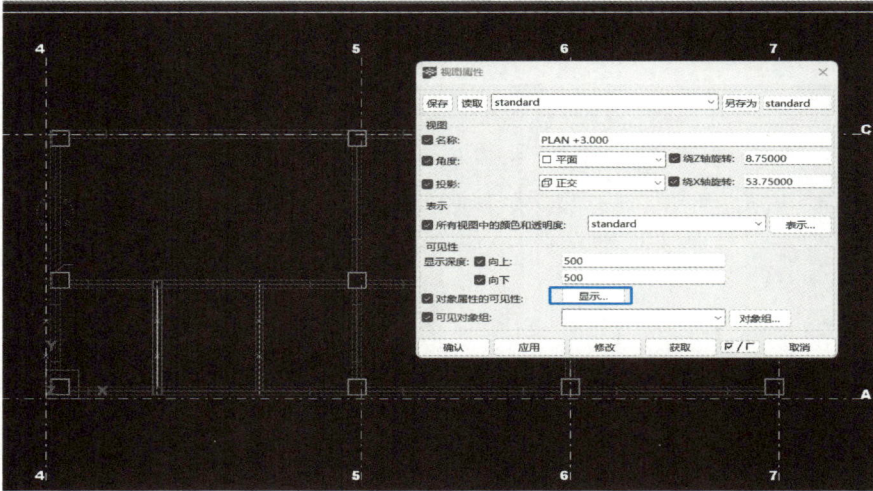

图 2-30　显示

（2）点开"高级的"，勾选"零件标签"，点击"添加＞名称"，最后点击"修改"。这样，就可以显示截面的名称，见图 2-31。

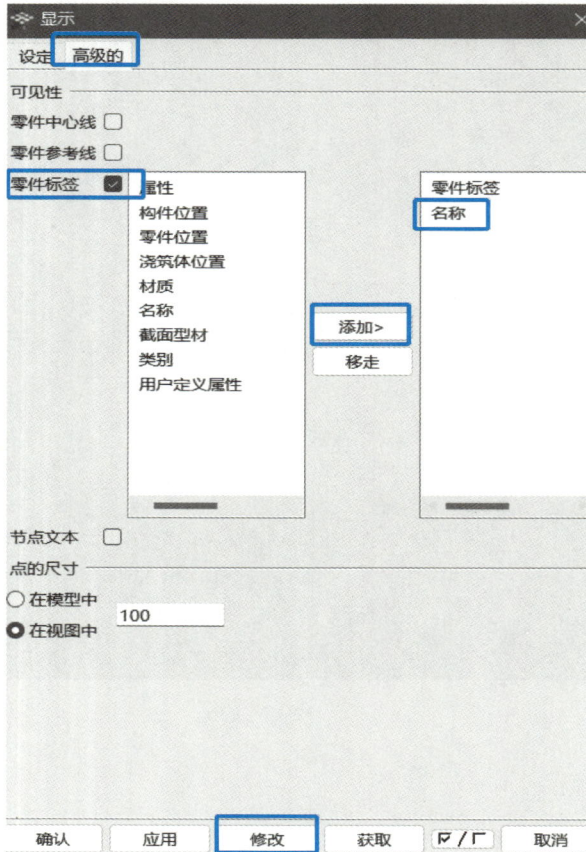

图 2-31　添加名称

（3）通过与设计图对比，我们就可以看出截面是否存在错误，见图 2-32、图 2-33。

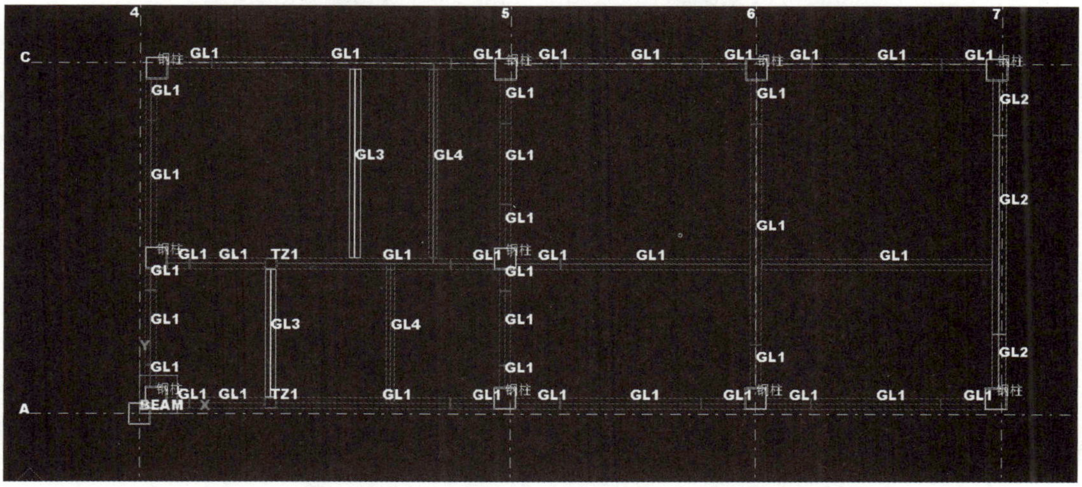

图 2-32 核对截面

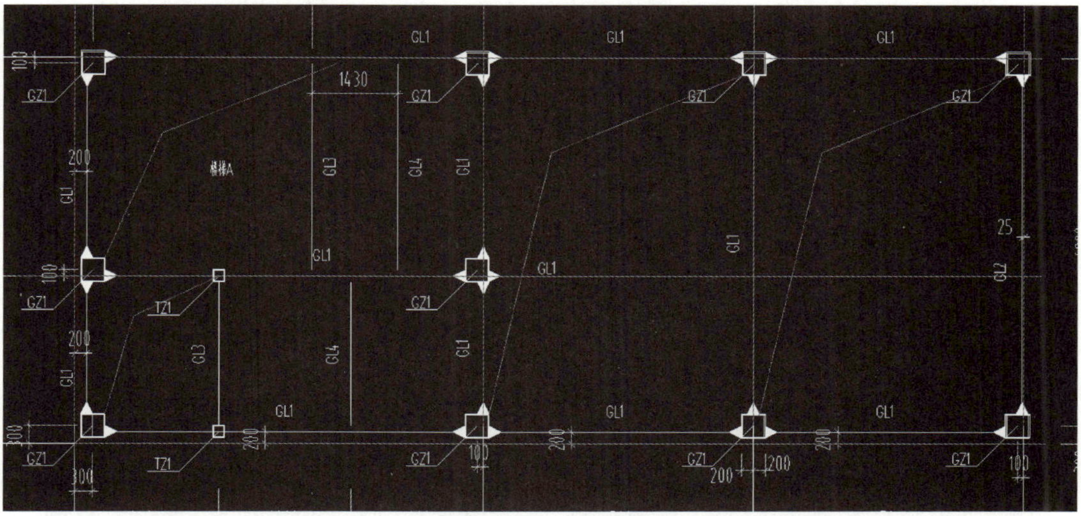

图 2-33 设计图

（4）用同样的方法，我们也可以显示截面规格，见图 2-34、图 2-35。

（5）做框架结构，都要对截面进行核对。在绘制截面时由于数量和种类较多，有可能个别的梁截面会绘制错误。所以，核对截面是很有必要的，截面核对完毕才开始做节点。

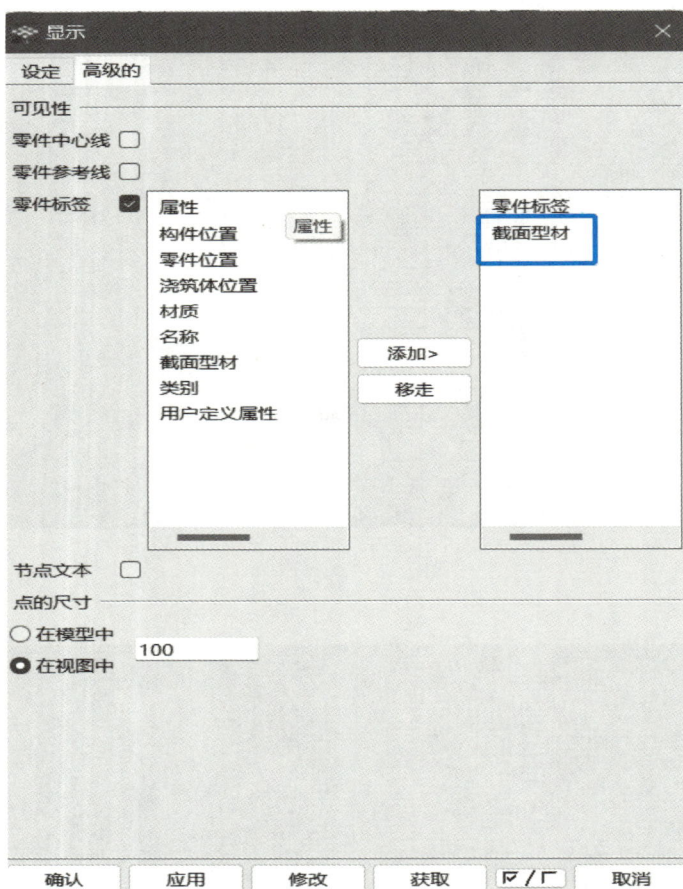

图 2-34 显示截面一

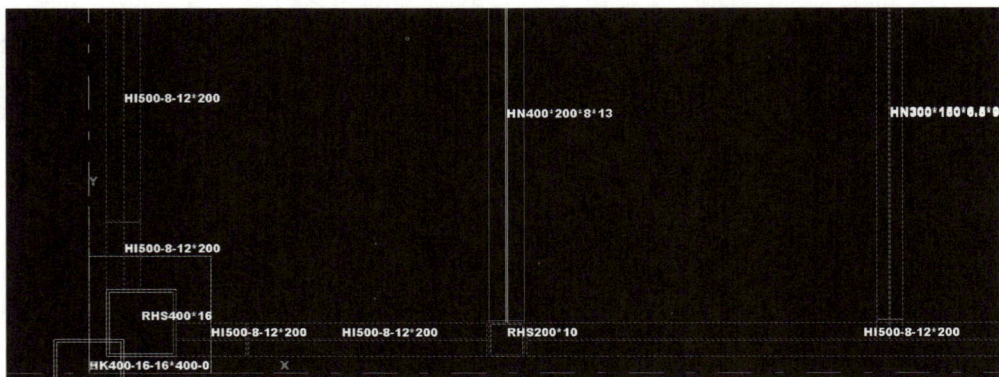

图 2-35 显示截面二

2.4　创建梁柱节点

（1）找到 GL1 与 GZ1 的刚接节点详图。根据节点详图，在模型里做节点，见图 2-36。

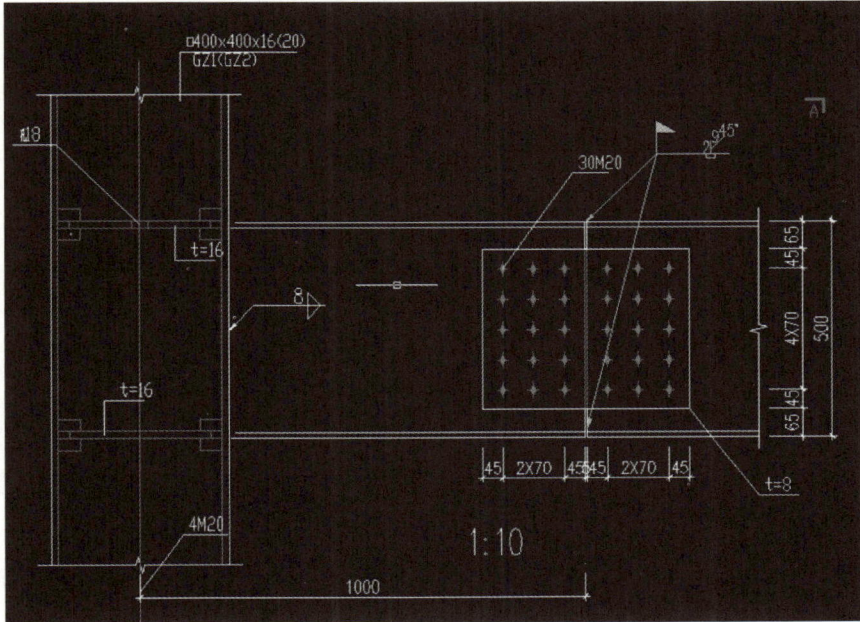

图 2-36　节点图

（2）切到 4 轴的立面视图，设置工作平面，双击视图任意位置，弹出"视图属性"对话框。点开"高级的"，勾选"零件中心线"，让零件显示中心线，见图 2-37、图 2-38。

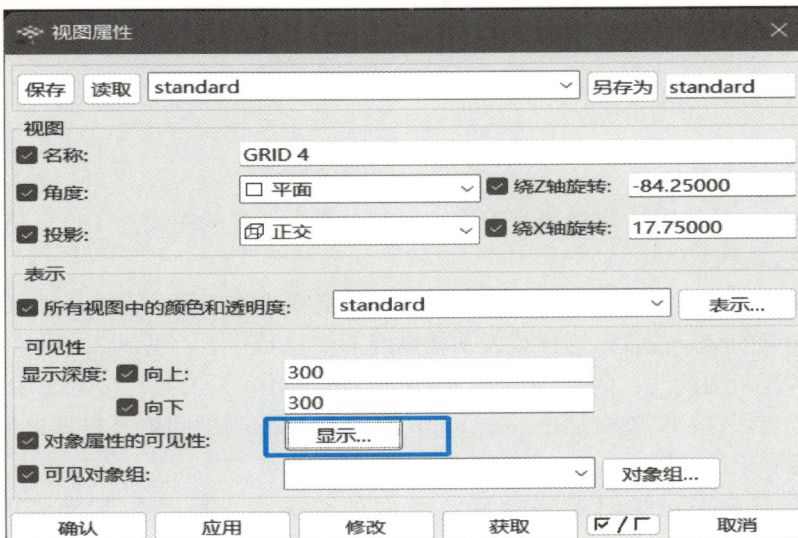

图 2-37　显示零件中心线一

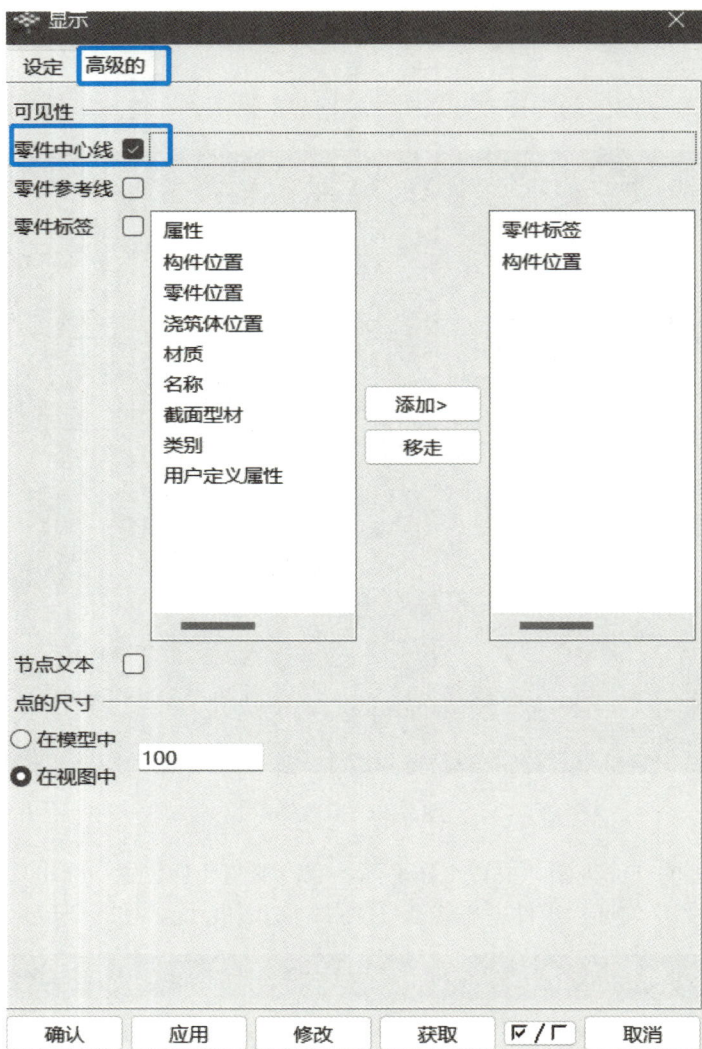

图 2-38　显示零件中心线二

（3）沿着柱的中心线，做两点平行点，平行点至中心线的距离为 1000mm，然后用辅助线进行连接，见图 2-39。

（4）在菜单栏点开"编辑"，选择"拆分"，然后点击选中梁，再选择断点。断点可以选择辅助线和梁的交点位置，这样梁就从辅助线的位置断开了，见图 2-40。

（5）往右复制辅助线，间距 5mm；然后，点击"对齐"工具，接着选中梁，延着辅助线点击两个点，这样梁就被切出一个 5mm 的间隙。5mm 的间隙是根据设计图确定的，设计图上牛腿和梁的间隙是 5mm，见图 2-41。

（6）根据设计图，我们需要画节点里面的双夹板。板子的厚度是 8mm，宽度 370mm，长度 465mm。双击"多边形板"的图标，弹出"多边形板"的属性对话框，填写多边形板的属性，见图 2-42。

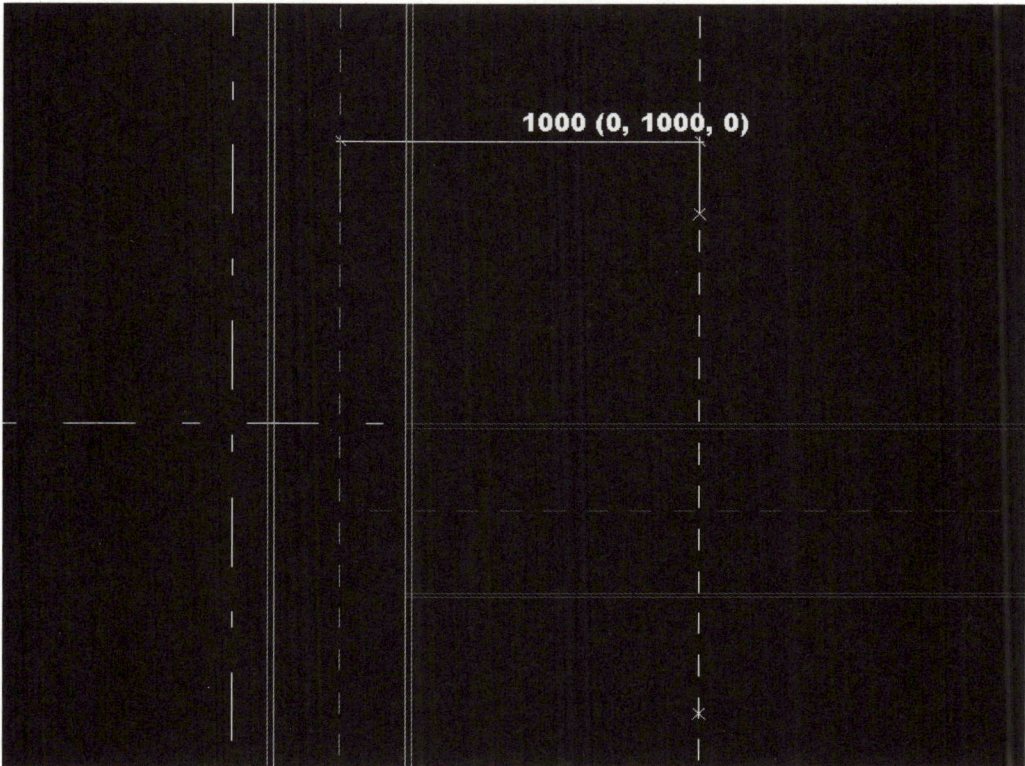

1000 (0, 1000, 0)

图 2-39　作辅助线

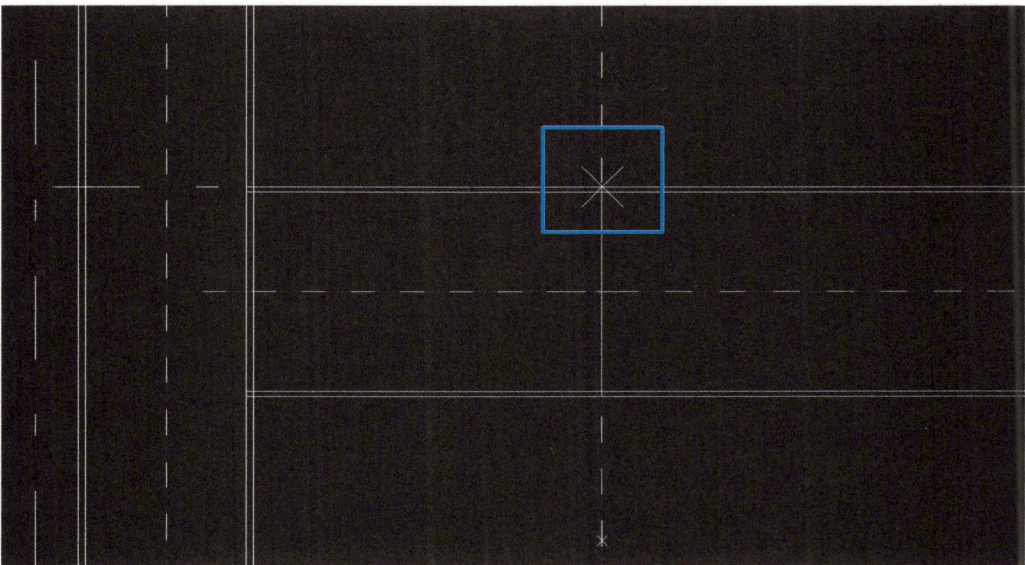

图 2-40　拆分梁

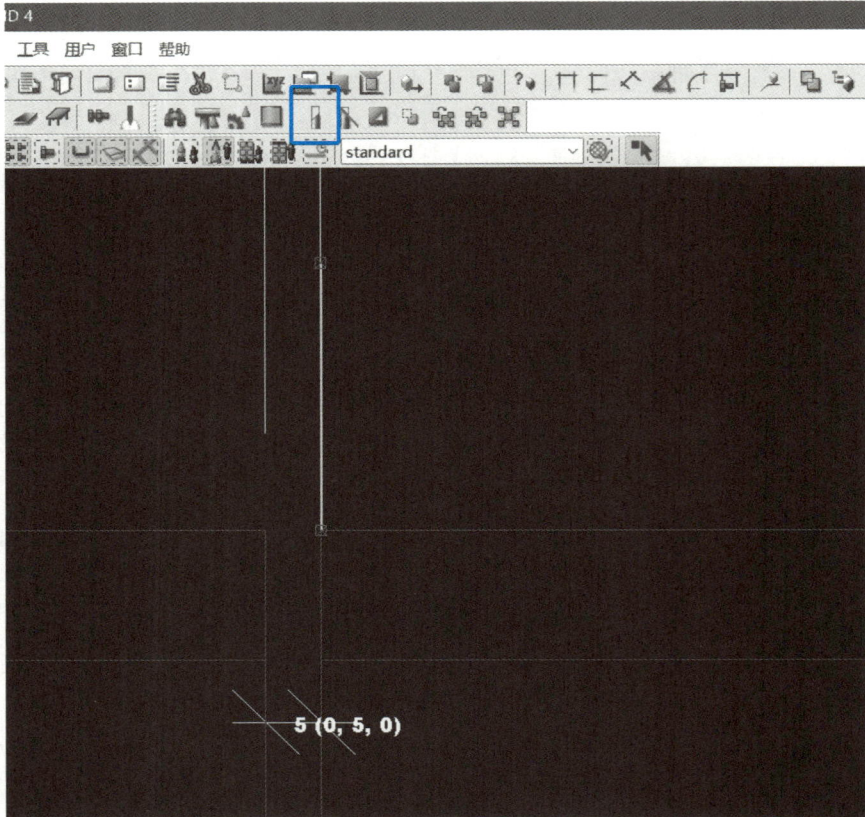

图 2-41　切割间隙

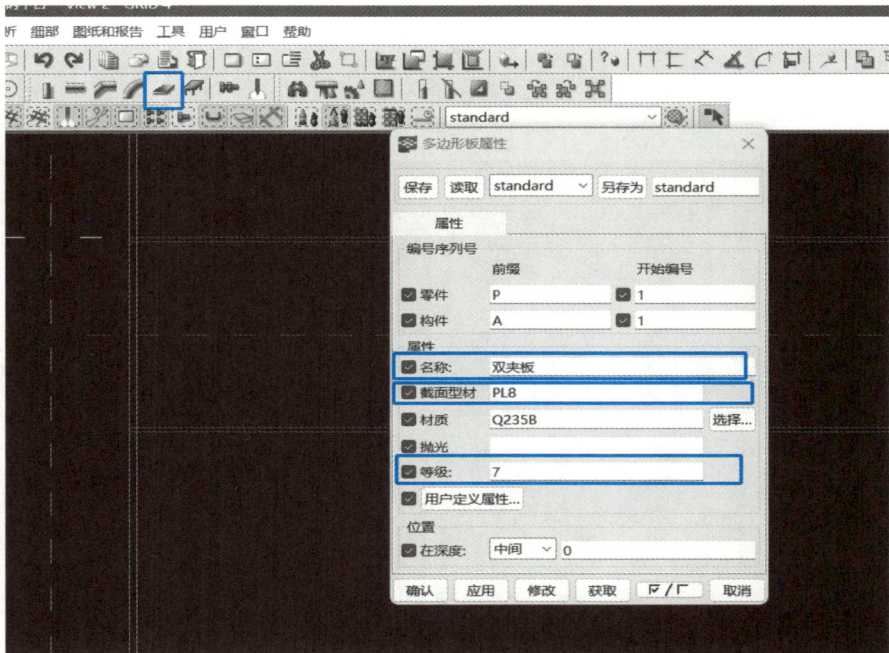

图 2-42　填写板的属性

（7）属性填写完毕，开始绘制多边形板。点击梁的上翼缘任意一点，沿着垂直向下的方向，输入 370 按回车键。再沿着水平向右方向，输入 465 按回车键。接着，沿着垂直向上的方向输入 370 按回车键。然后，再沿着水平向左的方向，不需要输入距离，直接按鼠标中键结束，这样板就绘制完毕了，见图 2-43。

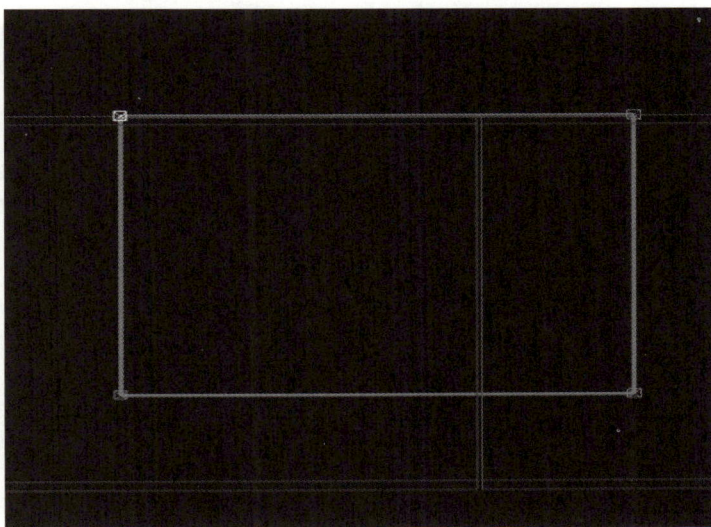

图 2-43　绘制多边形板

（8）捕捉到多边形板的中点，移动到与梁中心线位置，中对中，见图 2-44。

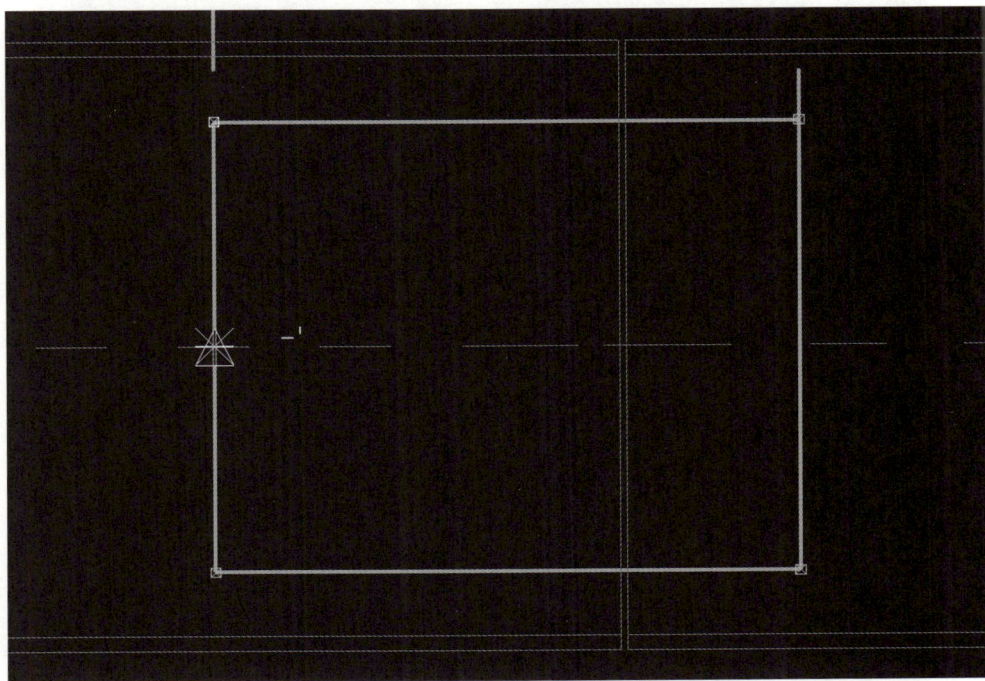

图 2-44　板对中

（9）点击"增加点"，沿着板的边缘，在间隙之前增加一个点。这个点即为中线，见图 2-45。

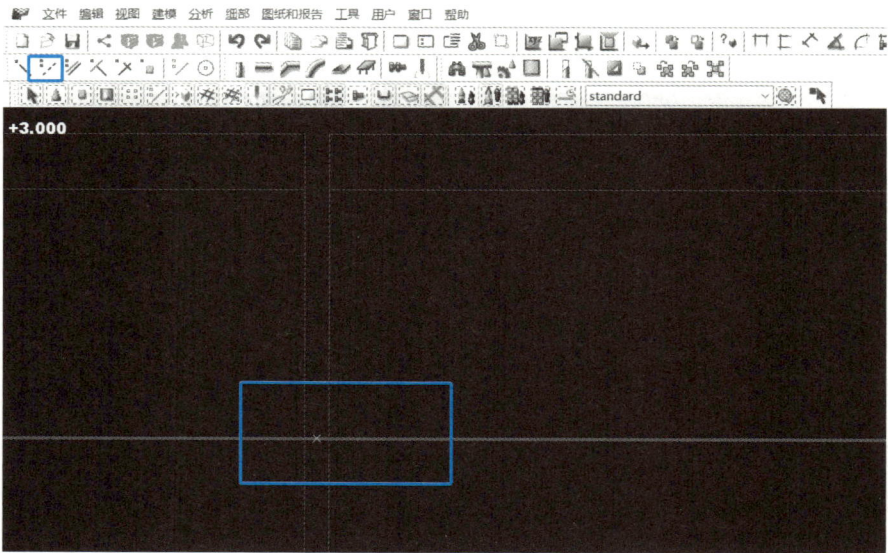

图 2-45　增加辅助点

（10）选中多边形板，捕捉到中点，然后移动，与增加的点重合，这样板就能居中放置了，见图 2-46。

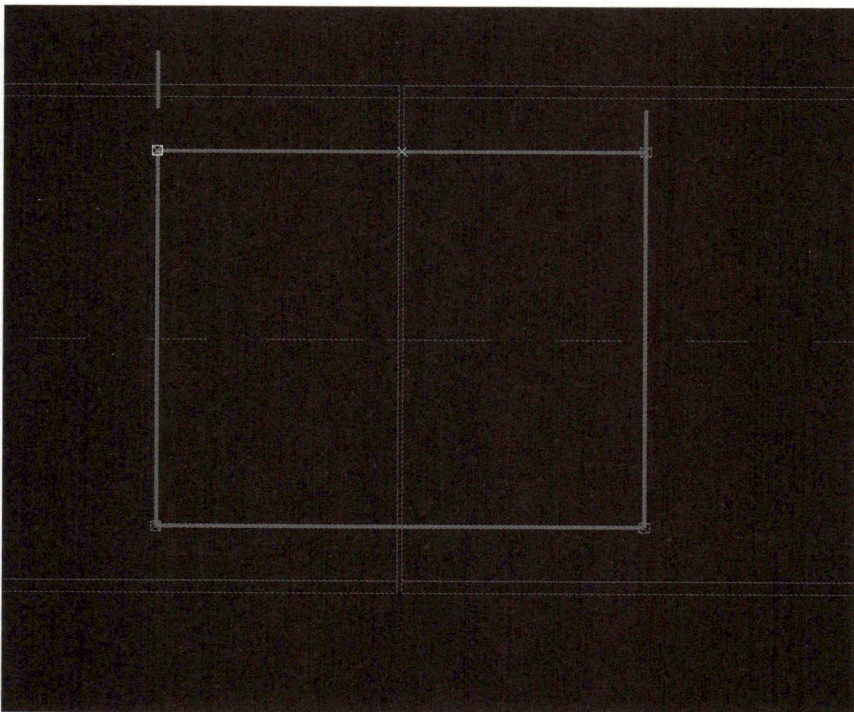

图 2-46　板对中

（11）由于是双夹板，这里我们切回 3m 标高的视图。然后，再复制一块板，这两块板贴着腹板边缘，见图 2-47。

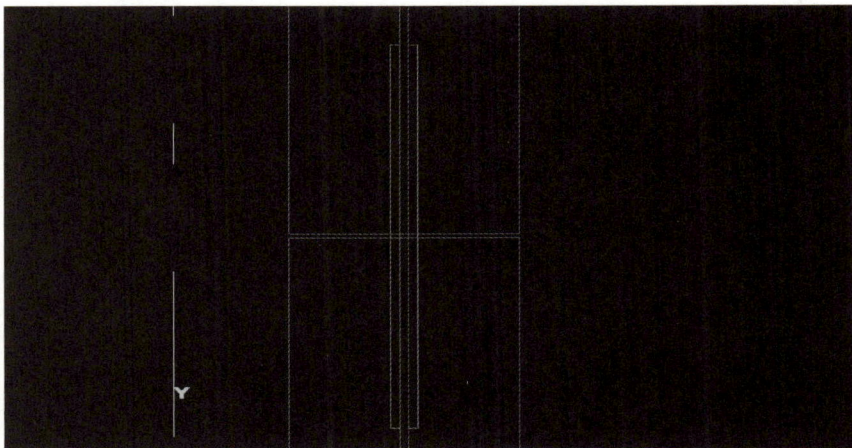

图 2-47　复制板

（12）切回 4 轴立面，创建螺栓，首先双击"创建螺栓"图标，弹出"螺栓属性"对话框，填写螺栓属性，见图 2-48。

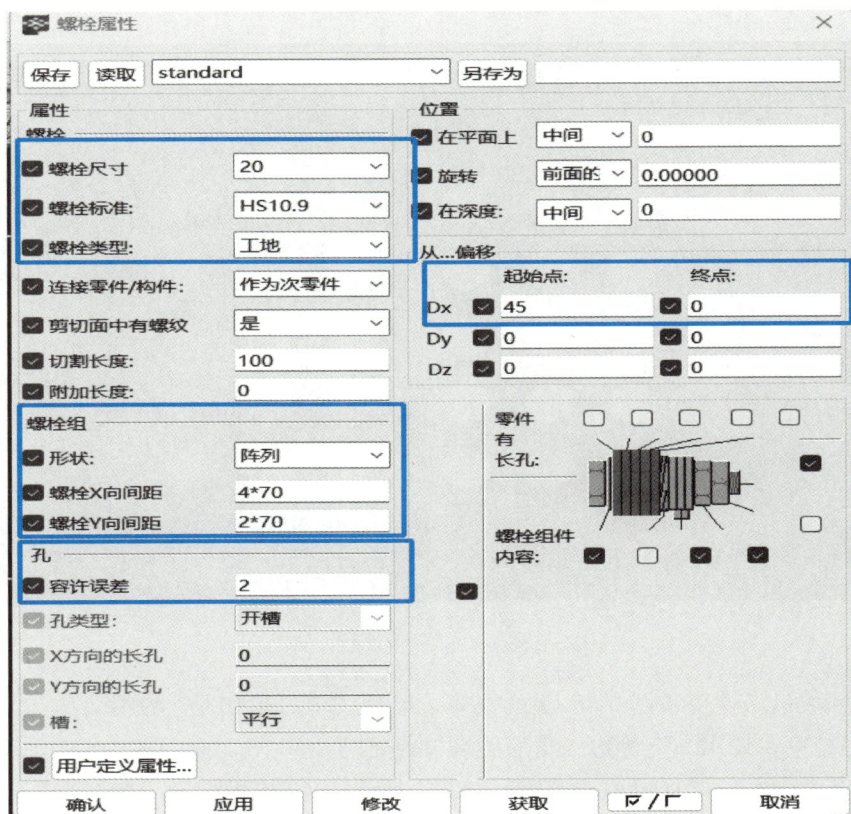

图 2-48　螺栓属性

1）螺栓标准：①普通螺栓：A/B/C/HS4.6；

②高强度螺栓：大六角 HS10.9/HS8.8；

扭剪型 TS10.9/TS8.8；

③栓钉：STUD。

2）螺栓类型：①工地：在施工现场进行螺栓连接；

②工厂：在工厂进行螺栓连接。

3）阵列形状螺栓组：①螺栓 X 向间距：打螺栓时，起点指向终点的方向的间距，为 X 向间距。

②螺栓 Y 向间距：垂直于 X 方向的间距，为 Y 向间距。

（注意：这里的 X 与 Y 方向与模型里的坐标没有关系，只与打螺栓时的起点和终点有关系）

4）允许误差：允许误差代表孔径和螺栓直径的差值，例如直径 20mm 的螺栓，允许误差为 2mm，那么螺栓的孔径为 22mm。通常，螺栓的孔径比直径大 2mm。

5）偏移：代表从起点偏移的距离，这里我们只需要填入 Dx 数值即可。

（13）螺栓属性填写完毕，启动"创建螺栓"命令。选中梁和板，按鼠标中键，在指定的位置选择螺栓的起点和终点。这样，螺栓即创建完毕，见图 2-49。

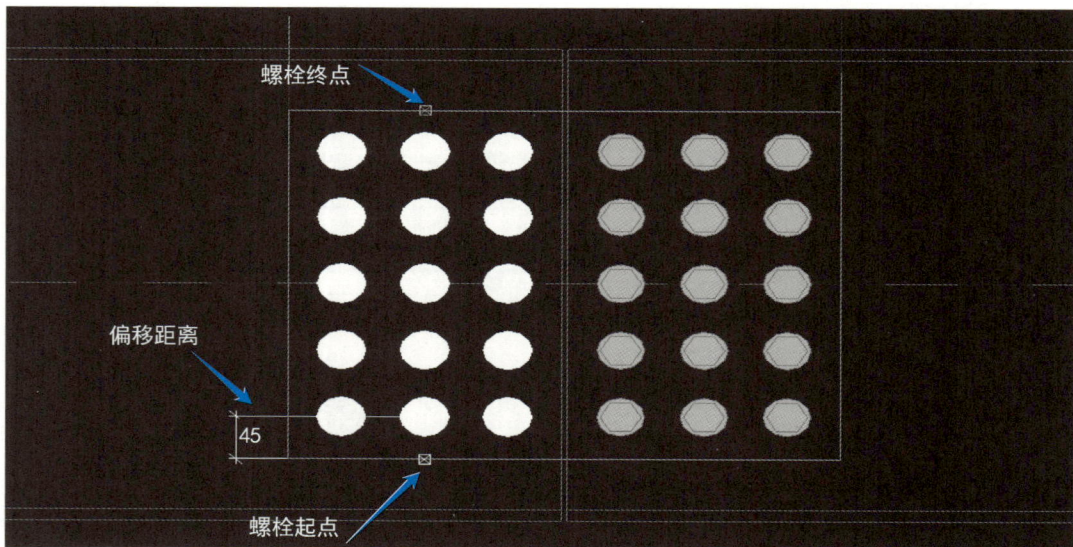

图 2-49 创建螺栓

（14）开坡口，这里我们开个 45°的坡口。启用"多边形切割"命令，选取端头三点，按鼠标中键结束，切出一个等边三角形的坡口，见图 2-50。

（15）开过焊孔，同样启用"多边形切割"命令，点取四个点，闭合成正方形。正方形的边长我们在这里取 35mm，见图 2-51。

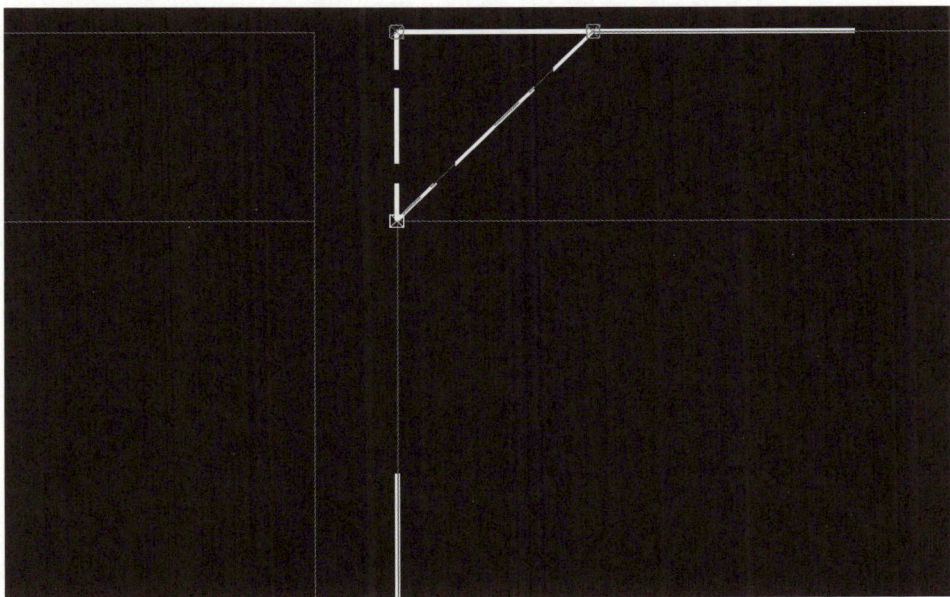

图 2-50　开坡口

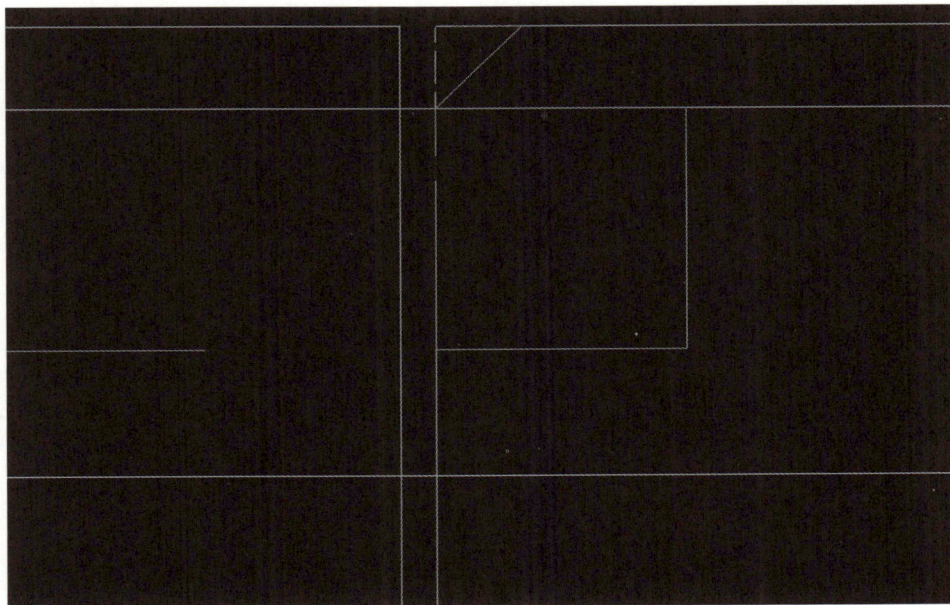

图 2-51　开过焊孔一

（16）选中多边形的切割线，双击右下方的控制点，弹出"切角属性"对话框，选择类型、填写尺寸。右击，选择"重画视图"，这样切割线就消失了。如果需要显示切割线，可以选中零件，右击，选择"删除"；然后，再按 Ctrl＋Z 键撤回，这样切割线就会显示了，见图 2-52。

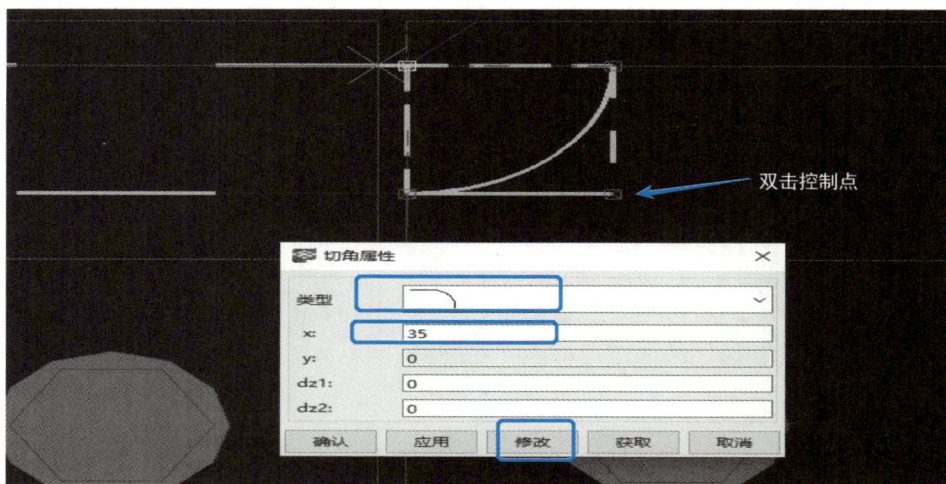

图 2-52　开过焊孔二

（17）选中切割线，右击，"选择性复制→镜像"，以梁的中心线位为中轴进行镜像。

注意：镜像时，先看一下有没有设置工作平面 ；如果没有设置工作平面，很可能镜像失败。所以，在镜像前也可以先设置一下工作平面，再进行镜像。见图 2-53、图 2-54。

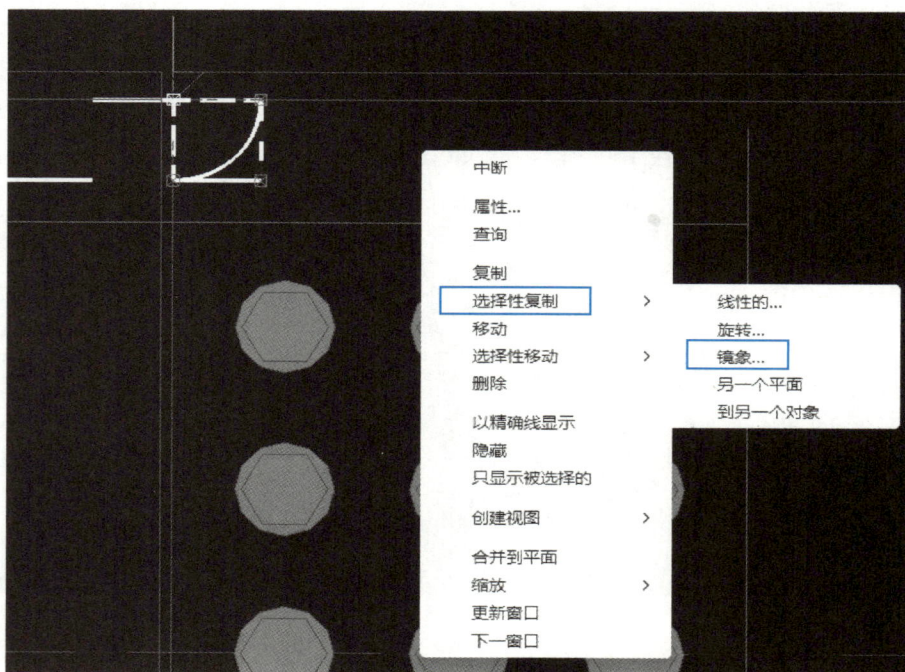

图 2-53　镜像复制过焊孔一

（18）通过镜像，把其他的过焊孔全部完成。将上翼缘的坡口复制到下翼缘，见图 2-55。

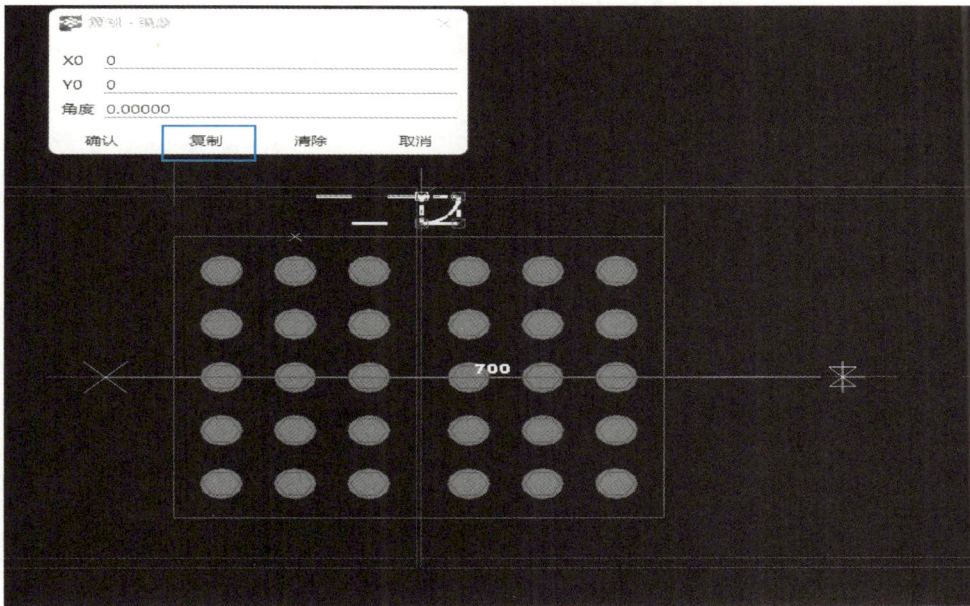

图 2-54　镜像复制过焊孔二

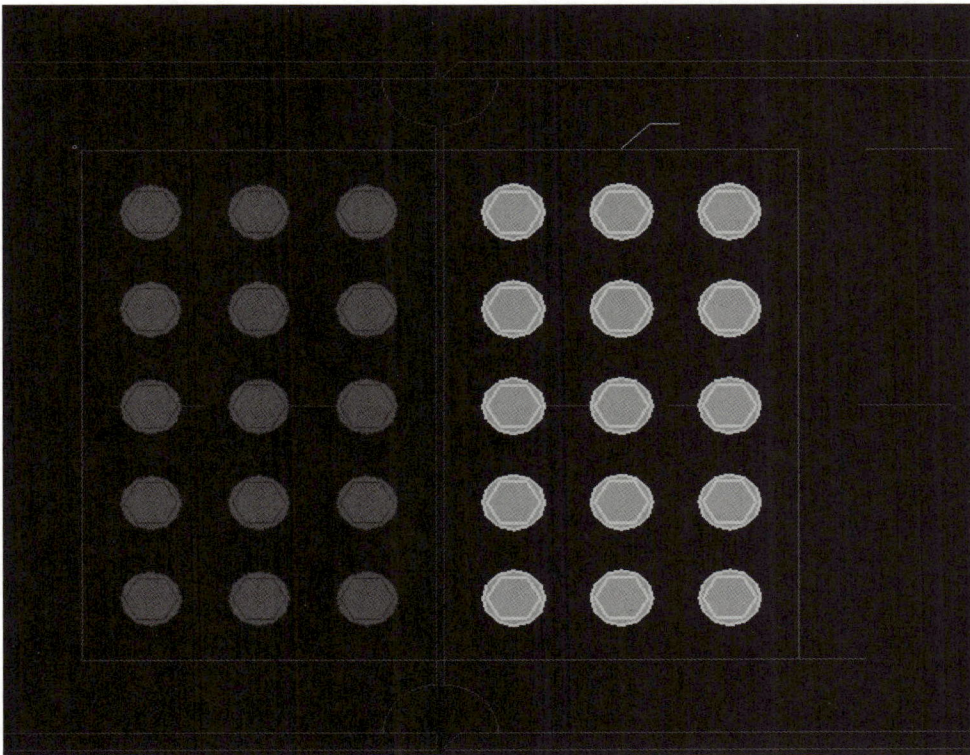

图 2-55　复制坡口

（19）加衬垫板，切回 3m 标高平面。双击"创建梁"工具，填写属性，衬垫板的尺寸通常是－6×30 的板子，并且伸出翼缘边缘 15mm，见图 2-56。

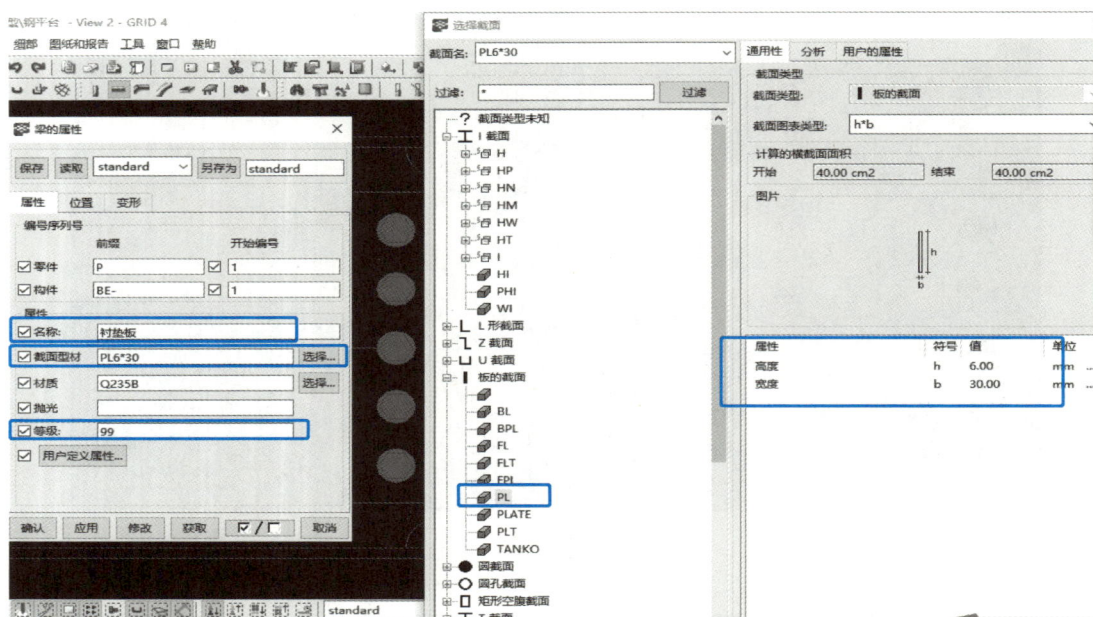

图 2-56 加衬垫板

（20）衬垫板的属性填写完毕，启用"创建梁"工具，沿着梁的边缘绘制衬垫板；接着，选中衬垫板，按住 Alt 键，自上往下地框选右侧控制点；然后，右击选择"移动"，沿着衬垫板的板边向右侧的方向，输入"15"。这样，衬垫板就向右侧伸长 15mm。同样的方法，将左侧也伸长 15mm，见图 2-57。

（21）切回 4 轴立面视图，将衬垫板放置在合适的位置，并复制一个放在下翼缘，见图 2-58。

（22）启用"焊接"工具，先点击一下柱子，再点击牛腿，这样就焊接在一起了，组成了一个构件。同样的方法，我们把衬垫板、双夹板和梁焊在一起。

焊接的时候，先点中的就是主零件，后点中的为次零件；如果是点选，那么一次只能点一个次零件；如果想焊接其他的次零件，可以再启用一次"焊接"工具，这样多次焊接才能完成。如果次部件较多，为了方便焊接，也可以点击一次主零件，然后框选所有的次零件，这样就能很快地完成焊接。但是要注意的是，不要误选了其他构件的零件，这样就会多焊，影响出图结果。

（23）检查漏焊，按住 Alt 键，点击选择构件中的任何一个零件，如果都产生了高亮，说明没有漏焊；反之，如果有零件没有高亮，就是漏焊的。发现漏焊的零件要重新焊接一下。如果在检查漏焊时，除了本构件以外的零件有高亮的，那就说明是多焊了，这时就要解焊。我们可以选中多焊的零件然后右击，选择菜单当中"构件→从构件当中删除"，这样就能解焊了。解焊后可以再次检查，以防多焊或漏焊。

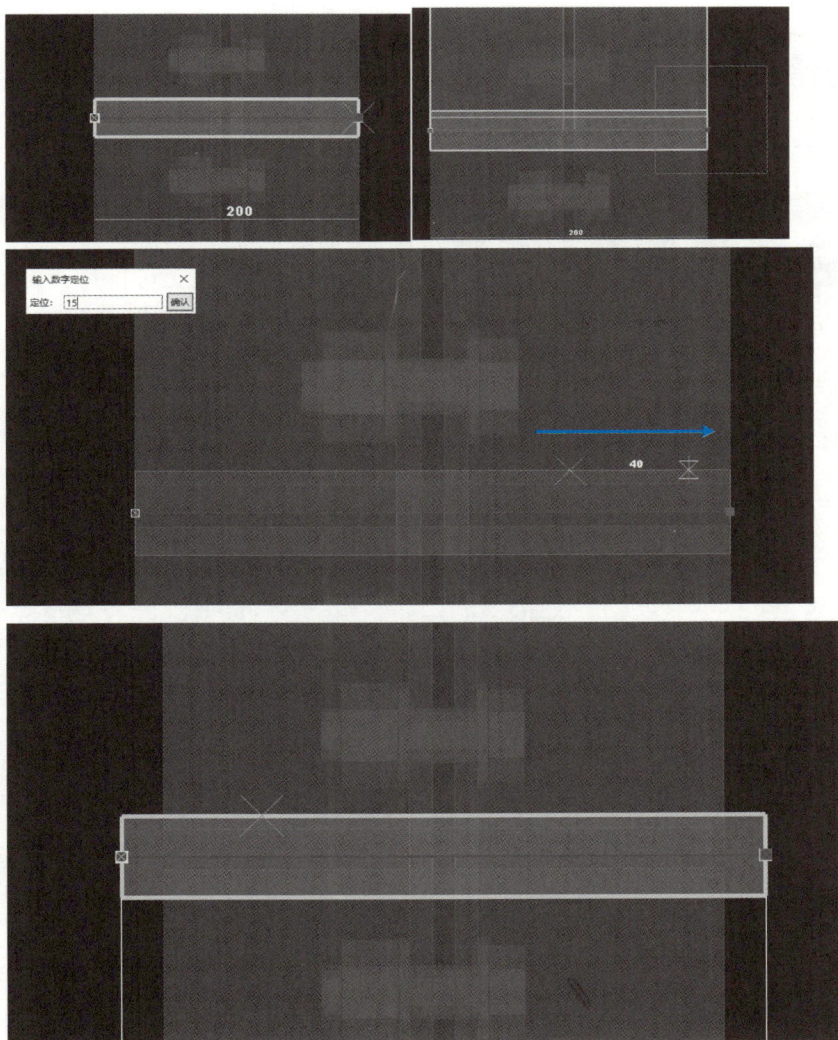

图 2-57　衬垫板伸长

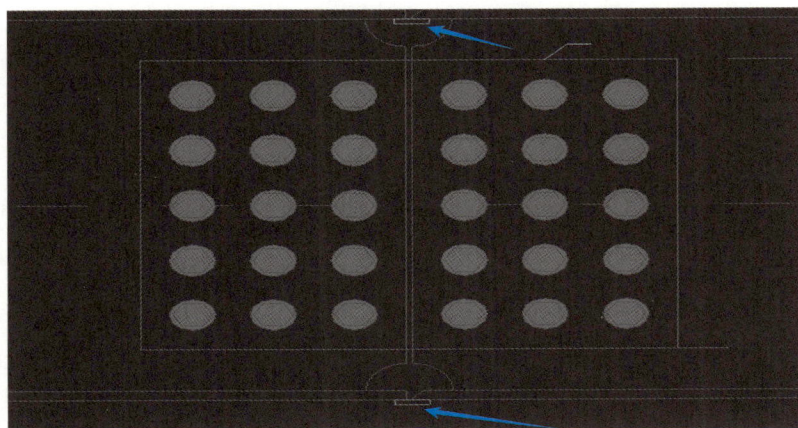

图 2-58　复制衬垫板

2.5　创建自定义节点

（1）在菜单中选择：细部→组成→定义用户单元，见图 2-59。

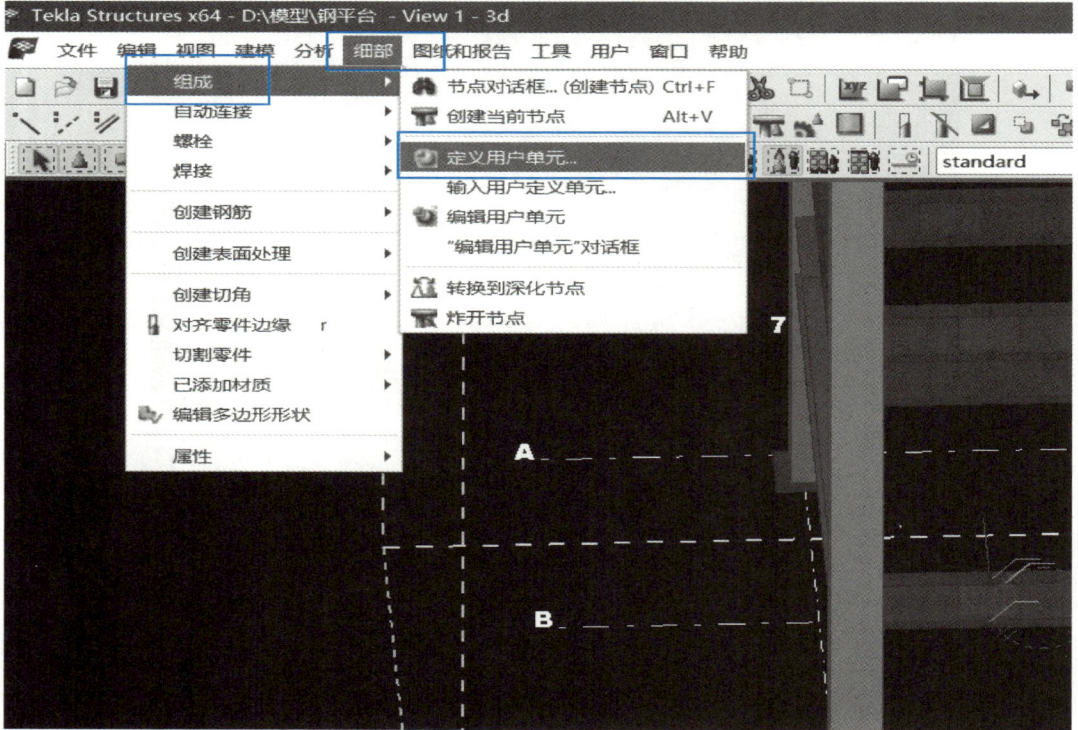

图 2-59　创建自定义节点

（2）类型选择"节点"，自己定义一个节点名称，例如：钢柱和钢梁的节点名称为 GZ1-GL1。点击"下一步"，见图 2-60。

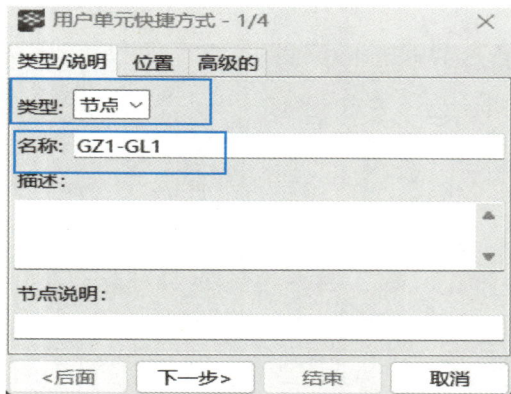

图 2-60　填写节点名称

（3）在模型中选择构成节点的对象，这里我们要框选组成节点的零件、螺栓、切割线、焊缝和牛腿。切记，不要遗漏任何对象。全部选中后，点击"下一步"，见图 2-61。

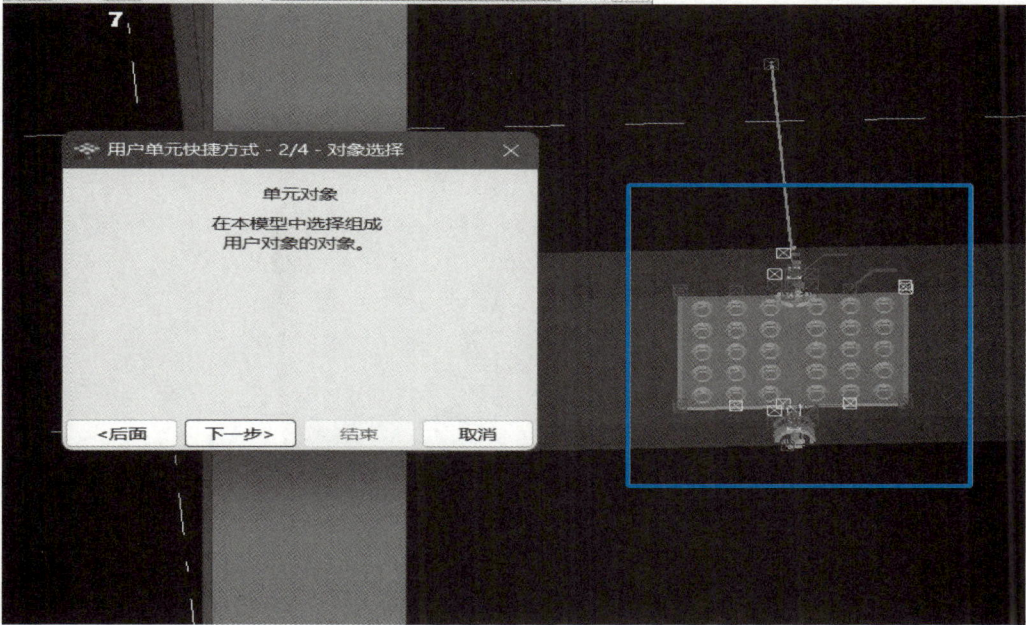

图 2-61　框选组成的对象

（4）选择主零件，主零件就是钢柱，见图 2-62。

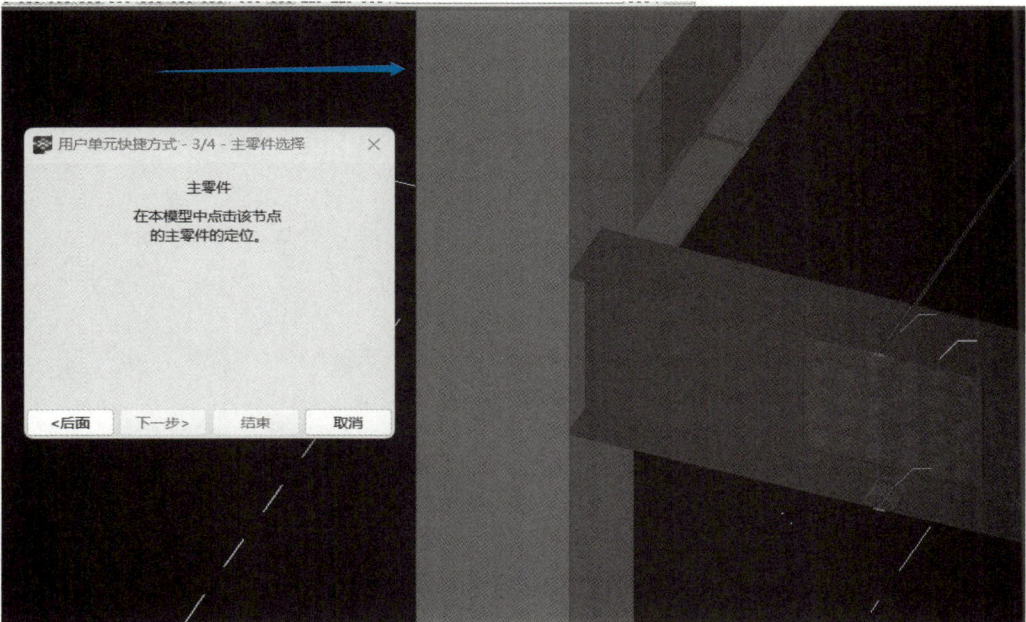

图 2-62　主零件

（5）选择次零件，次零件就是钢梁；然后，点击"结束"，见图 2-63。

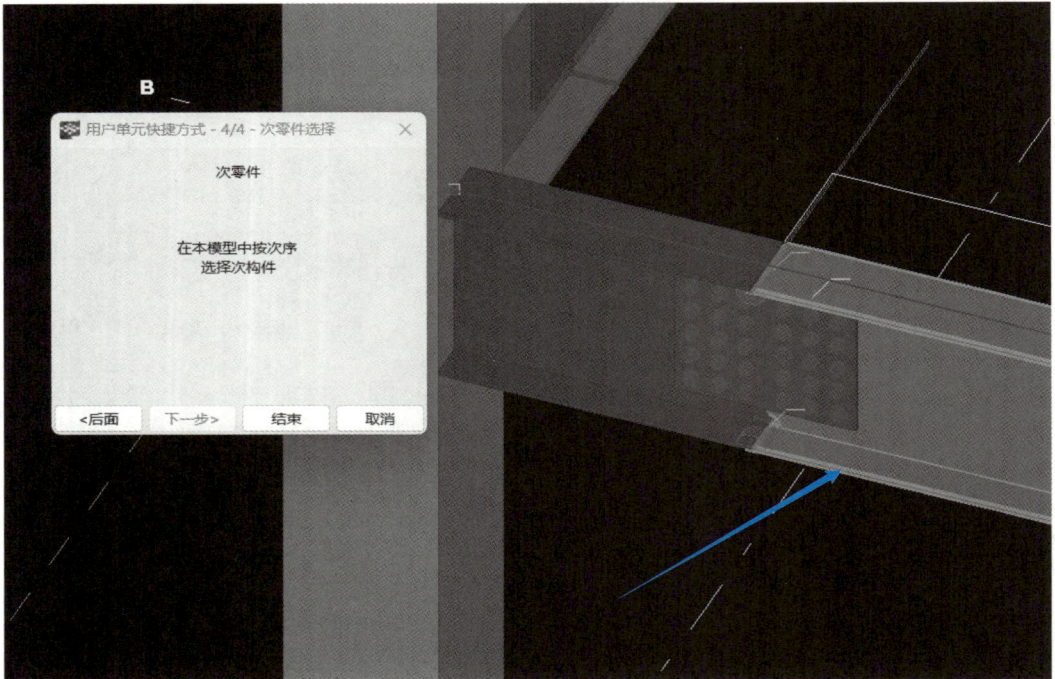

图 2-63　次零件

（6）节点完成，会显示绿色的锥形符号，见图 2-64。

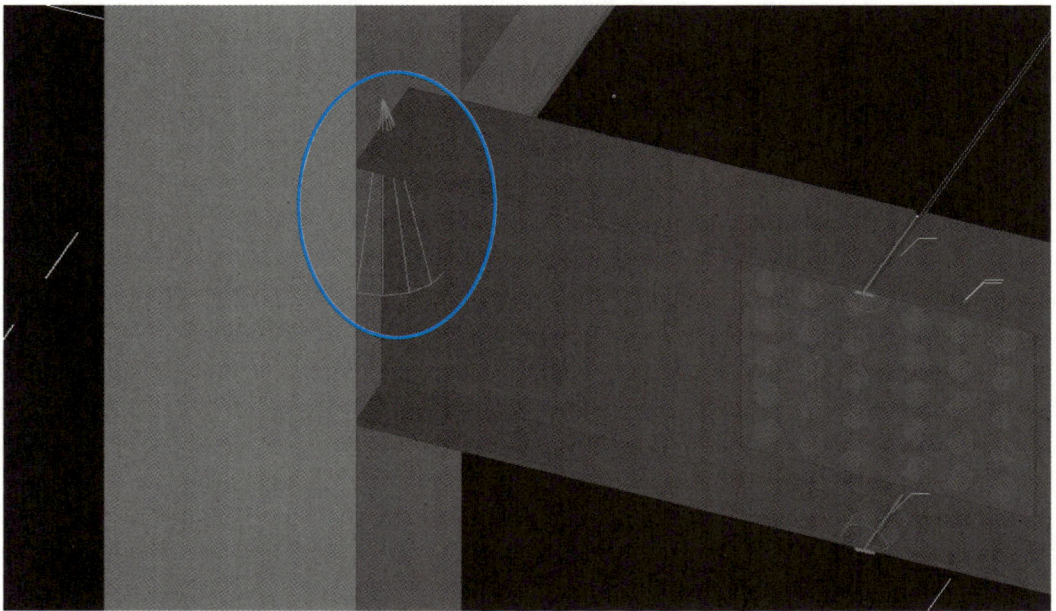

图 2-64　节点符号

（7）点开"望远镜"节点工具，弹出组件目录选项卡。点击"用户"，见图 2-65。

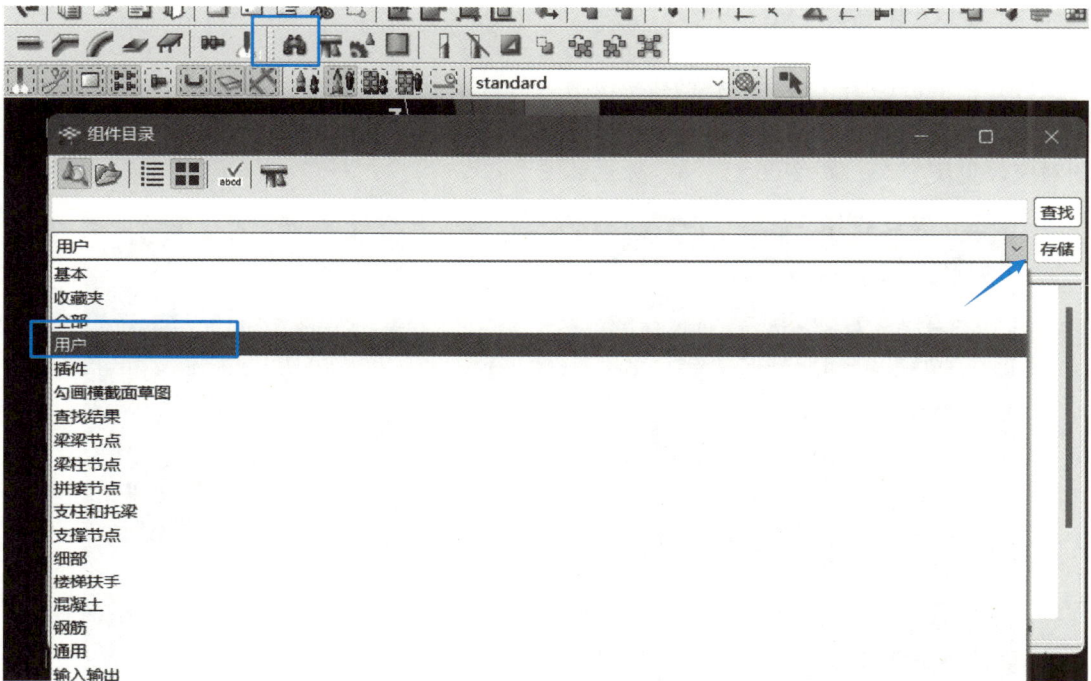

图 2-65　用户

（8）根据名称找到对应的节点，选择做好的自定义节点；然后，先点击钢柱再点击钢梁，这样节点就自动完成了，见图 2-66。

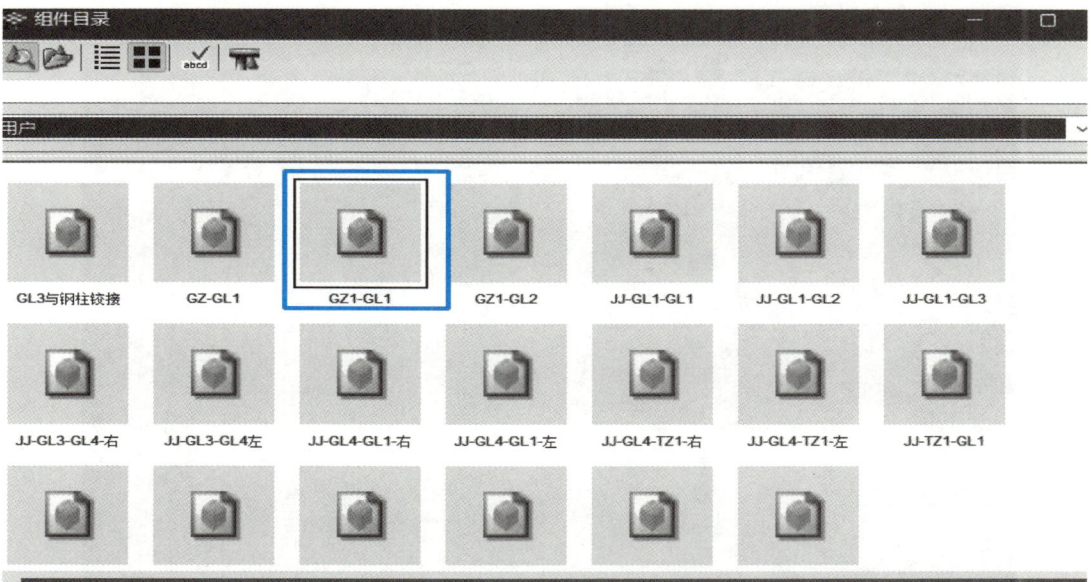

图 2-66　查找节点

2.6 创建梁梁节点

（1）根据设计图（图 2-67）创建梁梁节点。首先，切到 3m 标高的平面视图，找到对应的钢梁，启用"两点视图工具"。接着，沿着梁的腹板边缘，创建一个立面视图与节点图对应，见图 2-68、图 2-69。

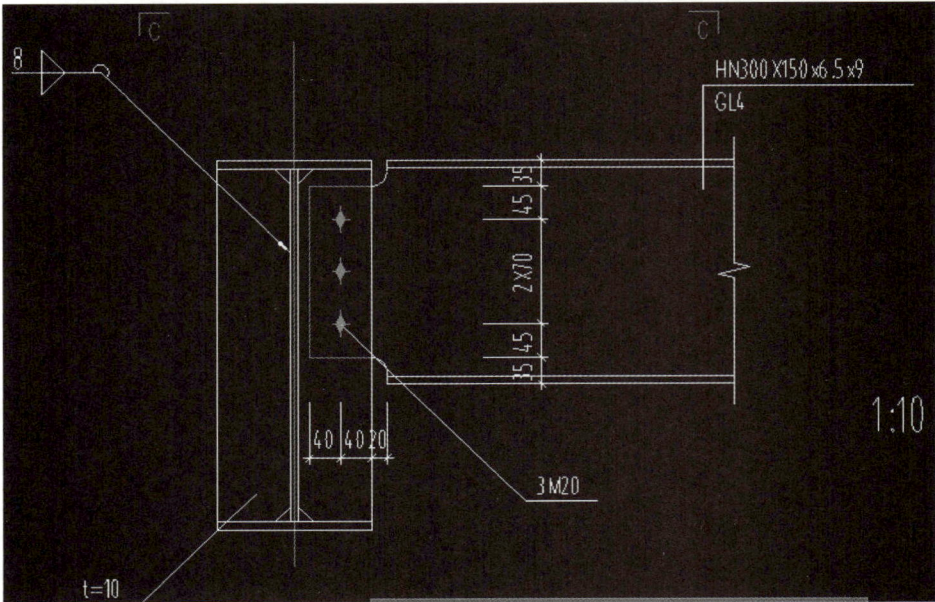

图 2-67 节点图

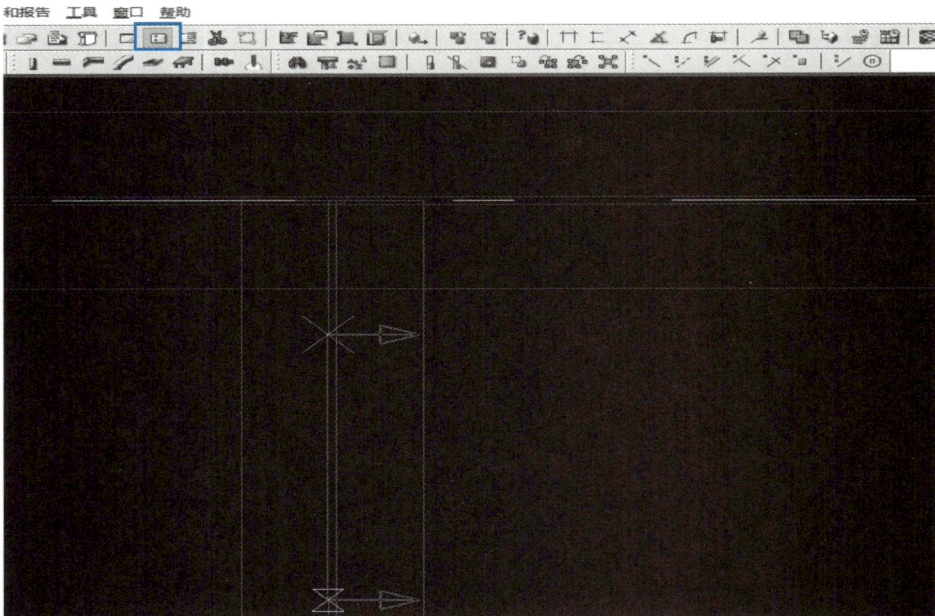

图 2-68 创建剖面视图

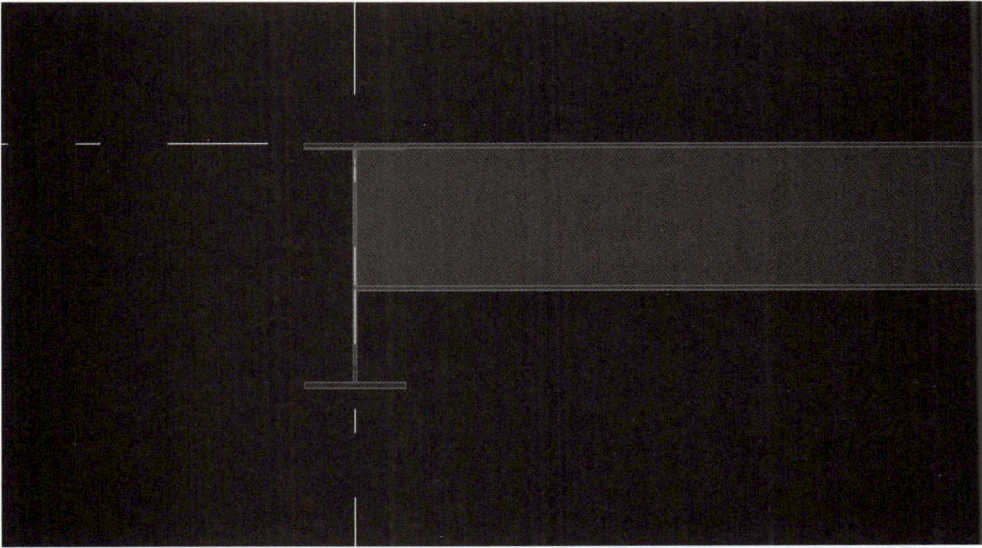

图 2-69　剖面视图

（2）根据节点图，做一条辅助线，辅助线距主梁边缘的距离为 80mm；然后，用"对齐"工具，将次梁多余的部分剪切掉，见图 2-70。

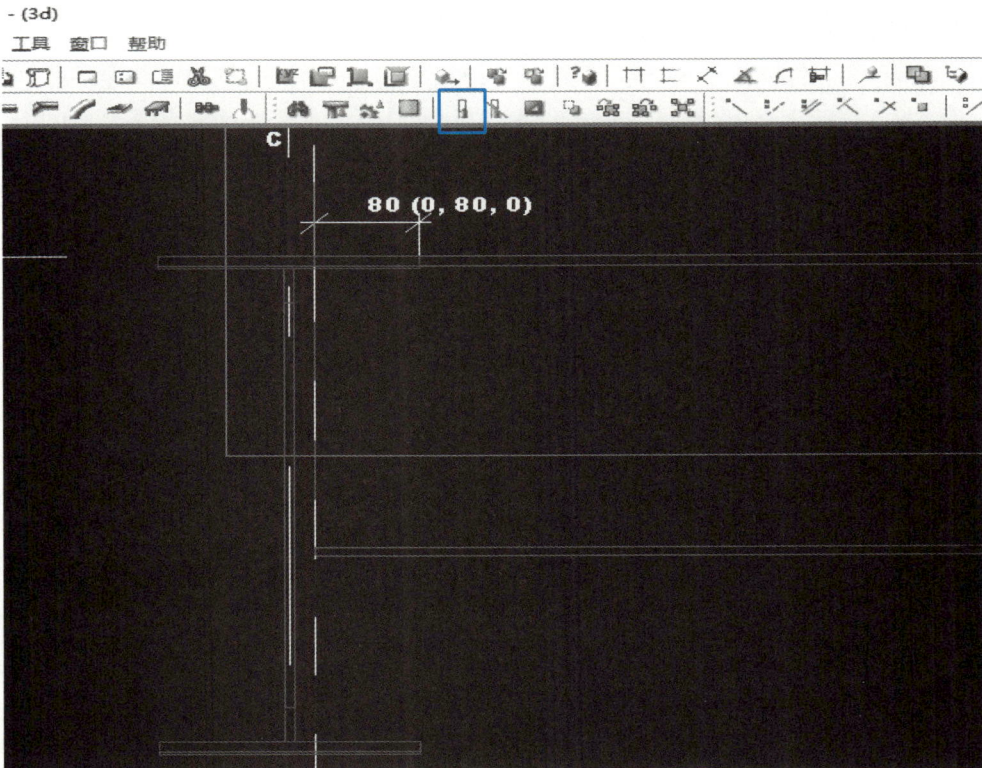

图 2-70　切割梁

（3）再做一条辅助线，至主梁边缘的距离为 20mm；然后，启用"多边形切割"工具，切割一个尺寸 30mm×100mm 的槽口，见图 2-71。

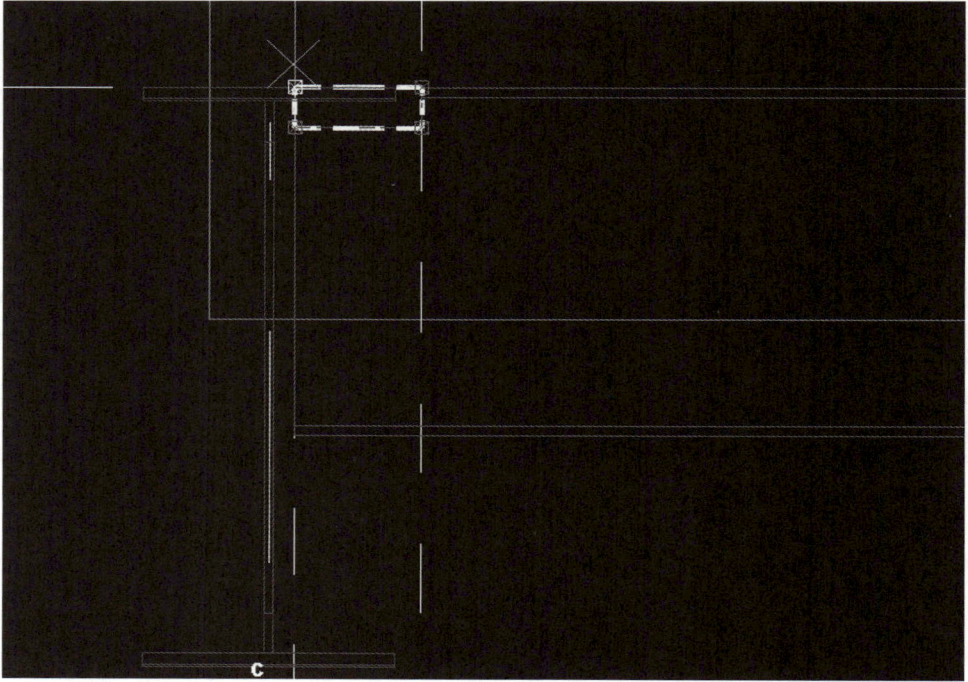

图 2-71　切槽口

（4）选中切割线，双击右下角的控制点，弹出"切角属性"；然后，倒 35mm 的圆弧角。用同样的方法，再把下翼缘开同样的槽口，见图 2-72。

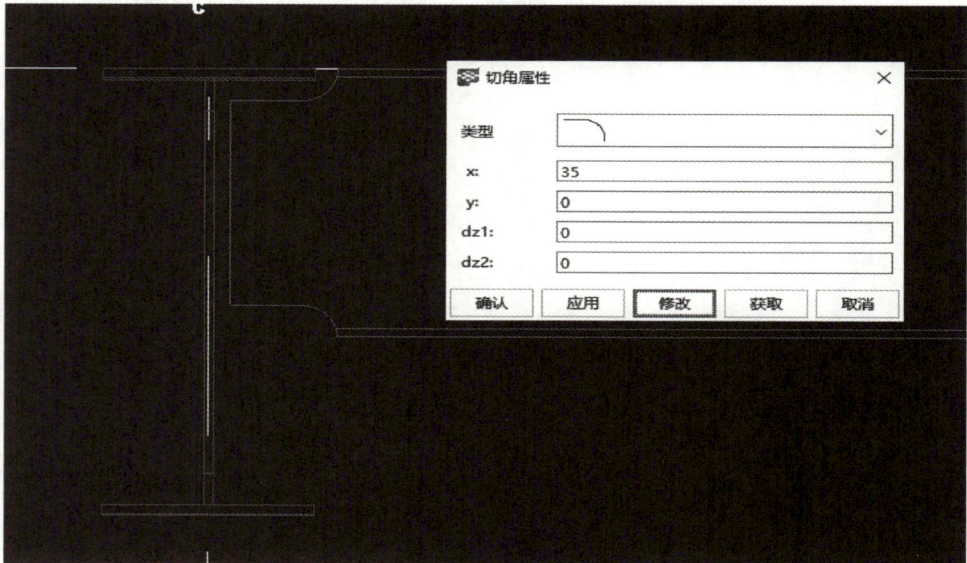

图 2-72　槽口倒角

（5）启用"多边形板"工具，绘制主梁的加劲板。这里，板厚为 10mm。选中两个加劲板，双击控制点，弹出"切角属性"，填写属性进行倒角，见图 2-73。

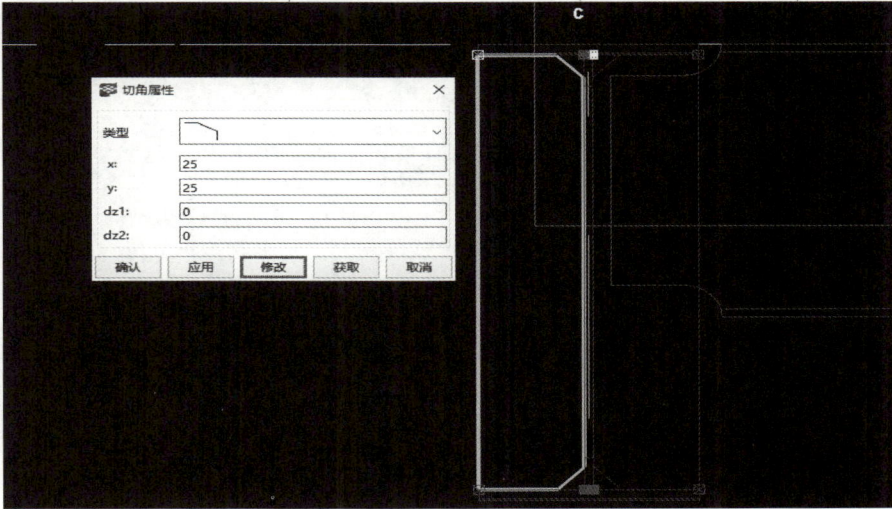

图 2-73　创建加劲板

（6）根据节点图，填好螺栓参数。启用"创建螺栓"工具，创建螺栓，见图 2-74、图 2-75。

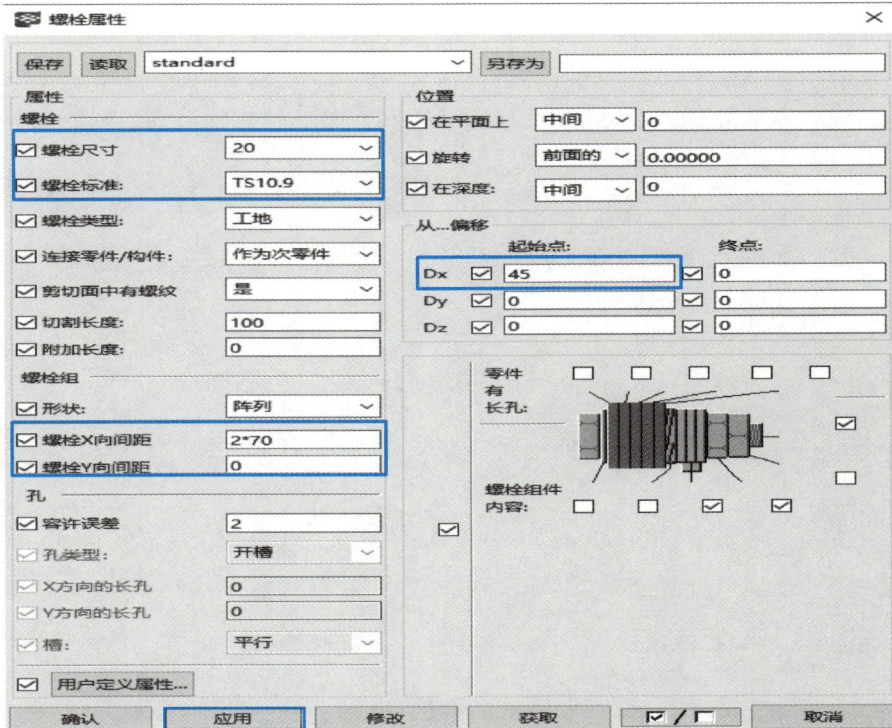

图 2-74　填写螺栓参数

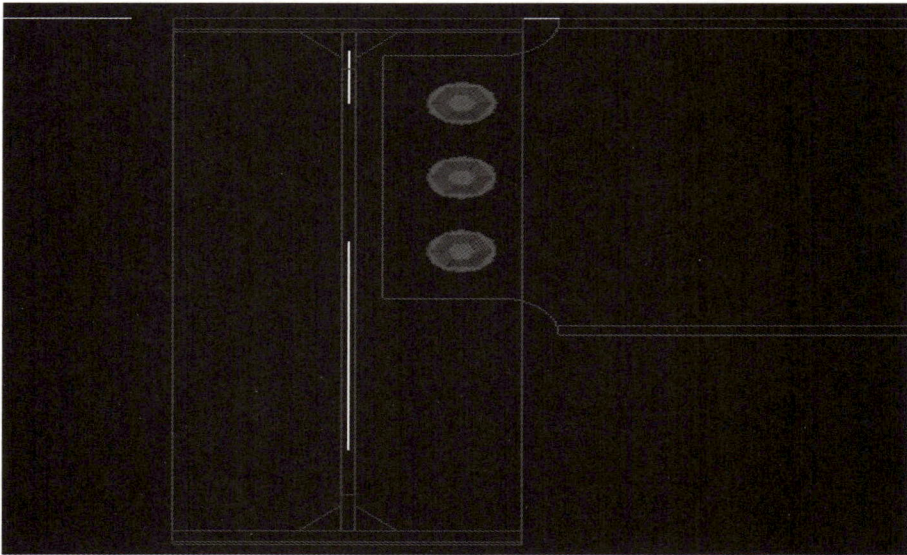

图 2-75　创建螺栓

2.7　创建柱脚节点

（1）根据柱脚节点详图创建柱脚节点，见图 2-76。切到 0 标高的平面视图，绘制柱脚底板，柱底板的尺寸为：－30×640×640。柱底板相对于柱子居中放置，见图 2-77。

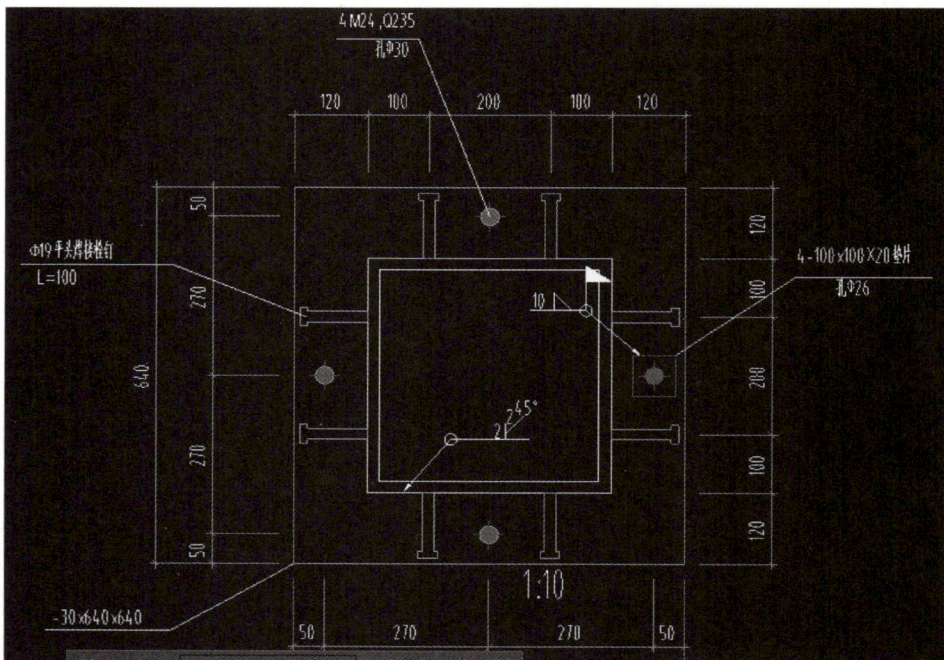

图 2-76　柱脚节点图

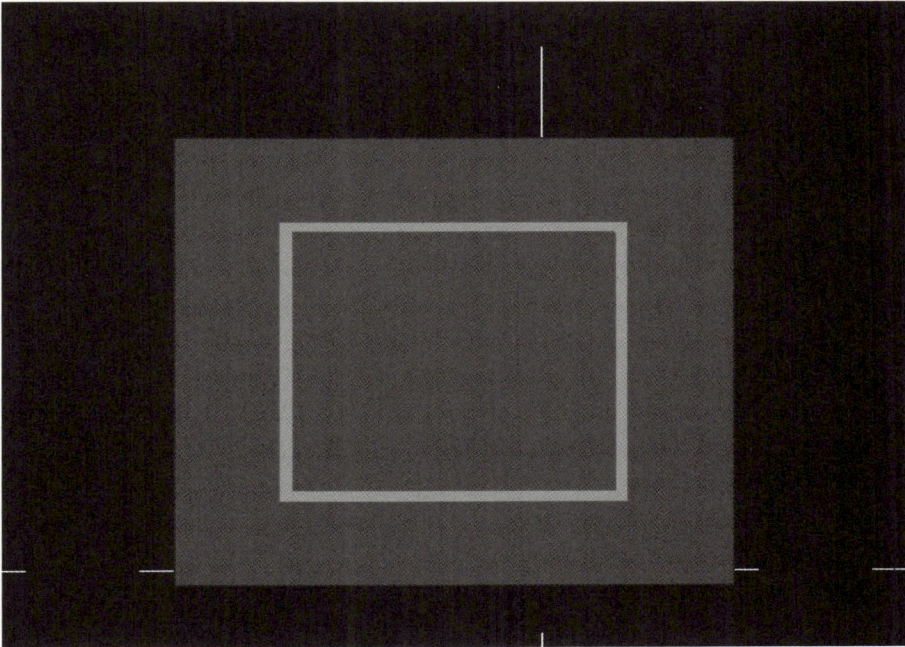

图 2-77　柱底板居中

（2）绘制垫块，垫块的尺寸为：－20×80×80，可以通过做辅助线给垫块定位，见图 2-78。

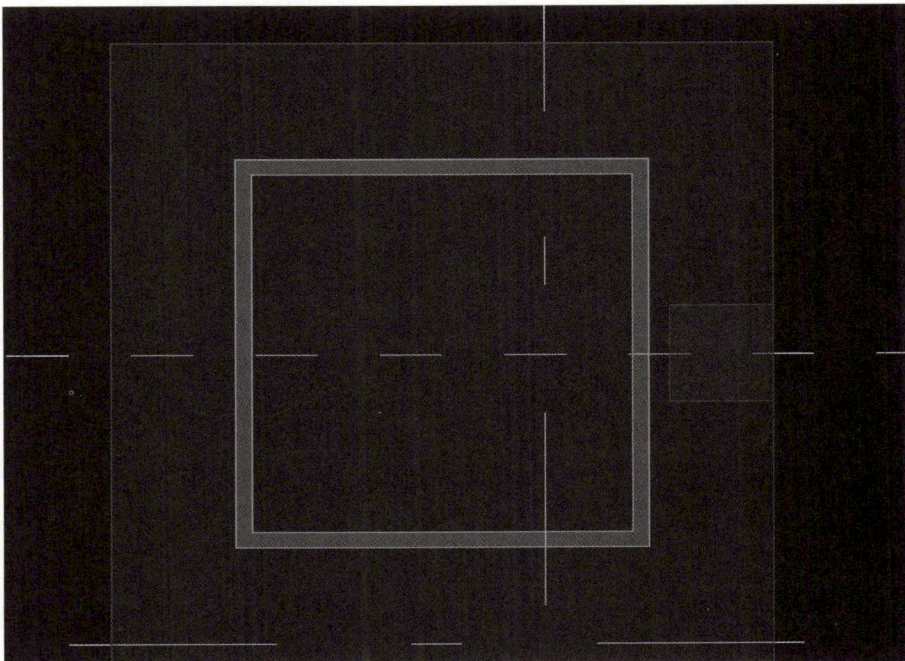

图 2-78　垫块定位

（3）创建垫块的孔，根据柱脚节点详图可以看出，垫块的孔的直径为 26mm。我们用"创建螺栓"工具进行打孔，孔径＝螺栓直径＋允许误差。首先，我们要在螺栓属性对话框里填写参数。见图 2-79。

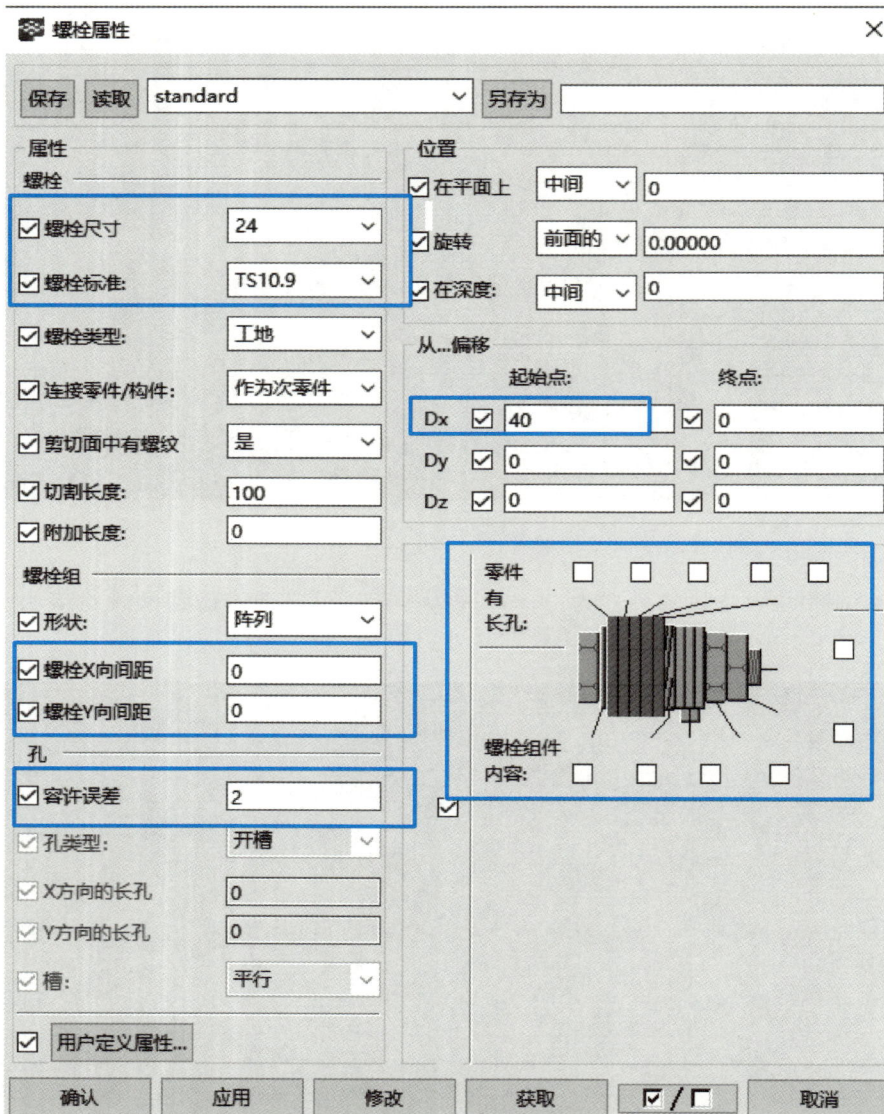

图 2-79 填写螺栓参数

（4）启用"创建螺栓"工具，只选中垫块；然后，按鼠标中键，再选择起点和终点。用同样的方法在底板上也打个孔，底板的孔径为 30mm，见图 2-80。

（5）使用"增加点"工具，在柱的中心增加一个辅助点，见图 2-81。然后，选中垫块和孔，右击，在菜单中选择"选择性复制→旋转"。接着，填写旋转的参数，见图 2-82。

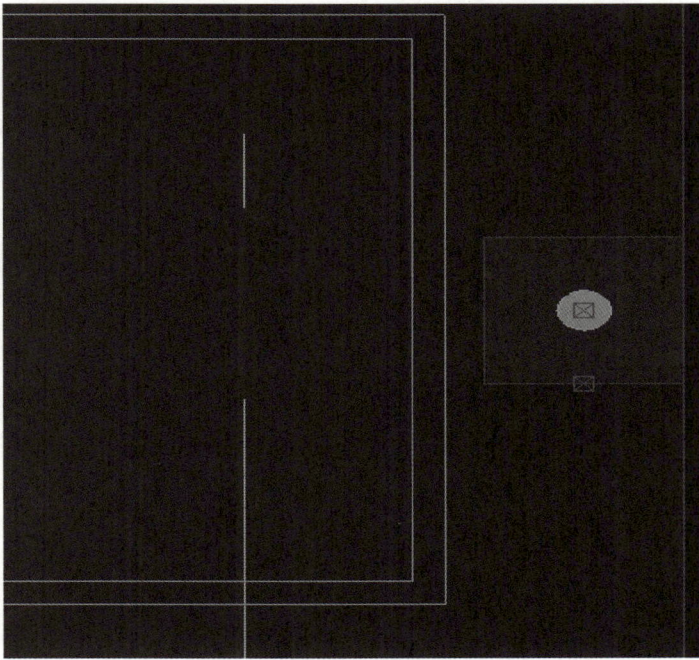

图 2-80 创建孔

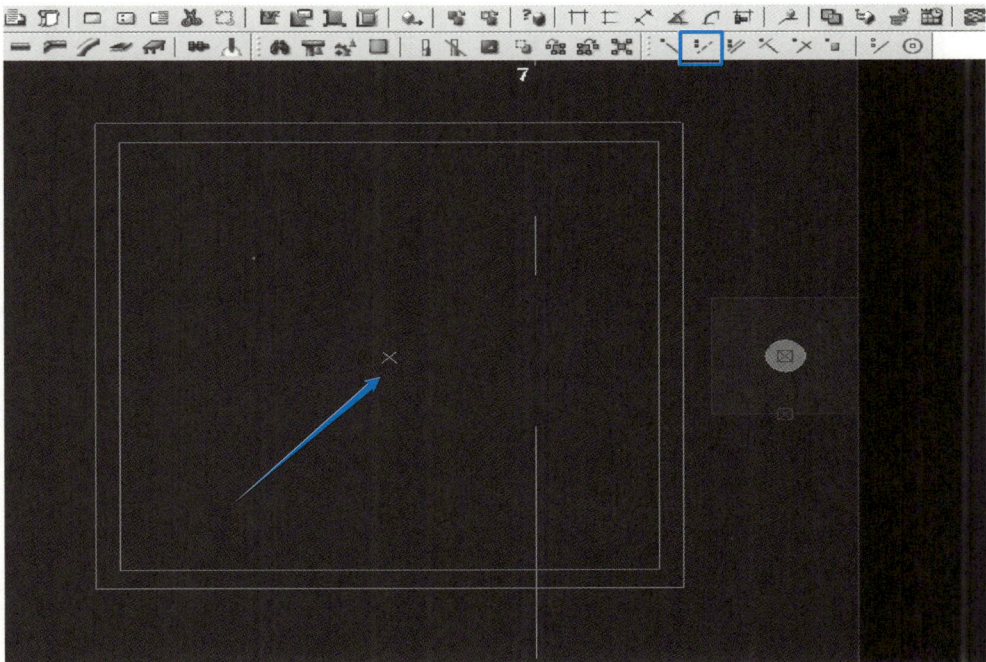

图 2-81 增加辅助点

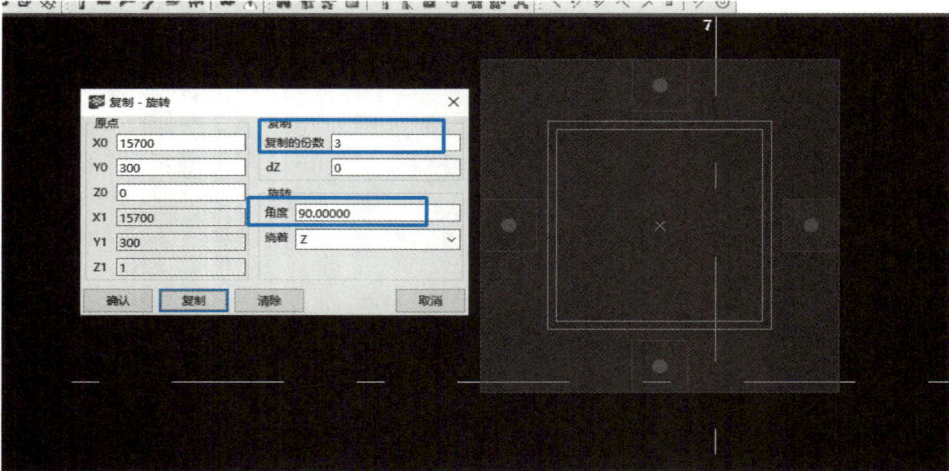

图 2-82　填写旋转参数

（6）创建栓钉，仍然需要使用"创建螺栓"工具。所以，我们要根据设计图填写螺栓参数，见图 2-83。

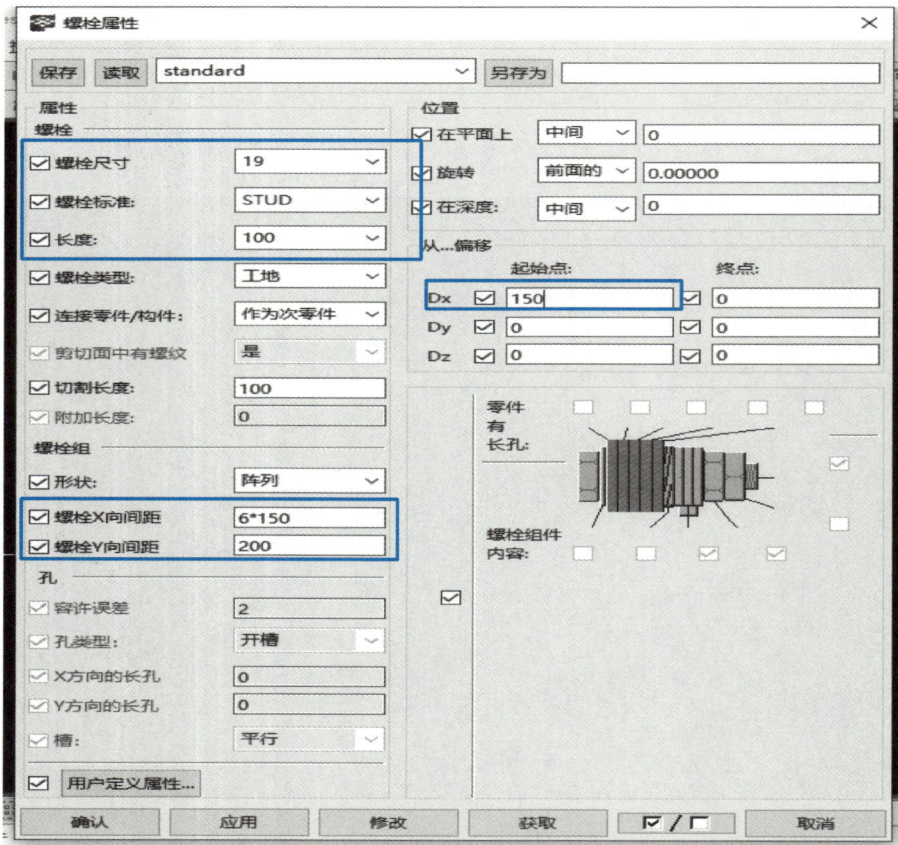

图 2-83　填写栓钉参数

（7）启用"创建螺栓"工具，在柱的立面创建栓钉，见图 2-84、图 2-85。

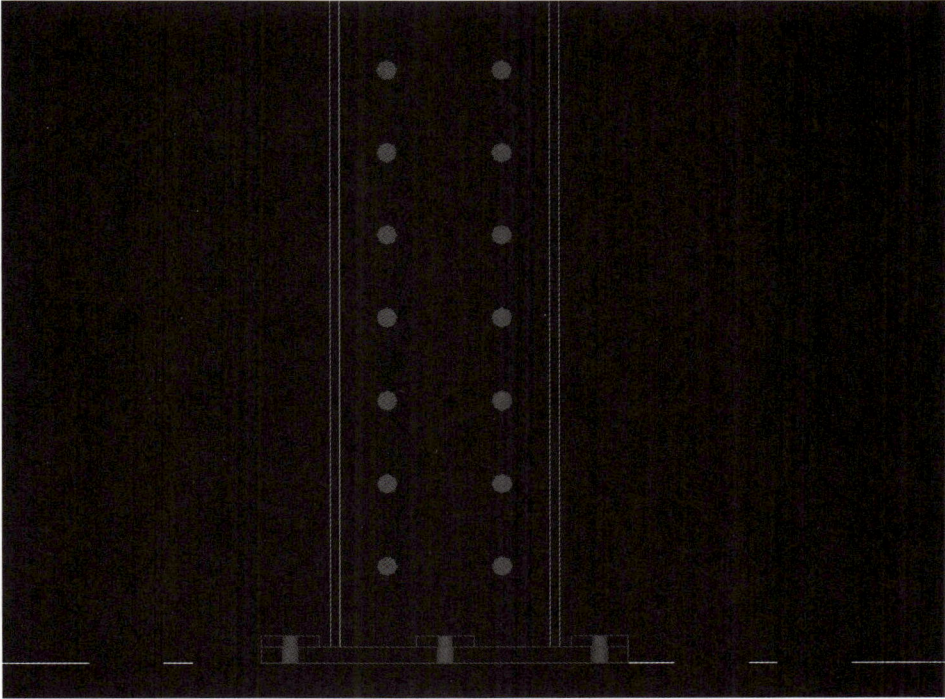

图 2-84　创建栓钉一

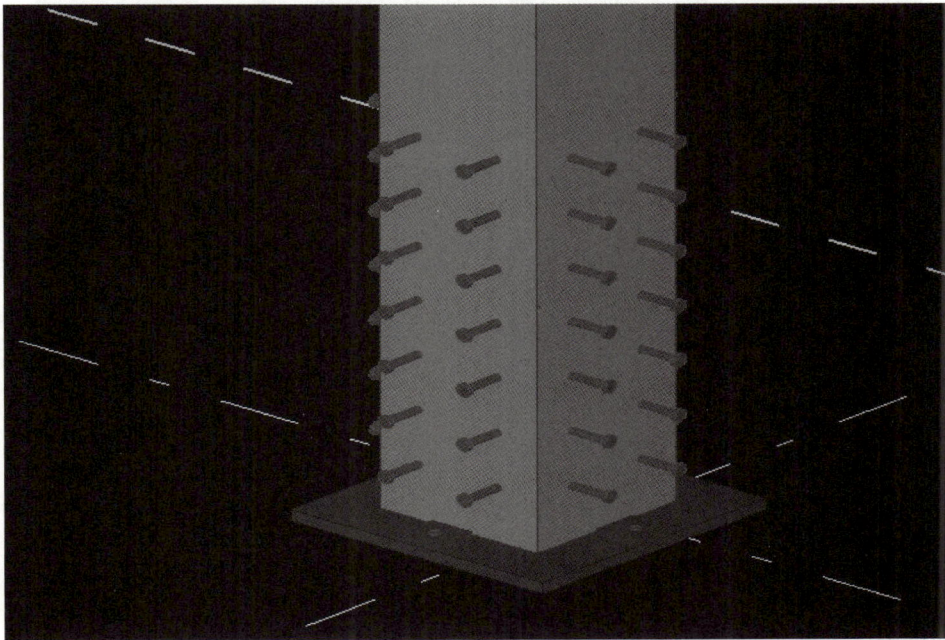

图 2-85　创建栓钉二

第**3**章

简易门式刚架建模

前面，我们已经讲了框架的建模，一些基本的操作也做了详细的讲解。所以，在门式刚架建模这一章，我们就不再对基本的操作进行重复的讲解。如果有新的基础操作，再进行补充。这里，我们重点讲一些门式刚架建模的思路和要点。门式刚架的建模和框架有所区别，门式刚架的建模顺序为：创建轴线→创建整榀刚架→按轴线复制刚架→抗风柱→系杆→柱间支撑→水平支撑→屋面檩条→墙面檩条。

3.1　创建刚架

（1）创建轴线，根据结构平面布置图和刚架图，见图 3-1，填写轴线数据。创建轴线，然后根据轴线创建视图，见图 3-2。

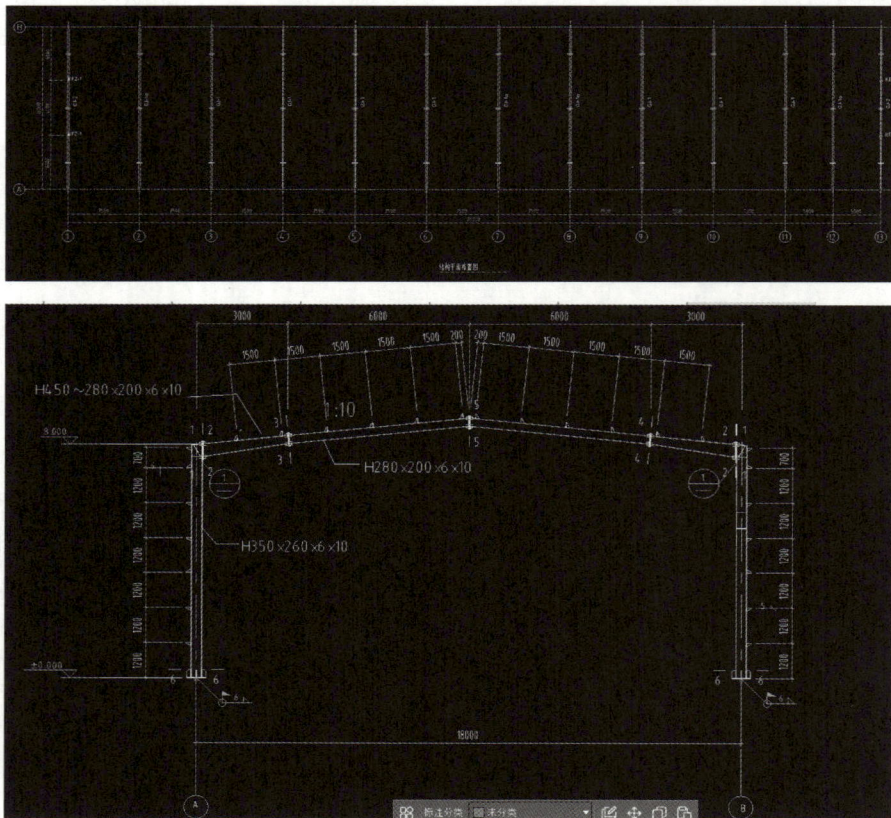

图 3-1　刚架图

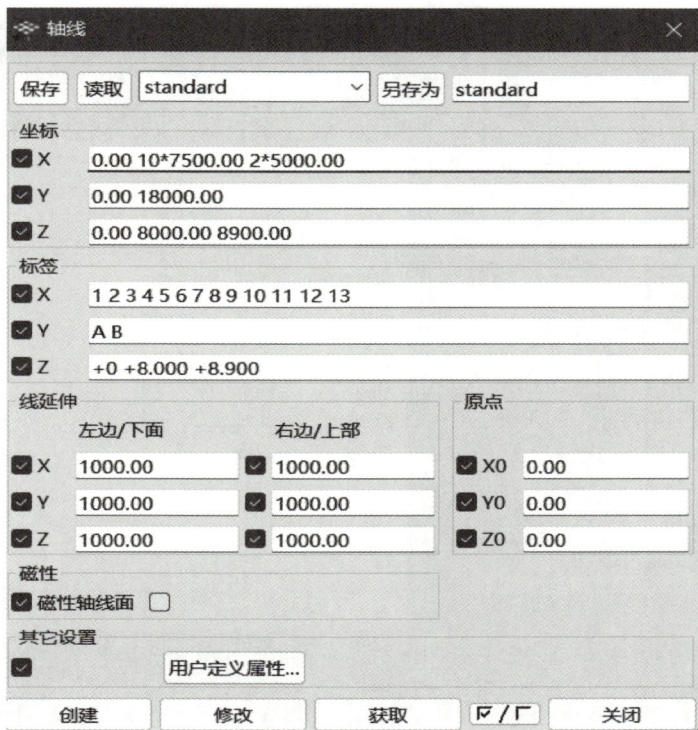

图 3-2　轴线数据

（2）根据设计图，给钢柱定位，钢柱的截面为：H350×260×6×10。切到 1 轴的立面，沿 A 轴创建钢柱，见图 3-3。然后，再切回 3D 视图，放平，在平面上给钢柱定位。如果柱的方向和图纸不一致，可以对柱属性位置选项里的旋转进行调整。并保持与设计图一致，见图 3-4。

图 3-3　创建钢柱

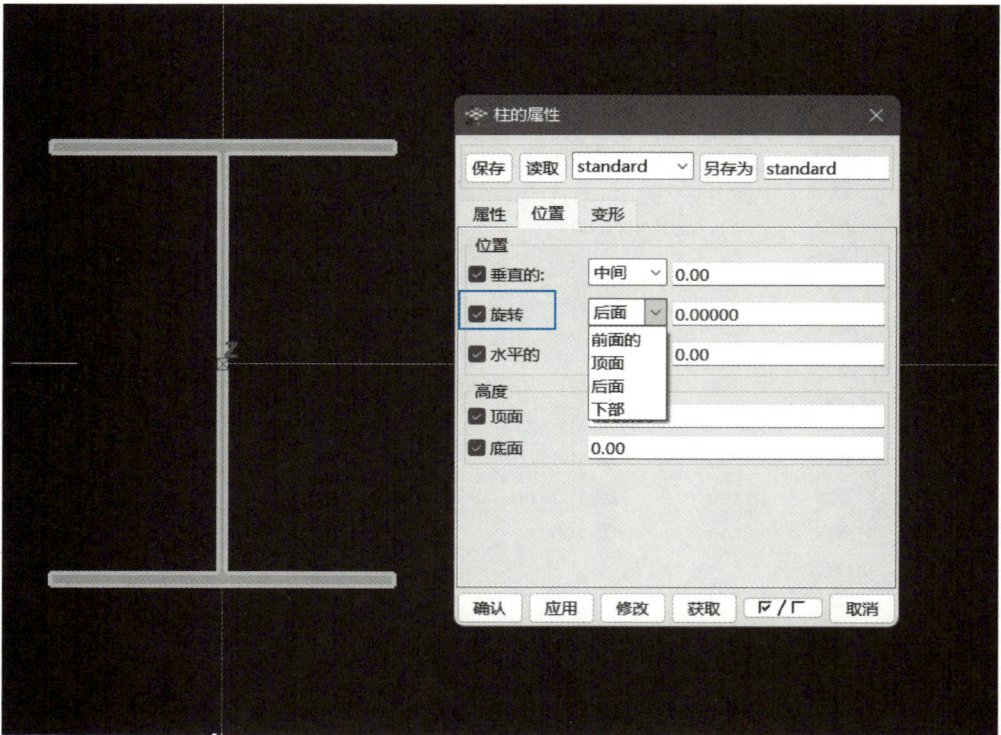

图 3-4　调整钢柱

（3）绘制柱脚节点，前面框架的柱脚的节已经做了详细的讲解，画图的思路基本一致。这里，我们根据柱脚节点详图进行了绘制，见图 3-5。门式刚架柱脚的节点多了加劲板，加

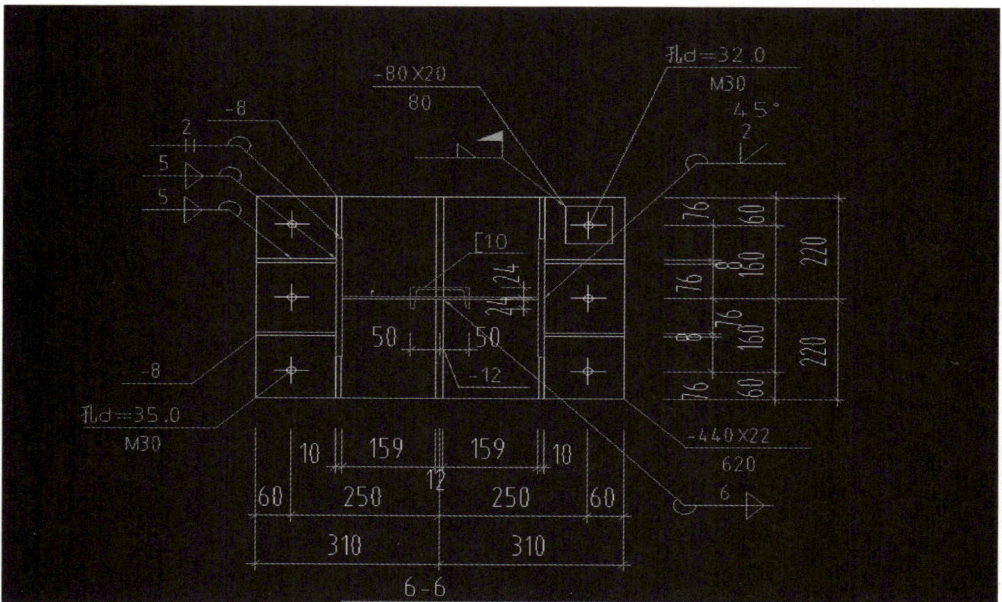

图 3-5　柱脚节点图

劲板的高度为 250mm，底部有抗剪键的截面为：C10 的槽钢，长度为 100mm，见图 3-6。

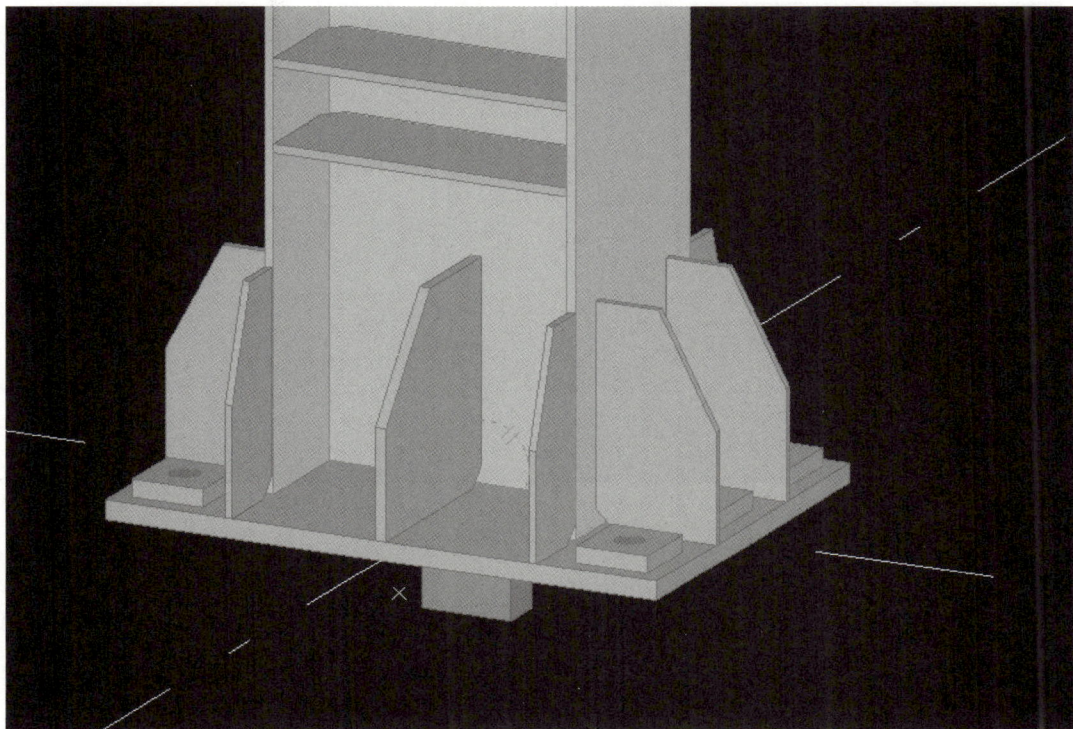

图 3-6　创建柱脚

（4）放坡。在创建钢梁前，首先要进行放坡，设计图上屋面坡度是 1∶10。那么，我们可以再利用辅助线做一个三角形，三角形的高度为 100mm；另一个直角边为 1000mm，放出来的斜边就是 1∶10 的坡度，见图 3-7。坡度放好后，复制坡度线到屋面位置。坡度线过 A 轴和 8m 标高的交点，见图 3-8。

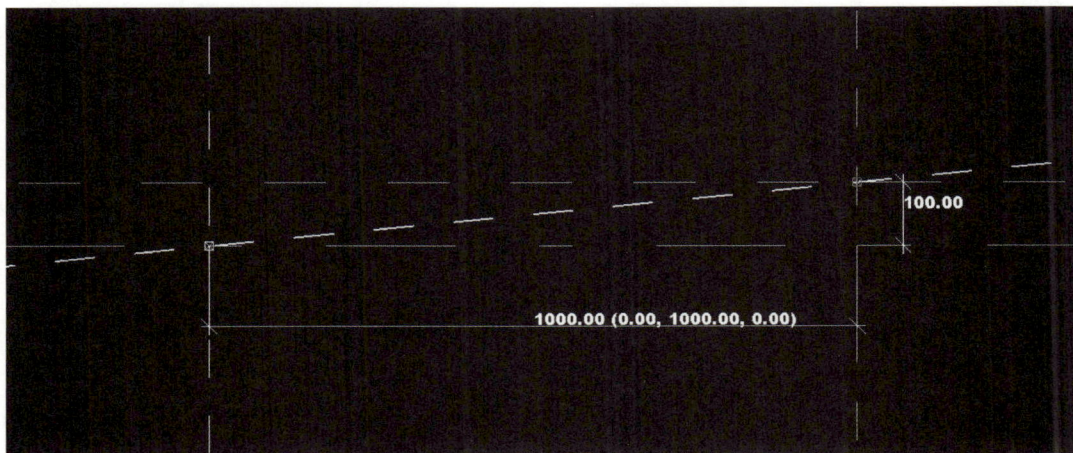

图 3-7　放坡

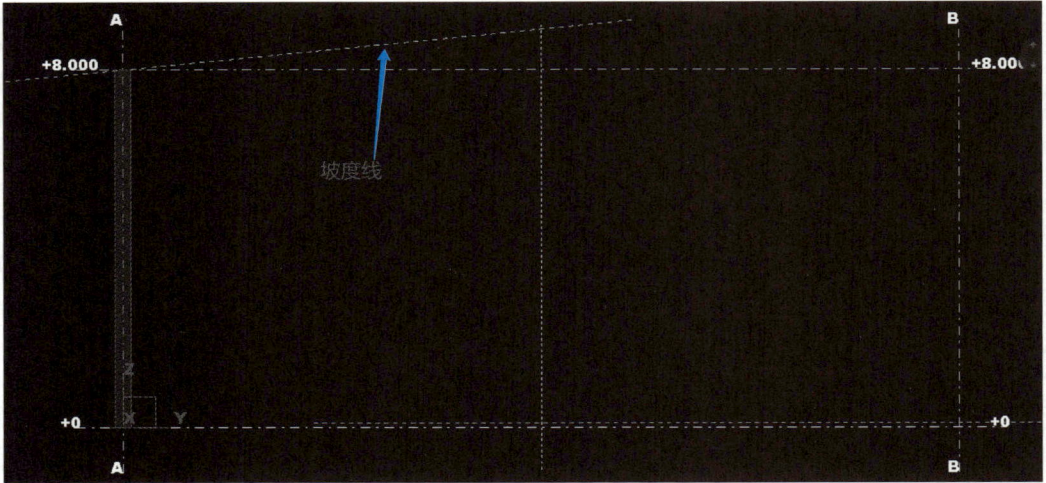

图 3-8　坡度线定位

（5）沿着坡度线绘制第一段梁，梁顶的顶面要与坡度线重合。根据刚架图，第一段梁的截面为：H450-280×280×6×10，是一个变截面的梁。填写梁的属性，见图 3-9。启用"创建梁"工具，绘制第一段梁。从 A 轴起，距 A 轴 3m 的位置终止，见图 3-10。

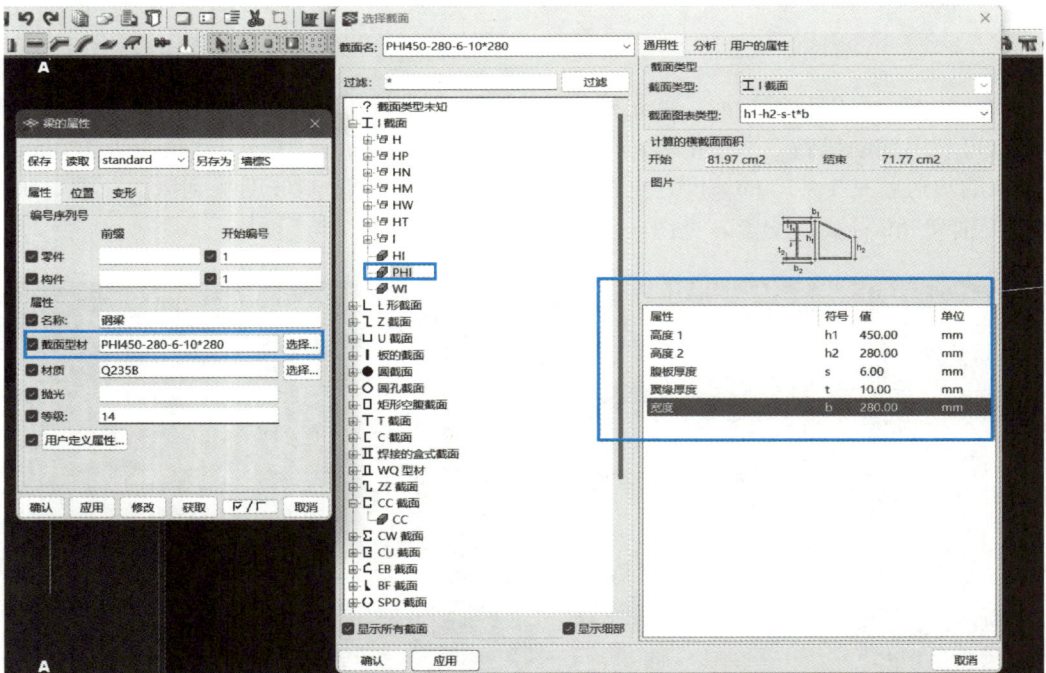

图 3-9　填写截面

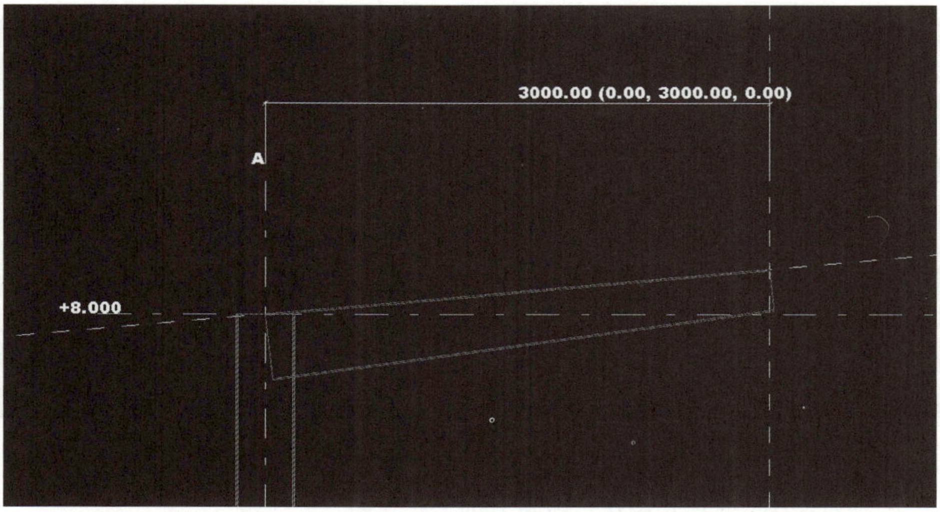

图 3-10 创建钢梁

（6）根据刚架图和端板节点详图，绘制端板节点，见图 3-11～图 3-13。

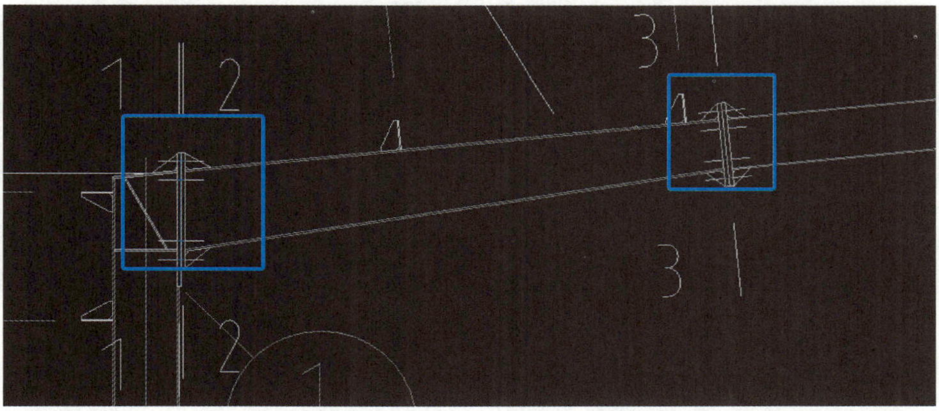

图 3-11 刚架图

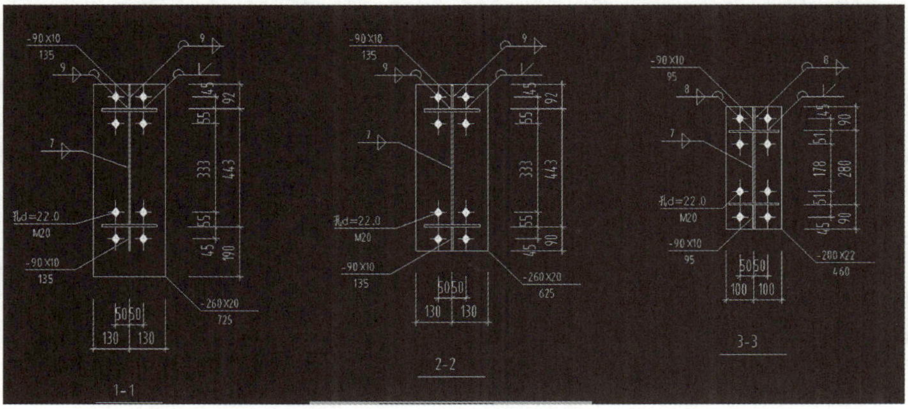

图 3-12 端板节点图

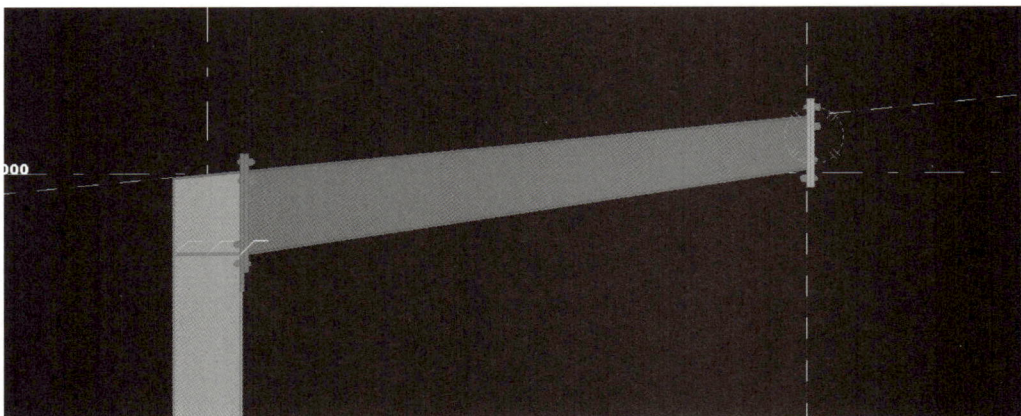

图 3-13　创建端板

（7）按照上面的方法来绘制第二段梁和端板，见图 3-14、图 3-15。

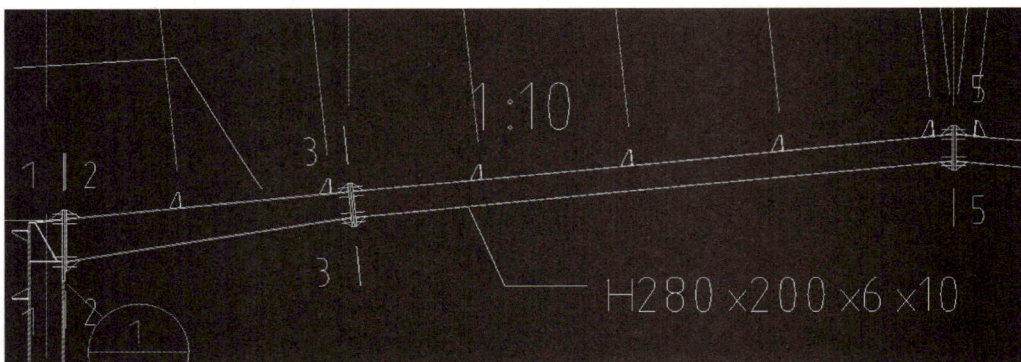

图 3-14　刚架图

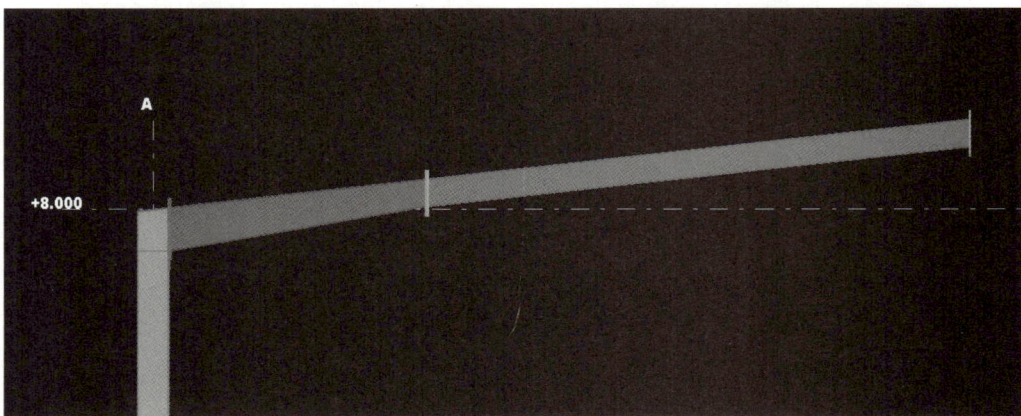

图 3-15　创建钢梁和端板

（8）左侧刚架绘制完毕以后，进行焊接。焊接结束，我们以刚架中轴进行镜像。这样，整榀刚架就完成了，见图 3-16。

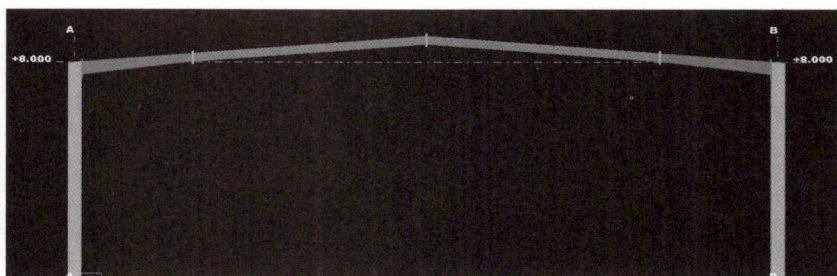

图 3-16　整榀刚架

（9）沿着轴线复制刚架，见图 3-17。

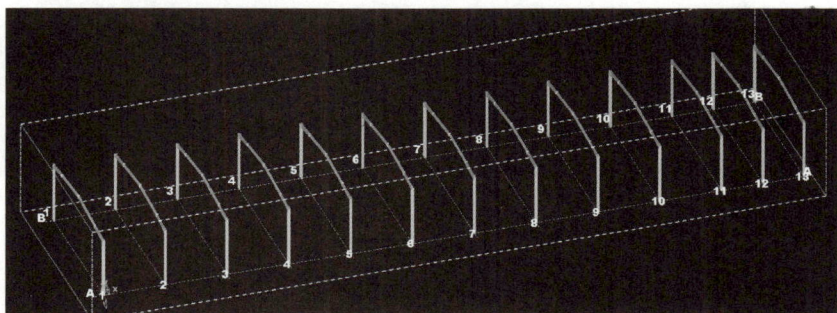

图 3-17　复制刚架

3.2　抗风柱

3.2 抗风柱

（1）根据抗风柱的位置，给抗风柱定位，抗风柱的截面为：H260×20×6×8。然后，根据抗风柱的节点图，创建抗风柱的节点，见图 3-18。

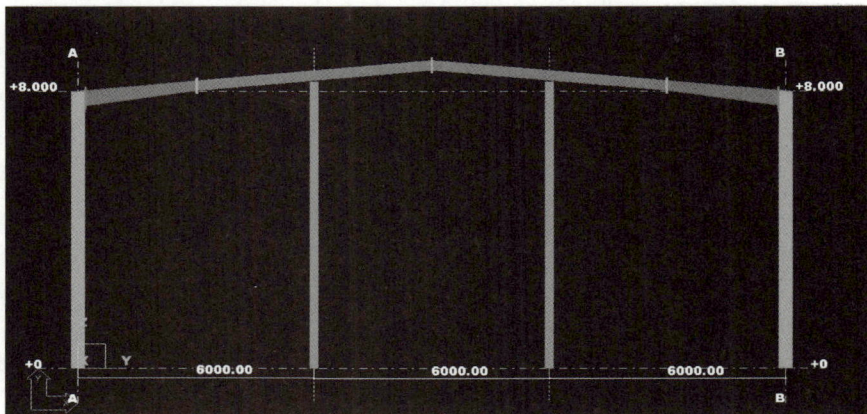

图 3-18　定位抗风柱

（2）根据抗风柱的节点图，见图 3-19，抗风柱距梁顶要下降 50mm，然后再绘制抗风柱的连接板，见图 3-20。

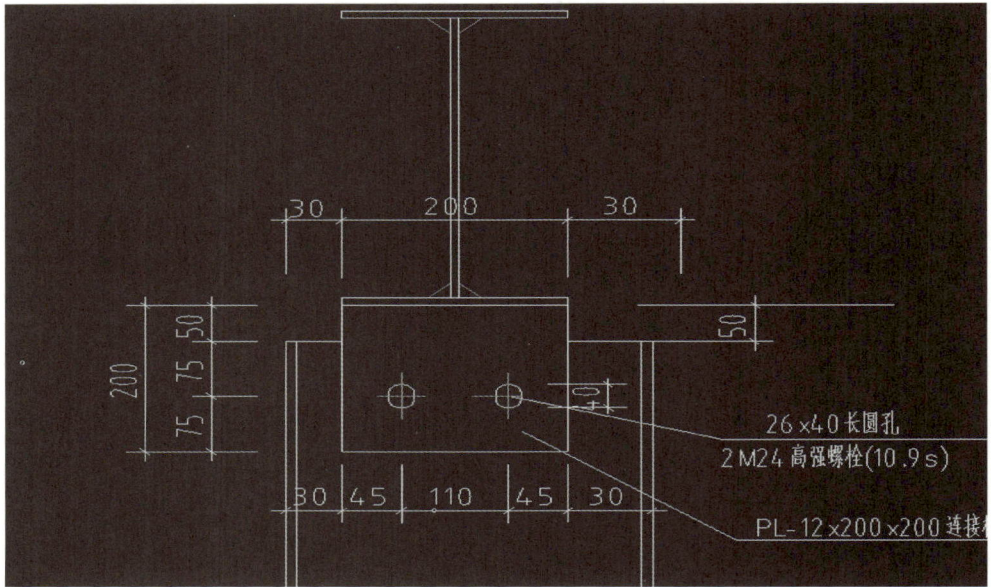

26×40 长圆孔
2 M24 高强螺栓(10.9 s)

PL-12×200×200 连接板

图 3-19　抗风柱节点图

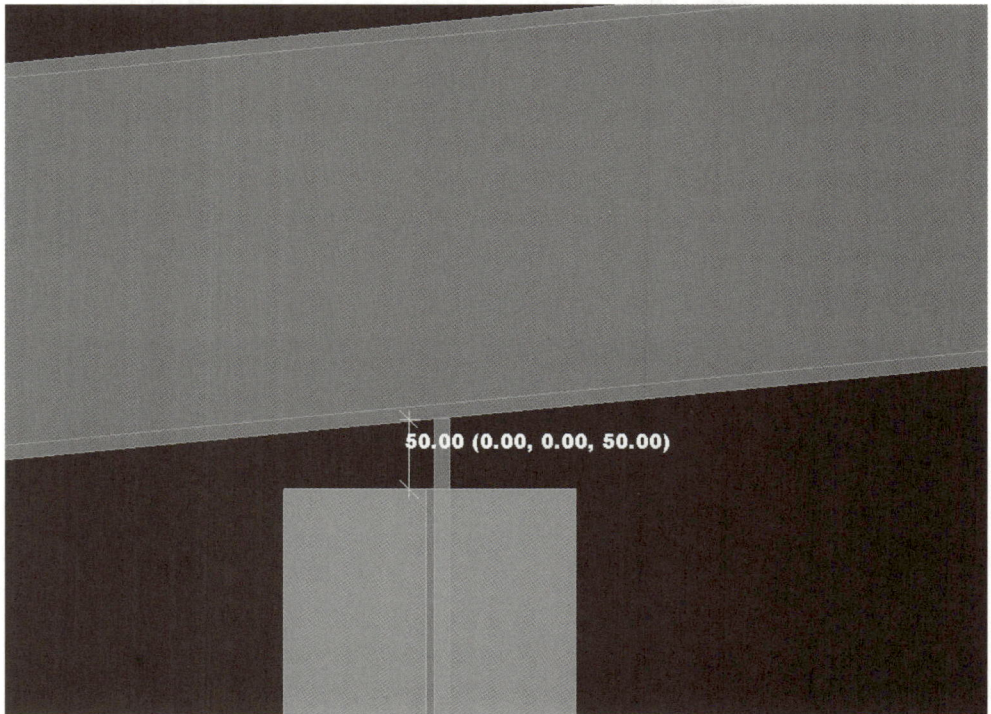

50.00 (0.00, 0.00, 50.00)

图 3-20　绘制连接板

（3）填写螺栓参数，创建螺栓，这里我们要给钢板开长圆孔。

长孔的尺寸＝螺栓直径＋允许误差＋X 向或 Y 向长孔尺寸，见图 3-21、图 3-22。

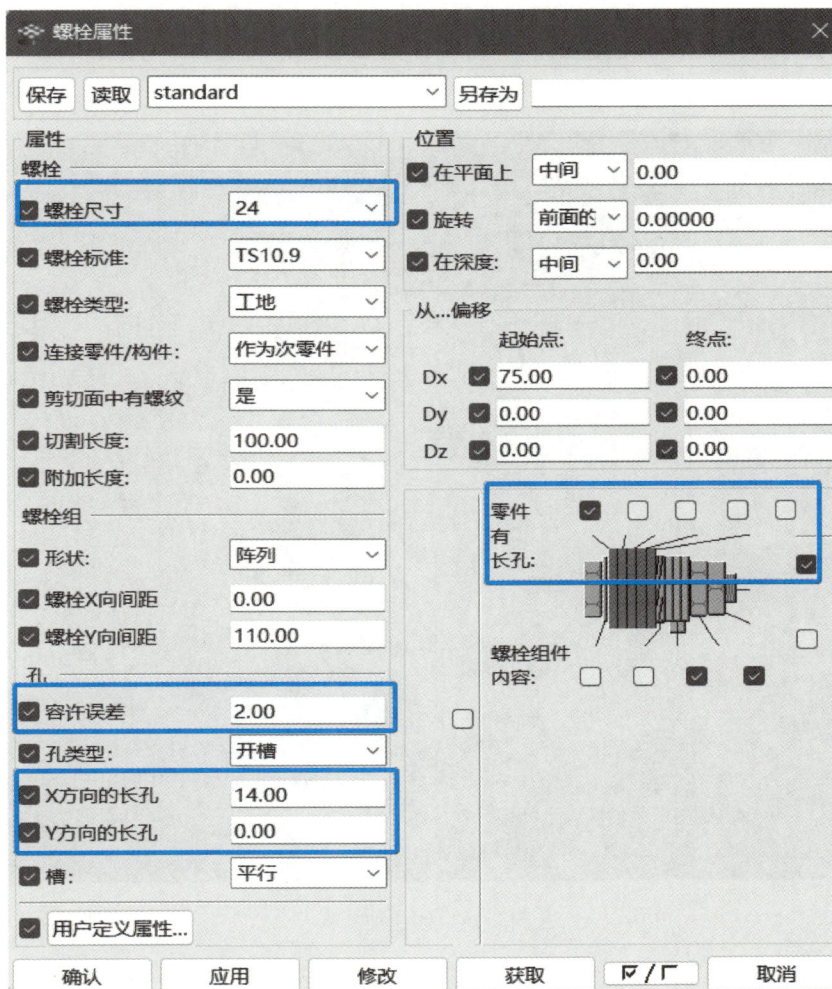

图 3-21　填写螺栓参数

图 3-22　创建螺栓

3.3 系杆节点

（1）根据系杆节点图，创建系杆节点，首先要在柱顶位置加一块加劲板，见图 3-23。

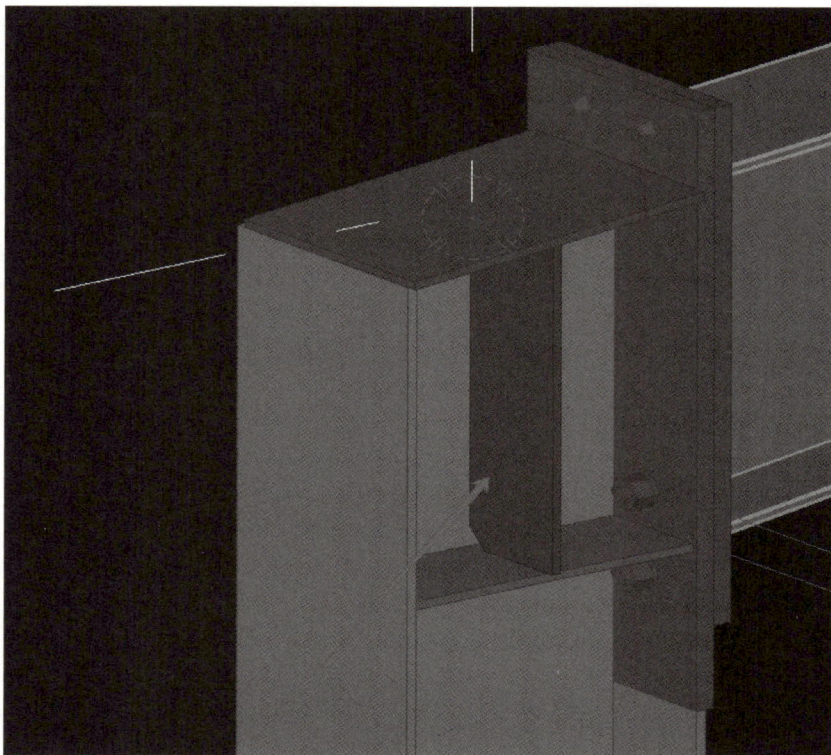

图 3-23　创建加劲板

（2）切到 A 轴立面，绘制一个 D114×4 的钢管。钢管绘制好以后，根据系杆节点详图，绘制封头板和连接板，然后创建螺栓。见图 3-24～图 3-26。

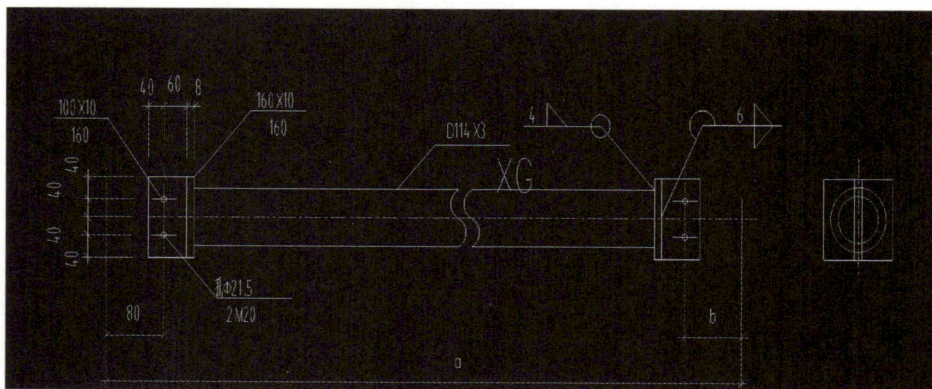

图 3-24　系杆节点图

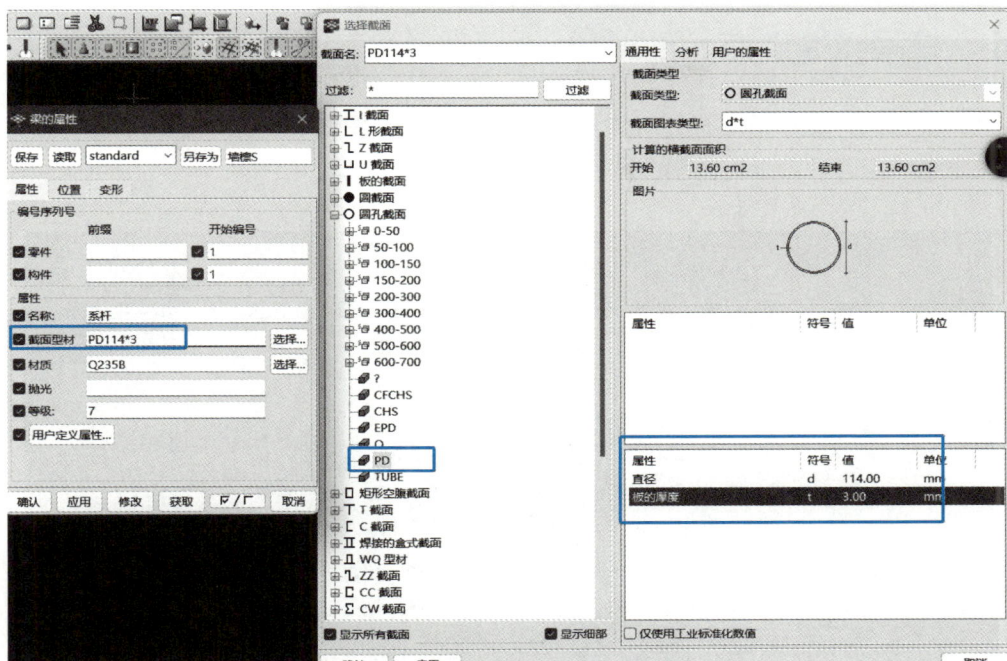

图 3-25　选择钢管截面

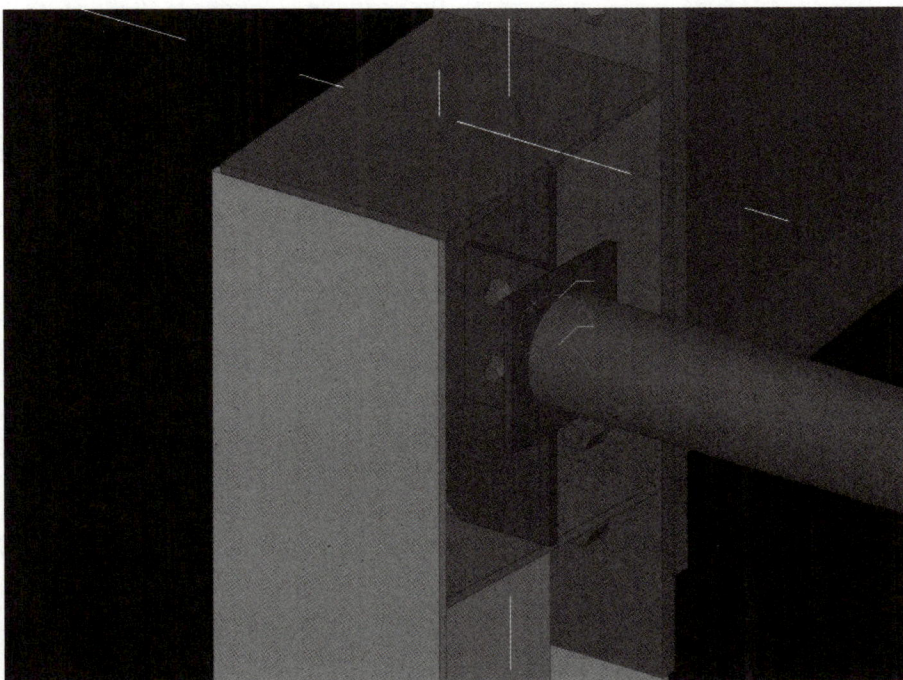

图 3-26　创建系杆节点

3.4　柱间支撑节点

（1）根据柱间支撑节点详图和布置图，见图 3-27、图 3-28。绘制柱间支撑节点，首先定位角钢的位置，这里的角钢的截面为∟80×6，见图 3-29。

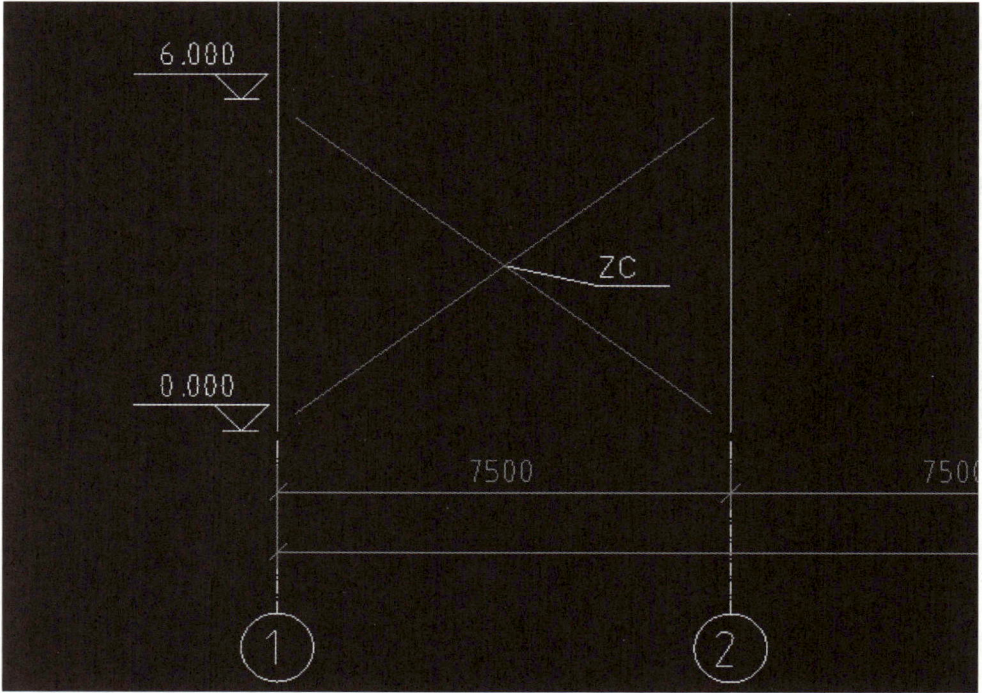

图 3-27　支撑布置图

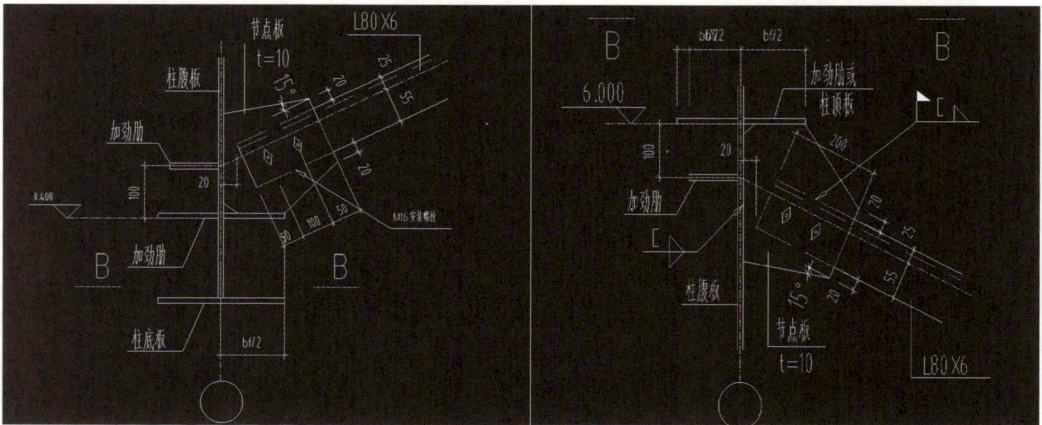

图 3-28　支撑节点图

图 3-29　定位角钢

（2）双击"望远镜"工具，弹出组件选项卡，查找 11 号节点，见图 3-30。

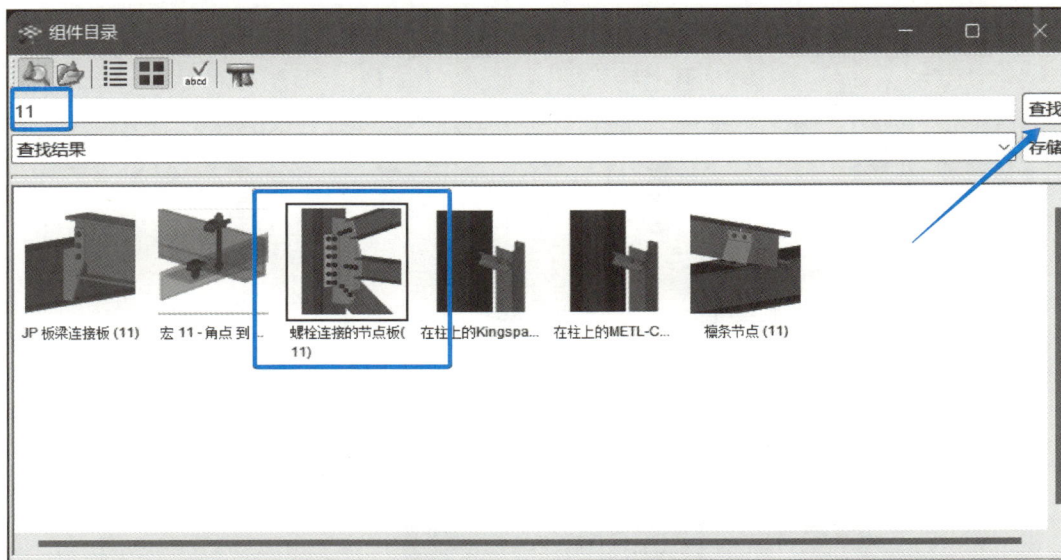

图 3-30　查找 11 号节点

第一步：填入角度 15°，边距 20mm，角钢肢端距柱的距离 20mm，其余为默认值，见图 3-31。

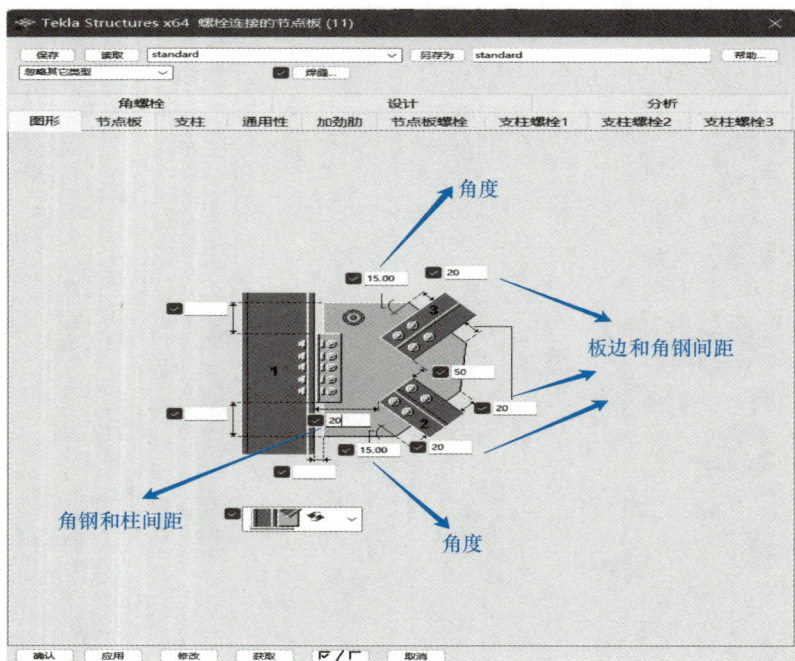

图 3-31　操作步骤一

第二步：图 3-32 中，①表示节点板的厚度 10mm；②表示连接板其中一边宽度 100mm。

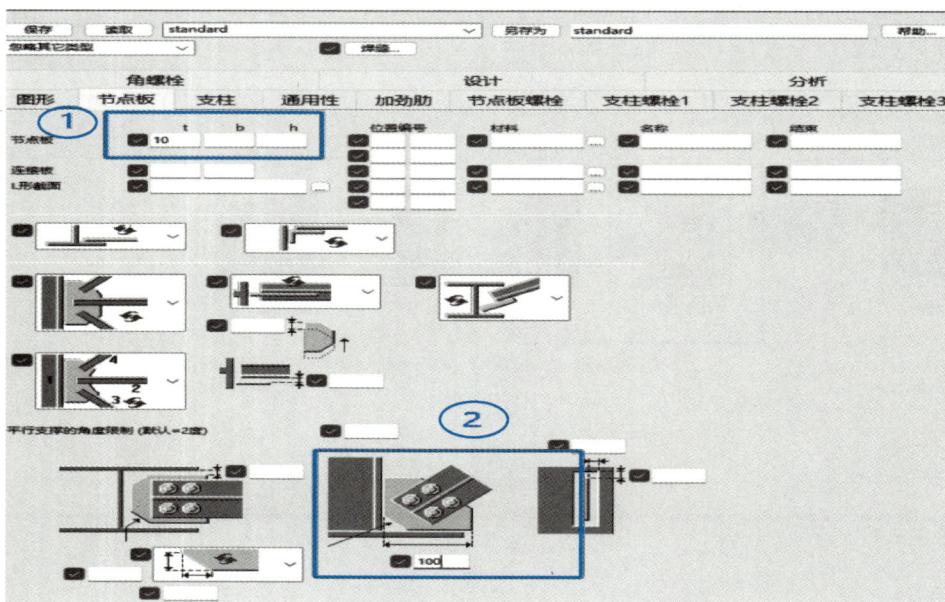

图 3-32　操作步骤二

第三步：图 3-33 中，①填入翼缘螺栓的尺寸、标准、允许误差；②填入翼缘螺栓个数、间距、边距等参数。

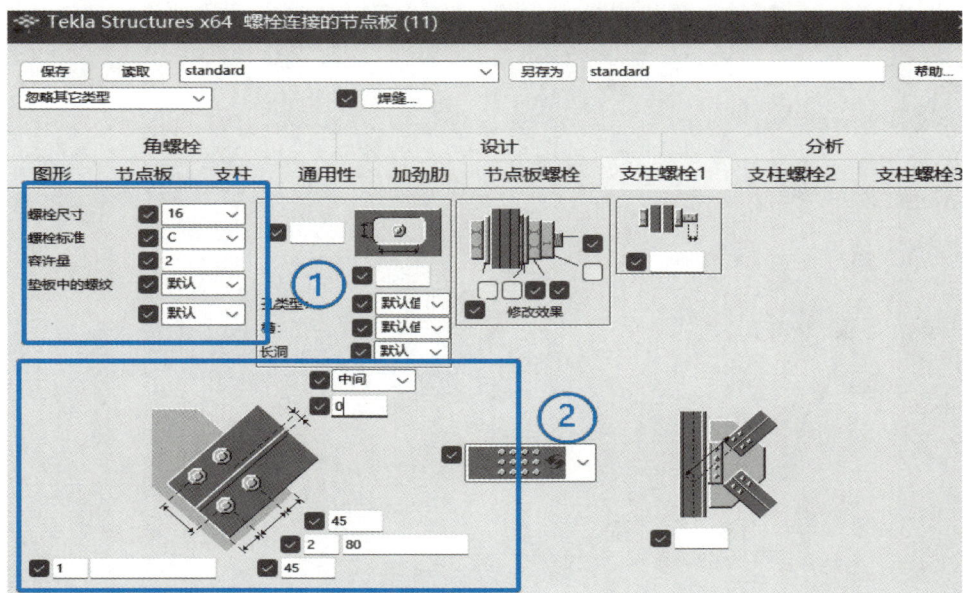

图 3-33　操作步骤三

第四步：节点参数填写完毕，启用节点，先点击柱子再点击角钢，然后按鼠标中间滚轮结束。这样，节点就完成了，见图 3-34。

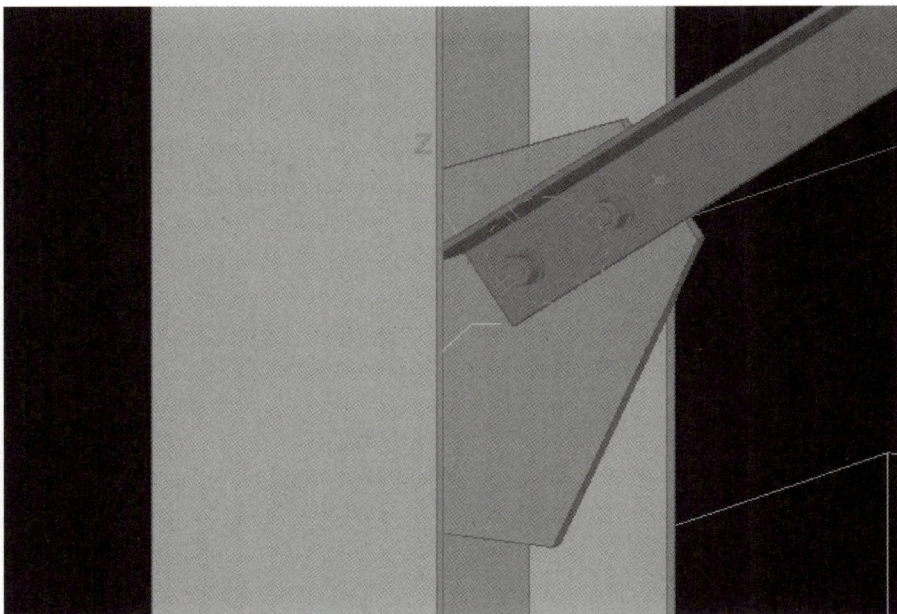

图 3-34　操作步骤四

（3）将角钢镜像到另一侧，这样角钢和柱连接的节点就完成了，见图 3-35。

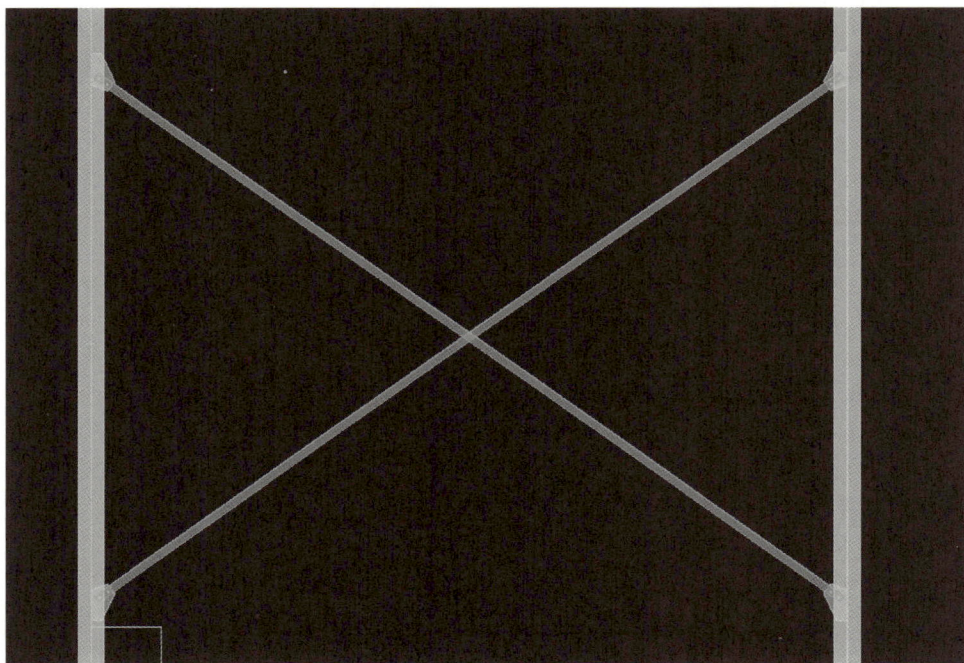

图 3-35　镜像角钢

（4）由于中间角钢是碰撞的，我们可以把其中一个角钢拆分；然后，启用 11 号节点。先点击通长的角钢，然后再点击两个断开的角钢，见图 3-36。

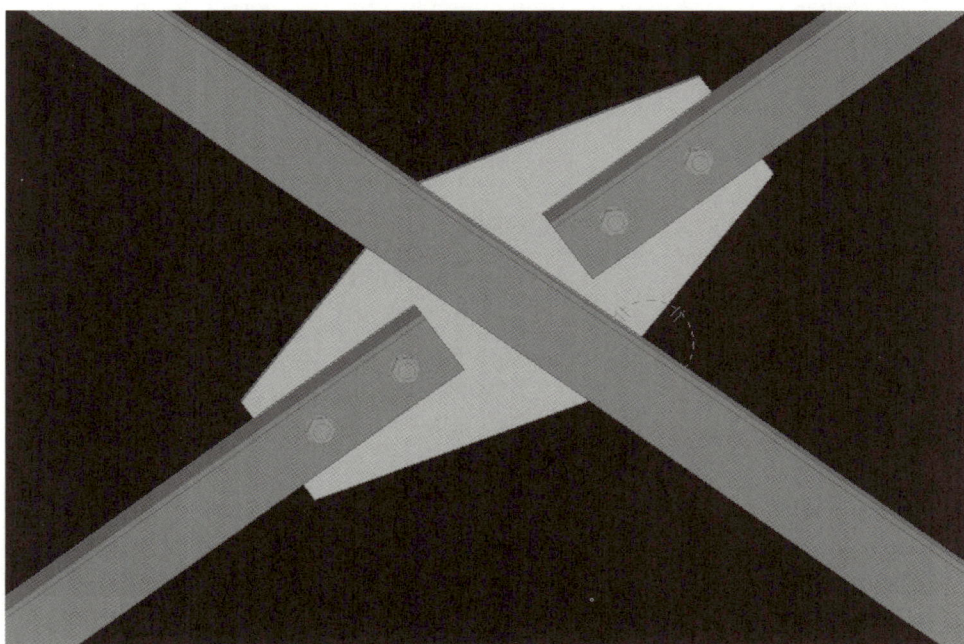

图 3-36　交叉节点

3.5　水平支撑

（1）根据水平支撑布置图和节点详图，见图 3-37、图 3-38。创建水平支撑节点，由于水平支撑是随坡的。所以，我们先要沿着坡度，创建一个水平视图，切到 1 轴的立面视图；然后，用"两点视图"工具，沿着梁的坡度创建视图，见图 3-39。

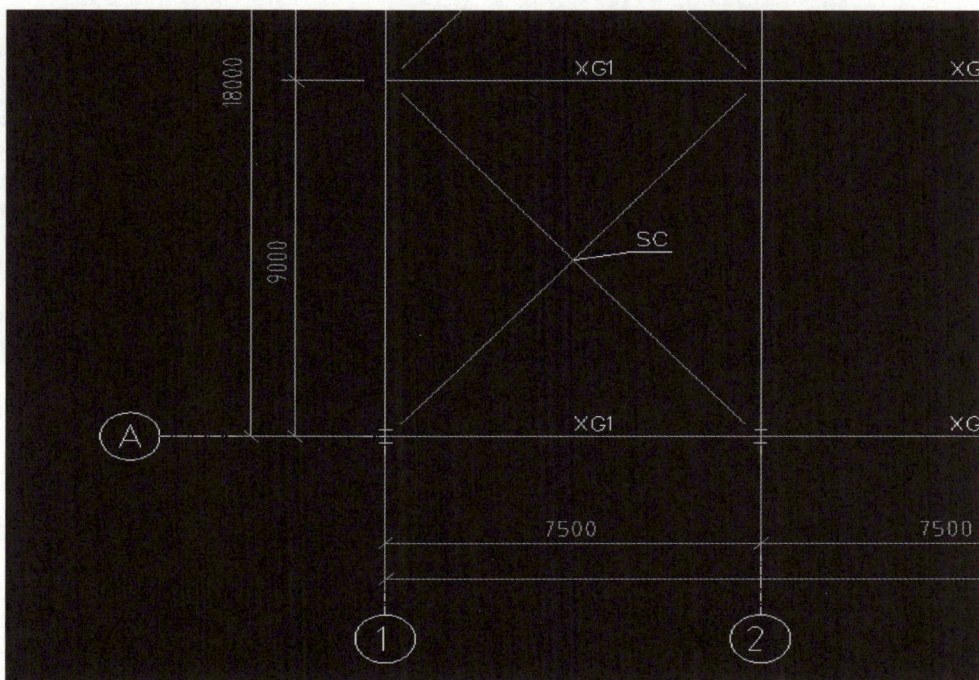

图 3-37　水平支撑布置图

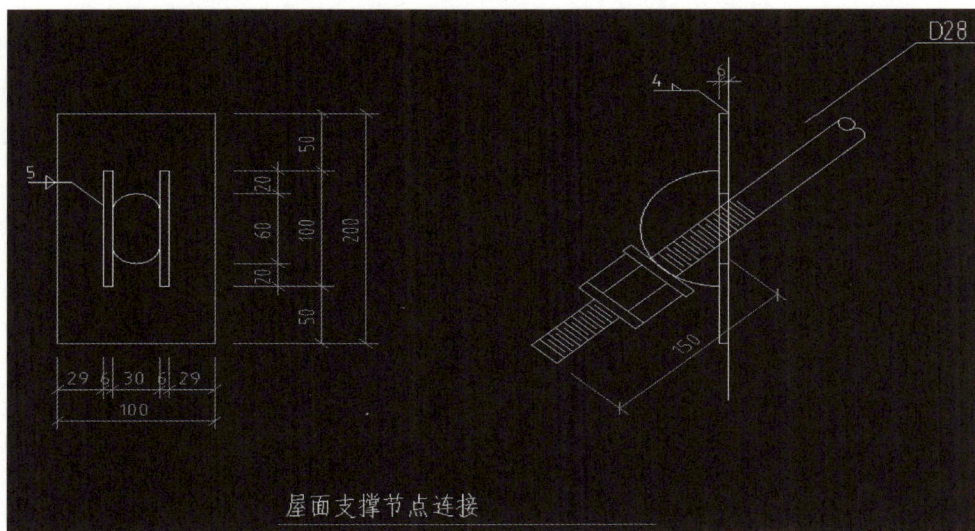

图 3-38　水平支撑节点

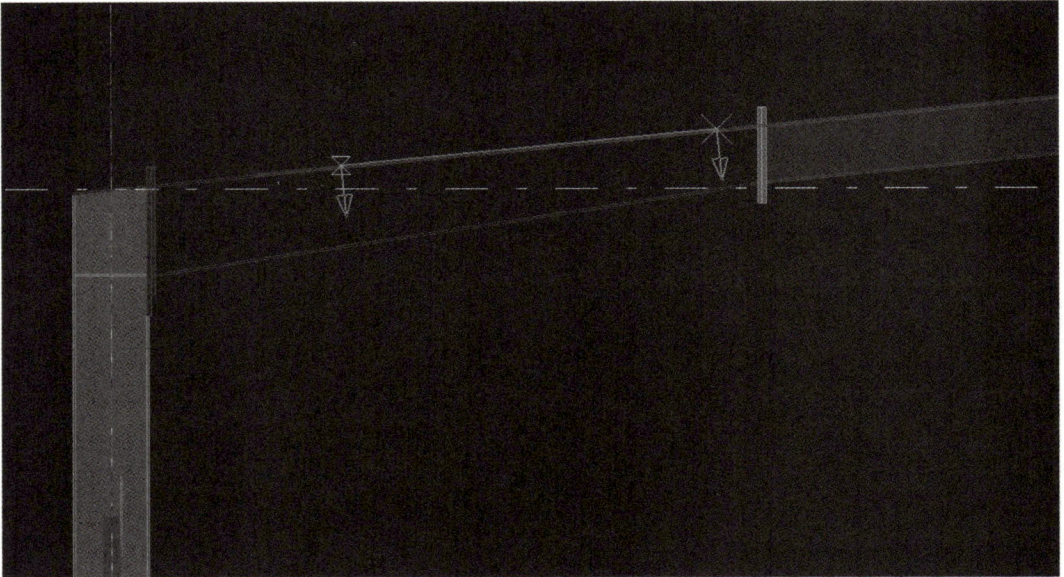

图 3-39　创建视图

（2）在创建的水平视图上，捕捉到 1 轴和 2 轴梁的中心，沿对角拉一根 D28 的圆钢，见图 3-40、图 3-41。

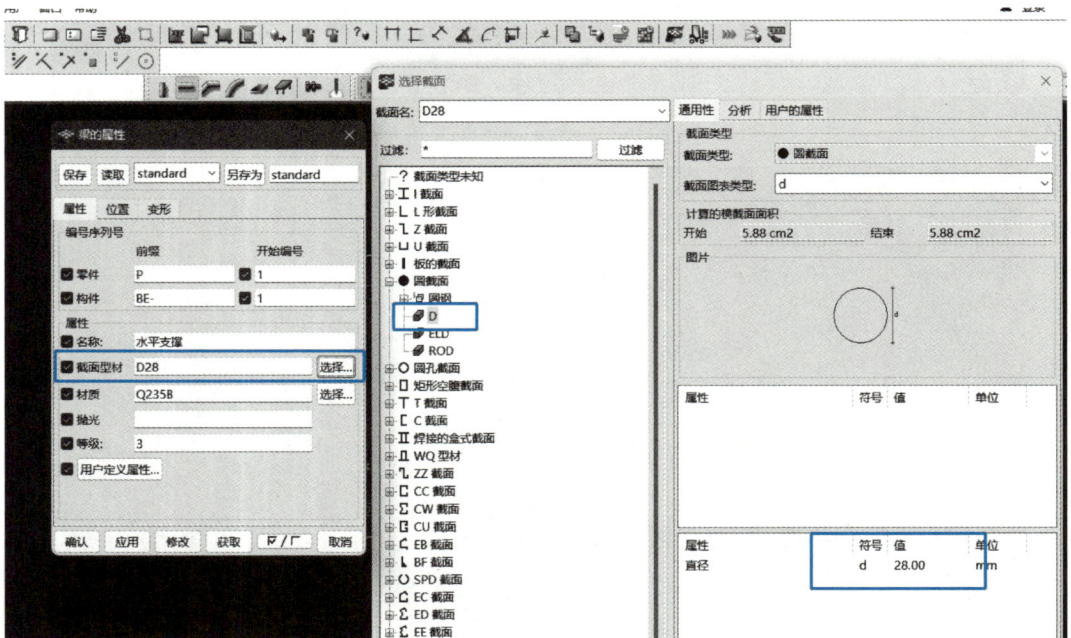

图 3-40　选择 D28 圆钢

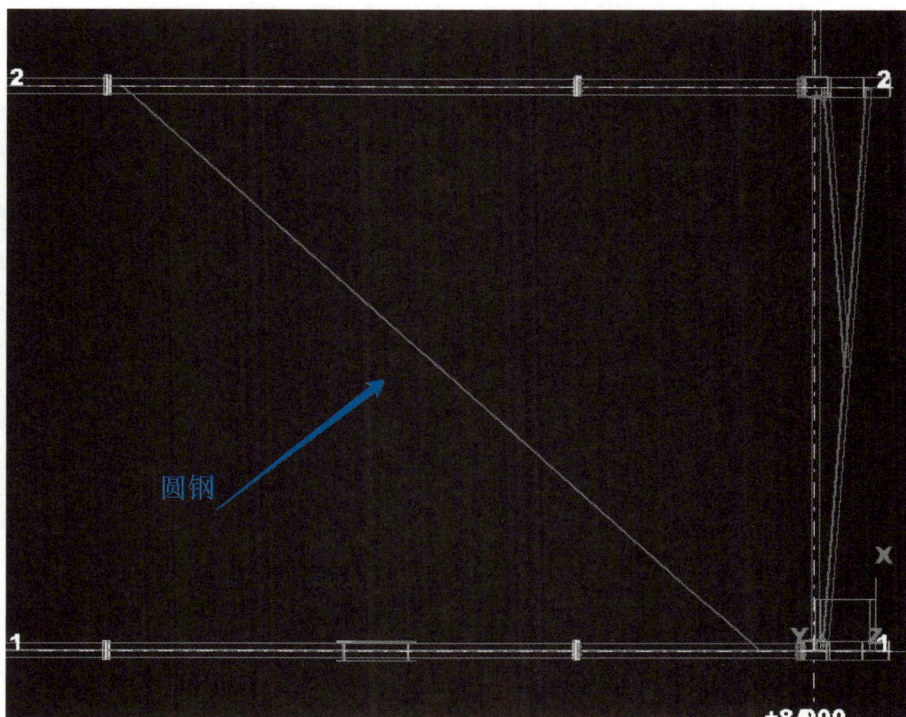

图 3-41　创建圆钢

（3）切回到 1 轴的立面视图，启用"创建平行点"工具，做一条辅助线，辅助线至梁顶的距离为 150mm。再做两条平行于端板边缘的辅助线，间距为 300mm，见图 3-42。

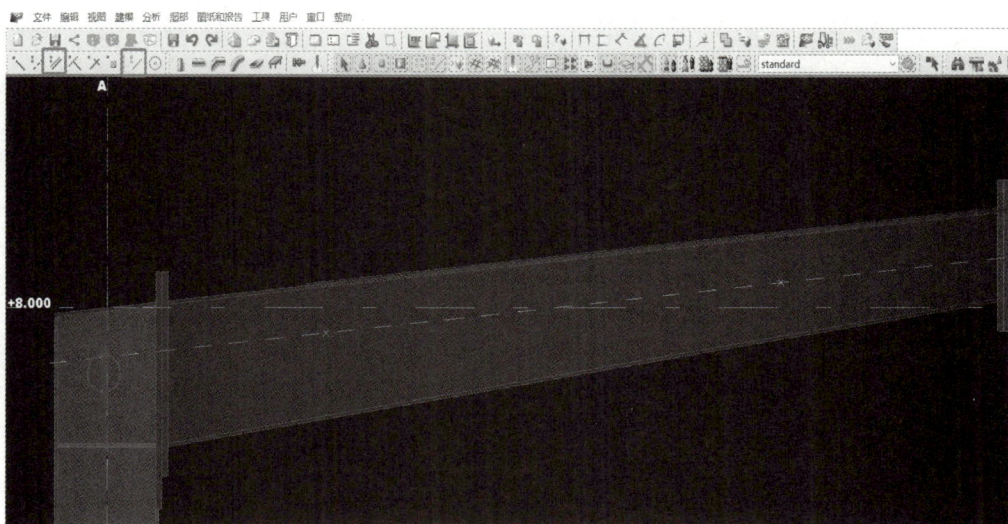

图 3-42　创建辅助线

（4）移动圆钢，使中心线和辅助线重合。圆钢的端部至两端的距离为 300mm，见图 3-43。

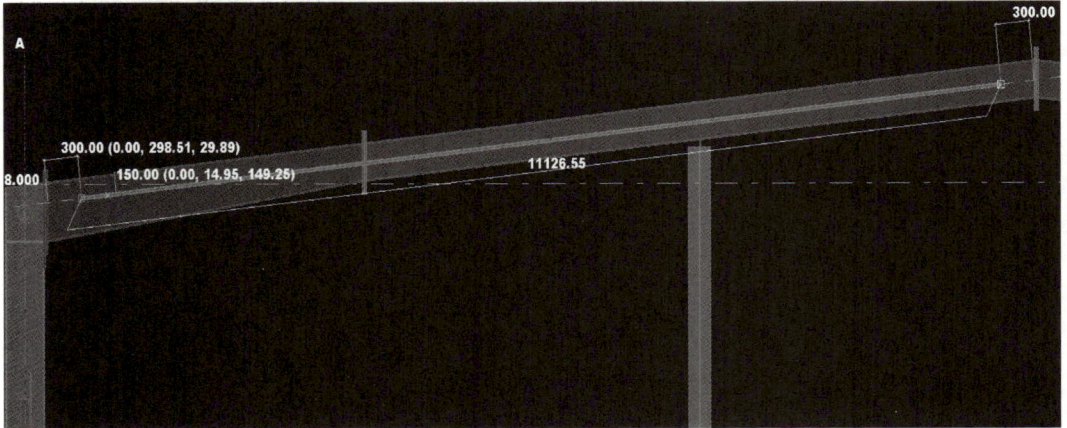

图 3-43　圆钢定位

（5）根据节点详图，沿着辅助线，做一块补强板，补强板的规格为—6×100×200。另外，再打一个长圆孔，长圆孔的尺寸为 30mm×60mm，见图 3-44。

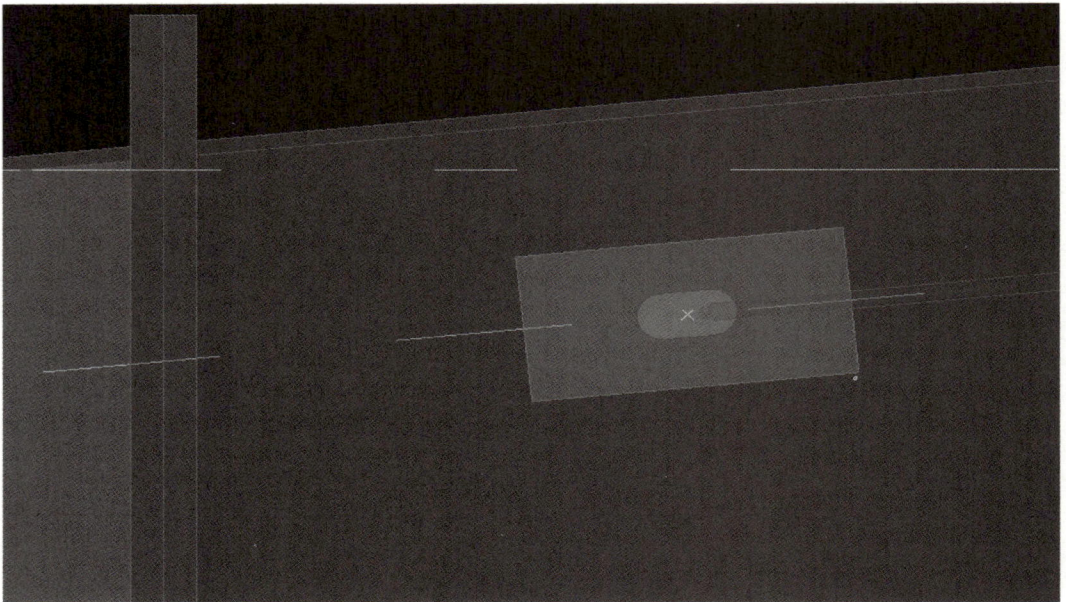

图 3-44　创建长圆孔

（6）切回到水平视图，接着做辅助圆。用"创建多边形板"在半圆上，画一个多边形板；然后，导圆角，见图 3-45、图 3-46。

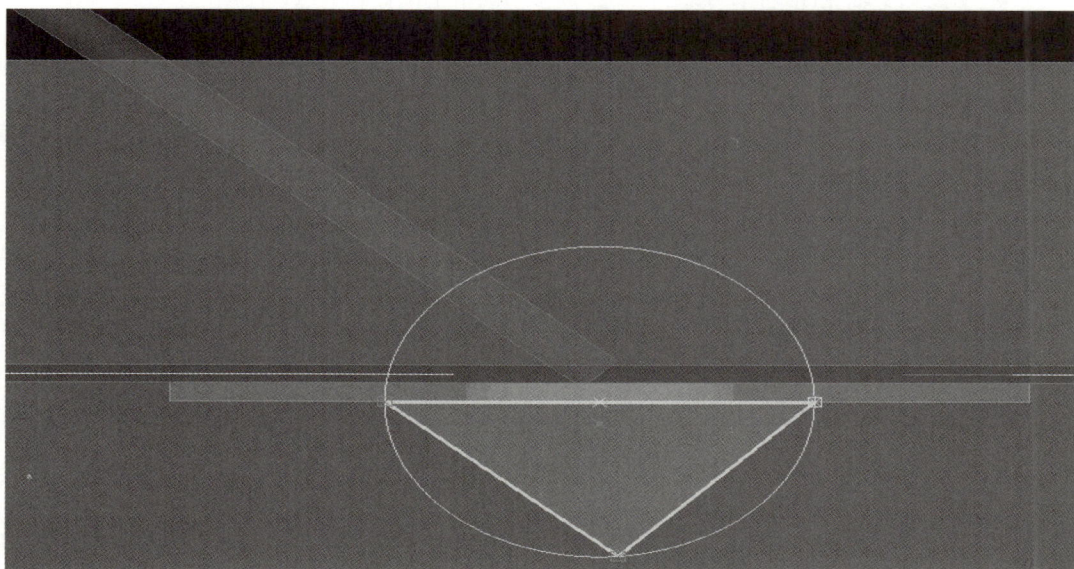

图 3-45　创建半圆板一

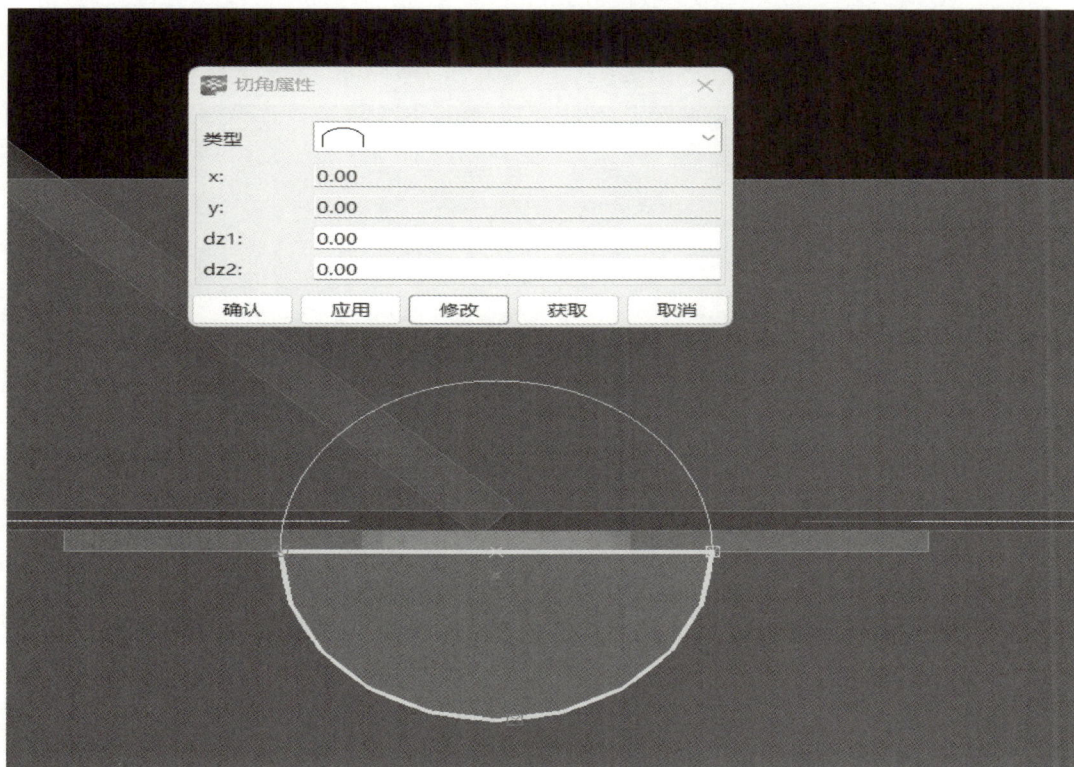

图 3-46　创建半圆板二

（7）切回到 1 轴立面视图，然后将半圆板移动到指定位置和节点详图对应，见图 3-47。

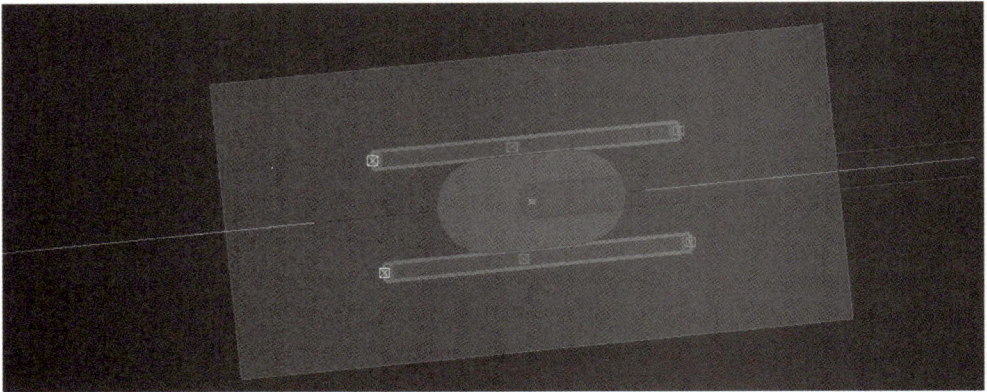

图 3-47　半圆板定位

（8）切回平面视图，把圆钢往外拉伸 150mm。这样，水平支撑的一端的节点就已做好。我们可以通过复制和镜像把其他端头的节点完成，见图 3-48。

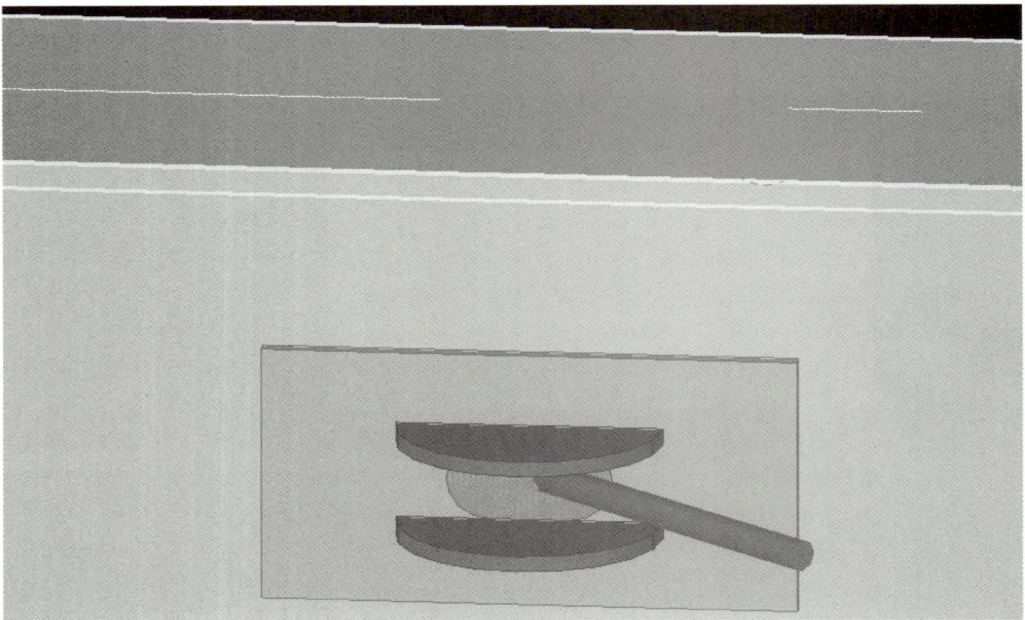

图 3-48　节点完成

3.6　屋面檩条

（1）由于檩条也是随坡的，所以我们要在 1 轴的立面，沿着梁的坡度创建一个水平视图；然后，在当前视图来画檩条。这样，檩条就是随坡的了。檩条的截面型材为 C220×75×20×2.2，见图 3-49、图 3-50。

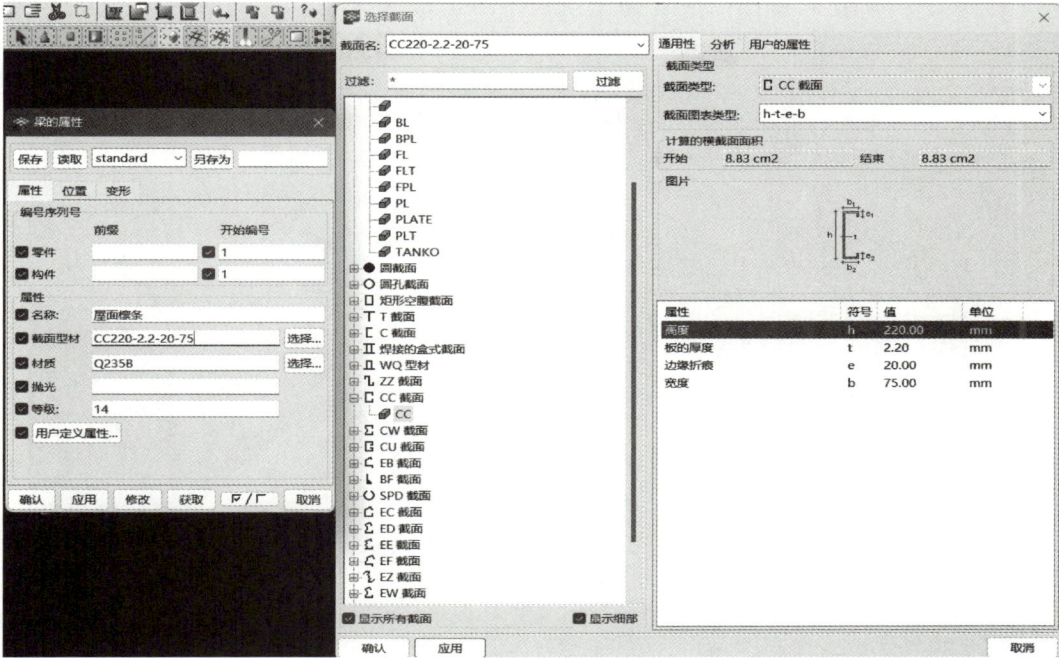

图 3-49　选择檩条截面

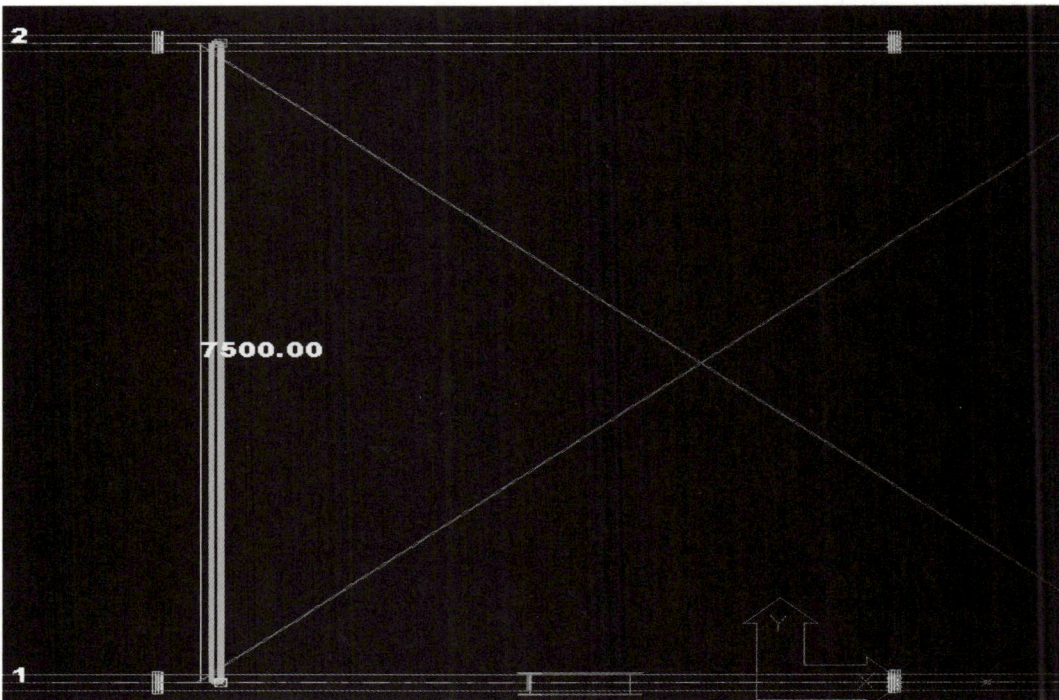

图 3-50　创建檩条

（2）切回 1 轴立面视图，在立面上定位檩条，根据檩托节点图创建檩托节点，见图 3-51。

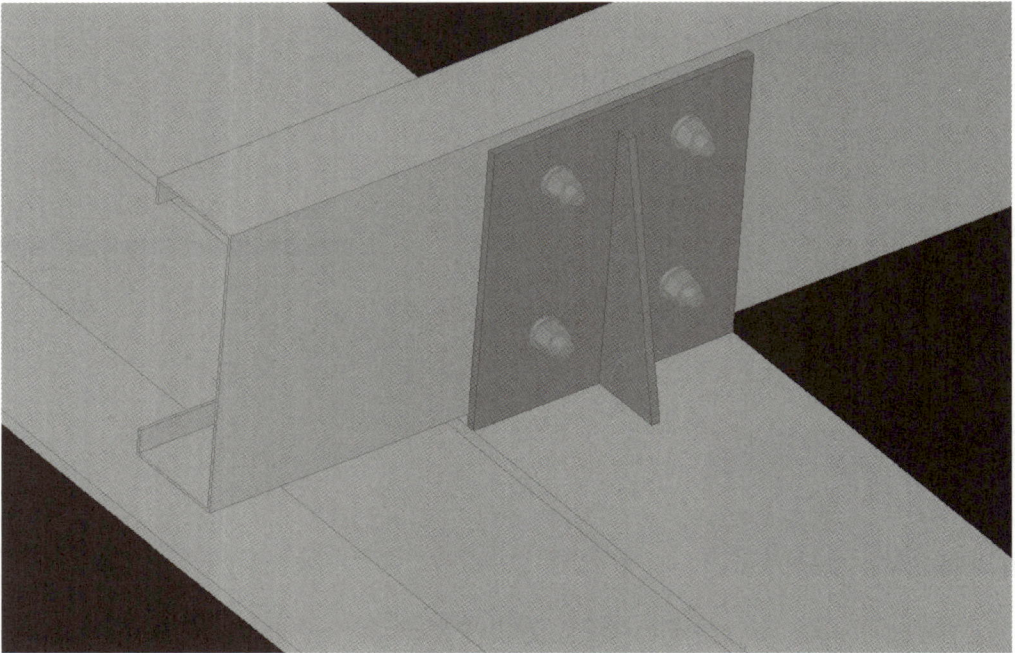

图 3-51　创建檩托节点

（3）根据檩条平面布置图，复制檩条和檩托节点，见图 3-52。

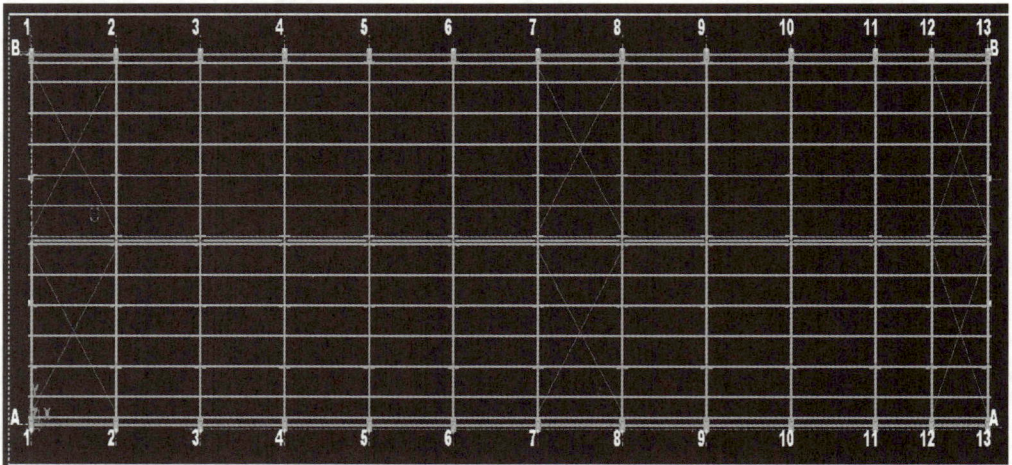

图 3-52　复制檩托节点

3.7　隅撑节点

（1）切到 1 轴的立面，沿着梁的坡度创建一个水平视图；然后，再沿着檩托板的边缘，创建一个立面视图。在立面视图上，根据隅撑节点详图，见图 3-53。画连接板，连接板的规格为—100×6，见图 3-54。

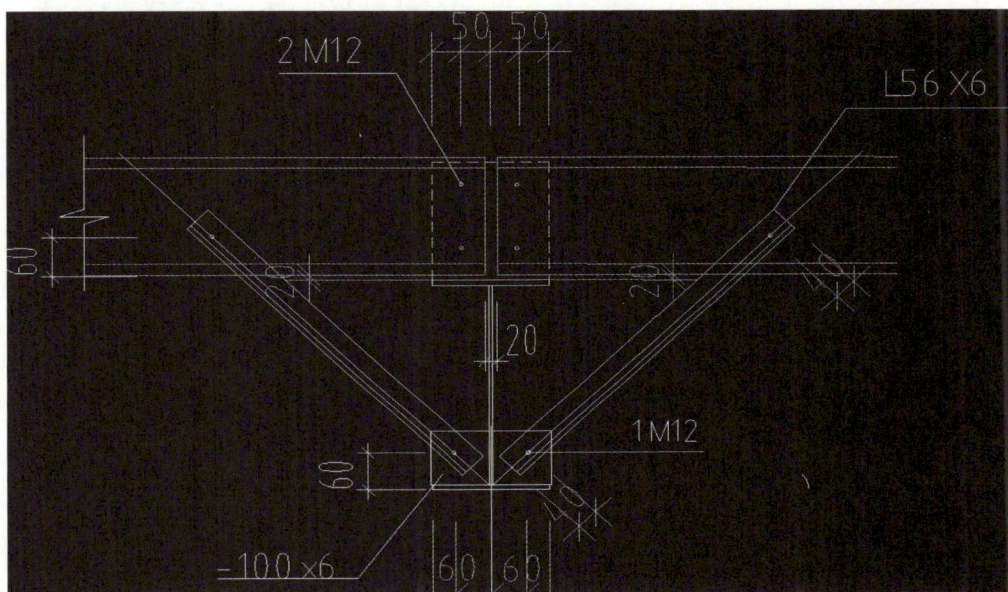

图 3-53　隅撑节点图

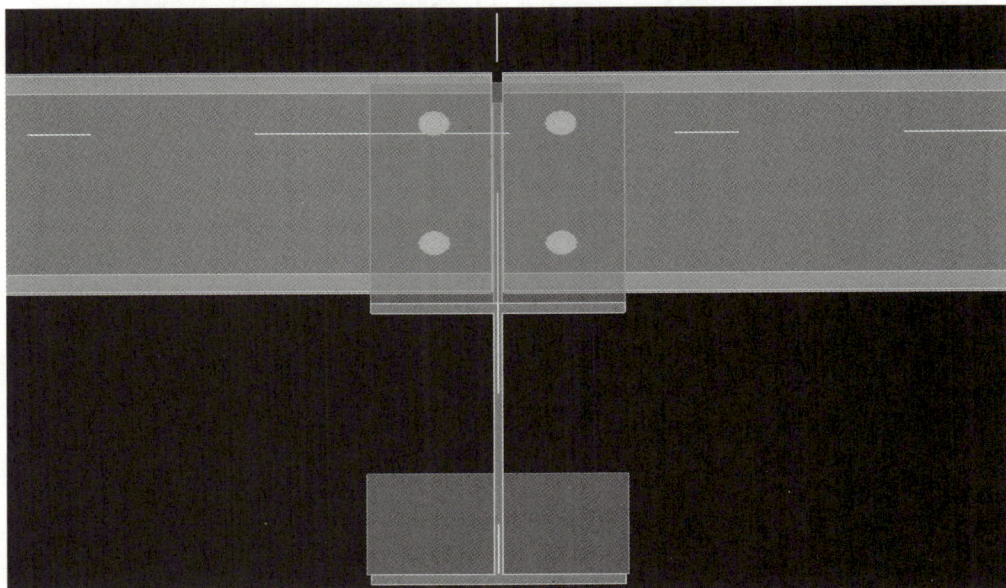

图 3-54　创建连接板

（2）隅撑角钢的角度为 45°，沿着连接板的对角，画一条辅助线。再根据隅撑的节点详图，为螺栓的位置作定位，见图 3-55。

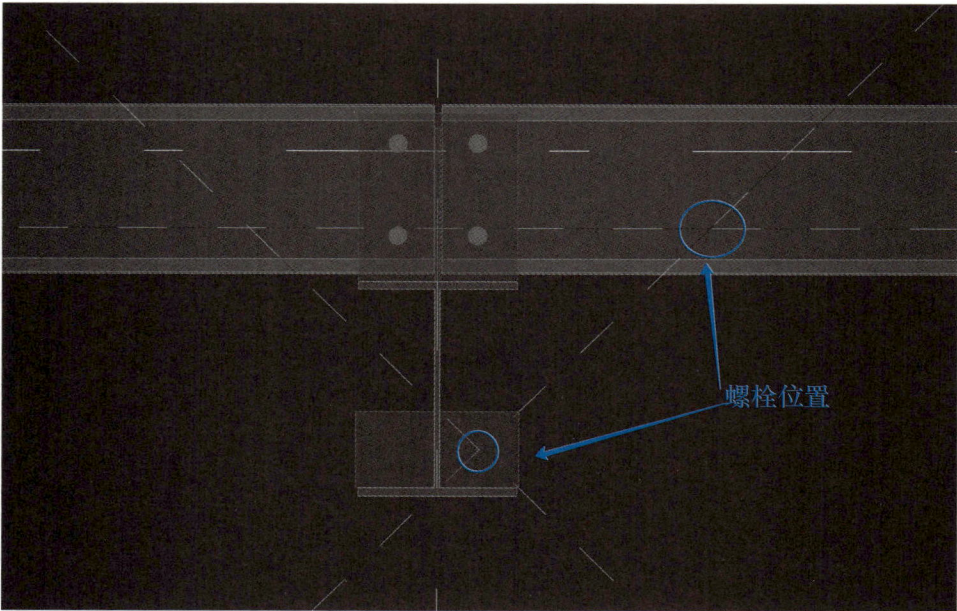

螺栓位置

图 3-55　定位螺栓

（3）沿着辅助线画一条角钢，角钢的端部从螺栓的定位点各伸出 40mm，见图 3-56。

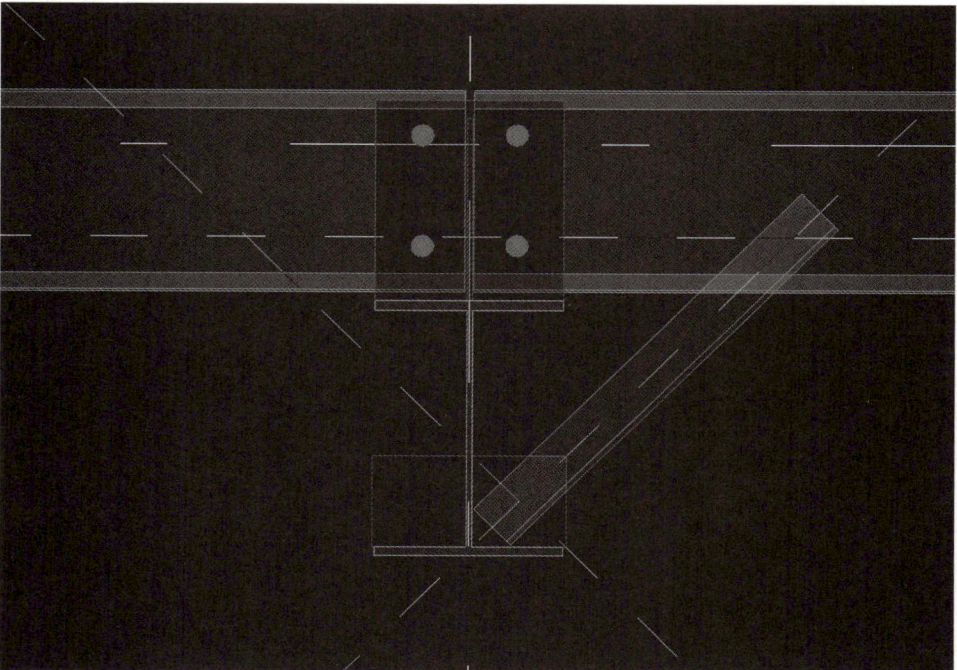

图 3-56　创建角钢

（4）创建隔撑的螺栓，然后把一侧的角钢镜像到另一侧；这样，隔撑节点就完成了，见图 3-57。

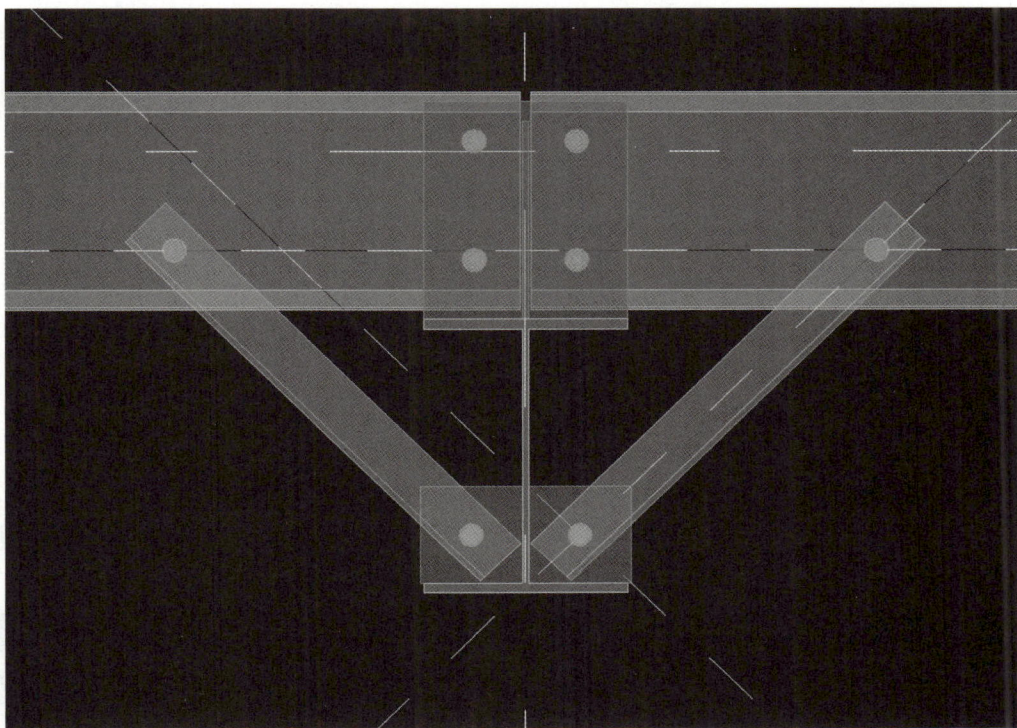

图 3-57　节点完成

3.8　门式刚架完成

由于简易门式刚架的典型特征是每榀刚架都是同一样的，所以我们做完门式刚架的各个节点以后，进行复制就可以了。然后，这样就完成了整个模型，见图 3-58。

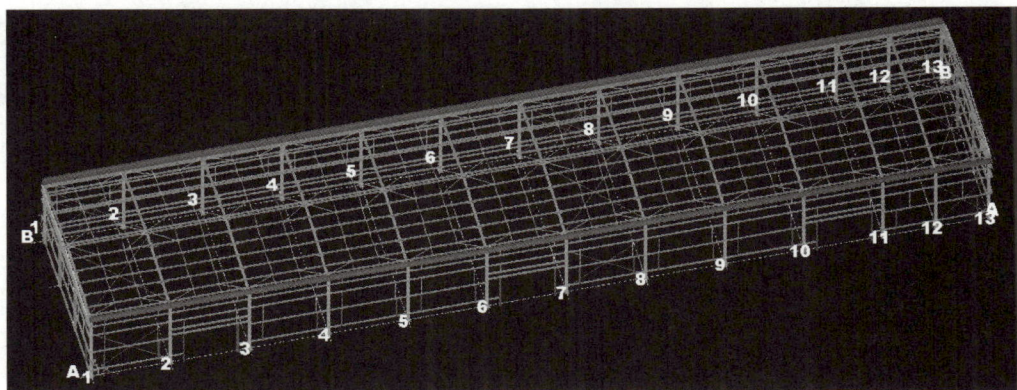

图 3-58　整体效果

第**4**章

管桁架建模

管桁架项目主要用的型材是钢管，方便做一些带造型的结构，里面的连接节点较少，主要是钢管之间的相贯节点。管桁架的建模顺序为：导入线模→拟合钢管→主次桁架分段→搭建相贯节点→检查钢管漏切→焊接成构件。

4.1　处理线模

（1）用CAD打开所做项目的线模，线模一般是由设计院提供的，见图4-1。

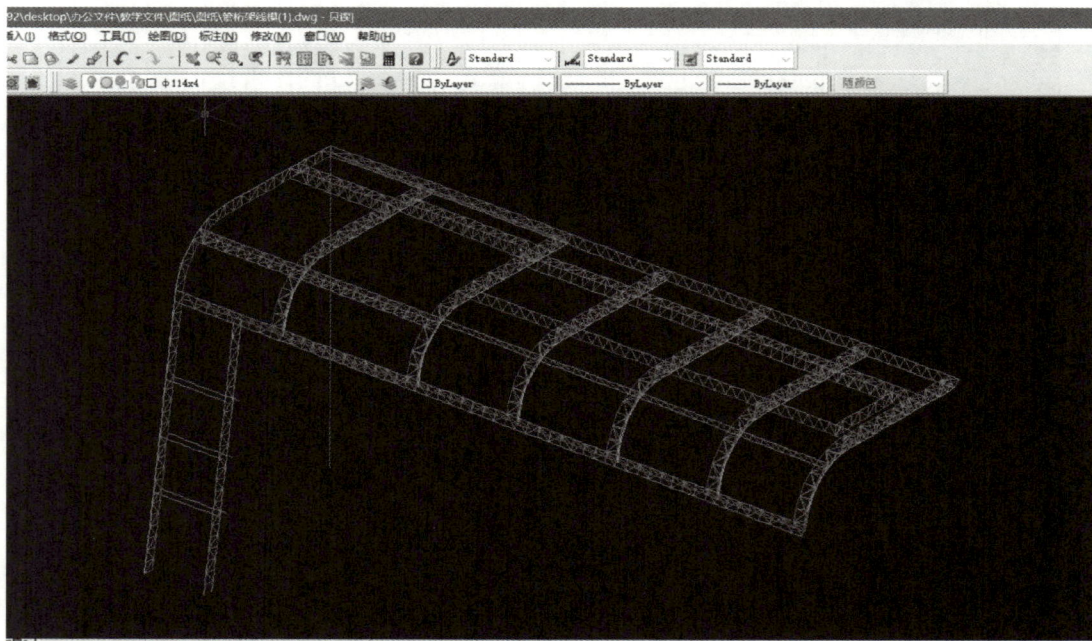

图 4-1　CAD线模

（2）关闭所有的图层，然后每次只打开一种管径的图层，见图4-2。并另存为D盘的一个文件夹内，文件夹名称不要有中文，CAD保存的版本选低版本，例如2004版。把所有不同管径的管子，按图层分别进行保存，保存的文件名就是对应的管径。例如：我们这里保存规格为ϕ159×5的管子的线模（名称不要保存为159×5，而是159-5，不然无法保存，因为×无法作为文件名使用），见图4-3、图4-4。

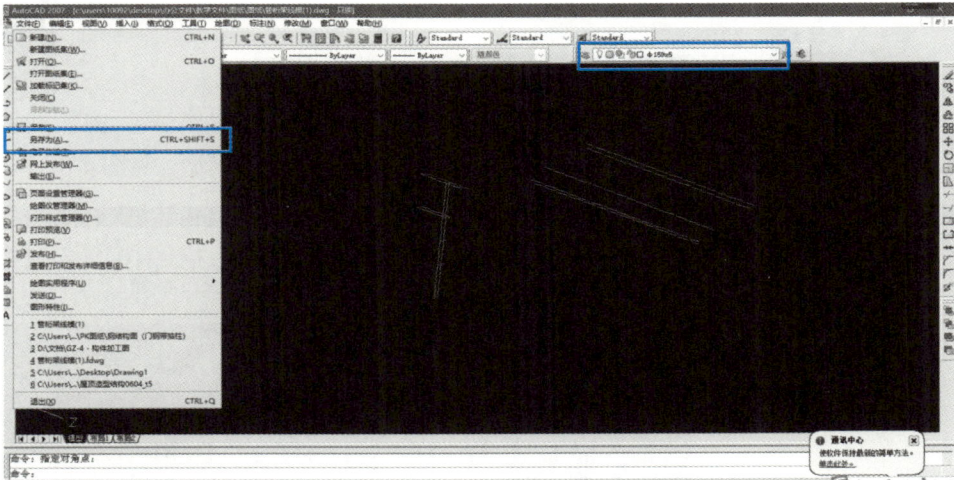

图 4-2　线模保存

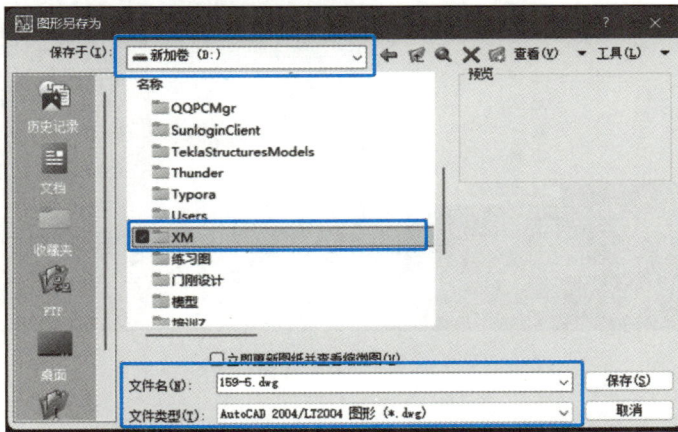

图 4-3　选择线模文件夹

图 4-4　不同管径线模的分类

4.2 导入线模

4.2 导入线模

（1）开始导入线模，首先打开模型，文件→输入→DWG/DXF，见图 4-5。浏览保存的线模文件，并输入对应的钢管的规格。这样，线模就导入了模型，见图 4-6、图 4-7。

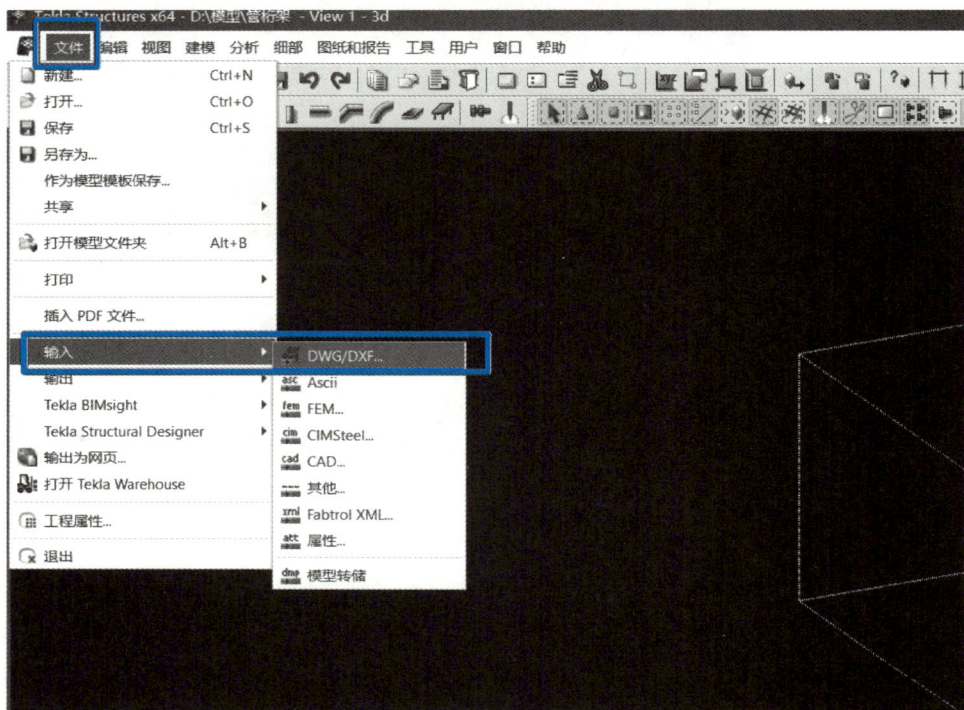

图 4-5　输入线模

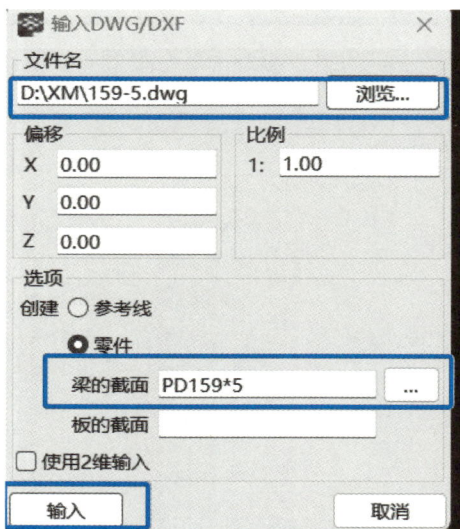

图 4-6　浏览线模文件

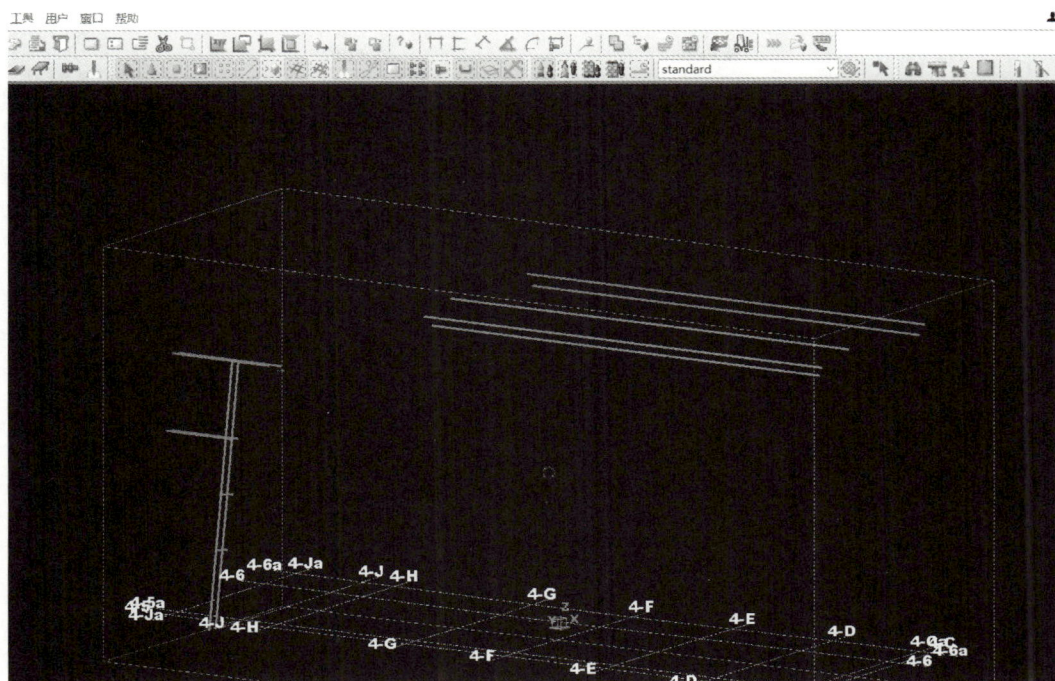

图 4-7　导入线模到模型

（2）把所有的钢管导入模型。如果模型里显示不全，可以右击，选择"适合工作域到整个模型"。不同的钢管要改成不同的颜色，以方便区分，见图 4-8。

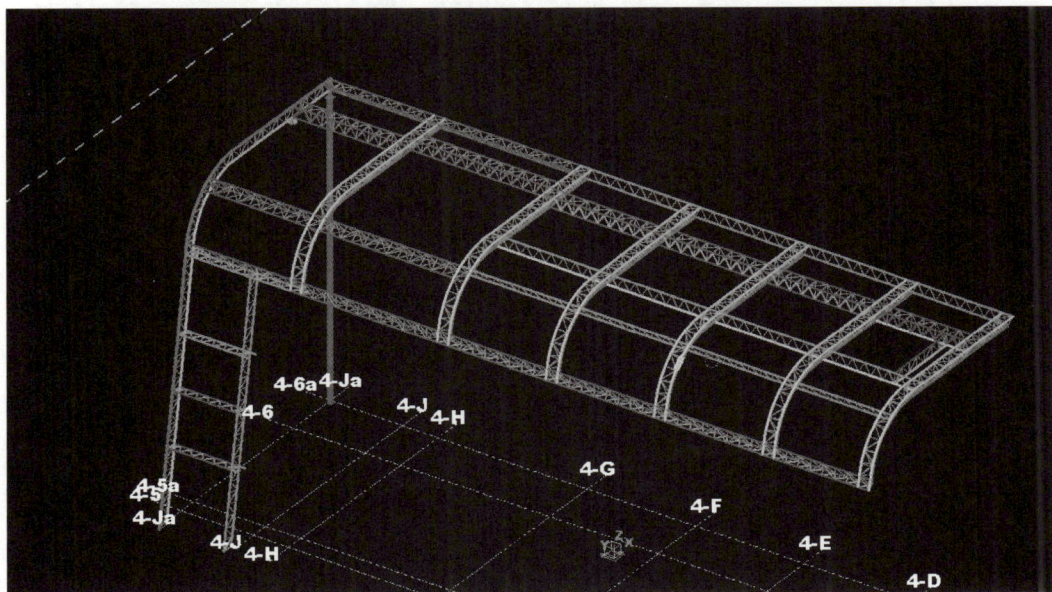

图 4-8　修改钢管的颜色

4.3 　拟合钢管

4.3 拟合钢管

（1）直管的拟合。由于导入的线模，在模型当中是一段一段的圆管，长度较短。这时，我们需要把短管组合成一根通长圆管。首先，我们选择菜单栏中的"编辑→组合"；然后，选中模型中的单个圆管，这样两段圆管会组合成一根圆管。在管桁架中，我们需要把弦杆拟合成一条通长的圆管，见图 4-9、图 4-10。

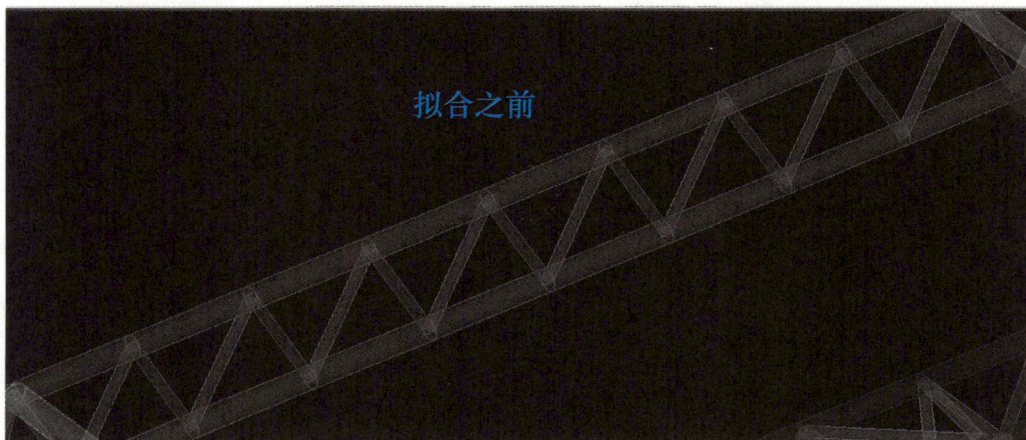

图 4-9　钢管拟合前

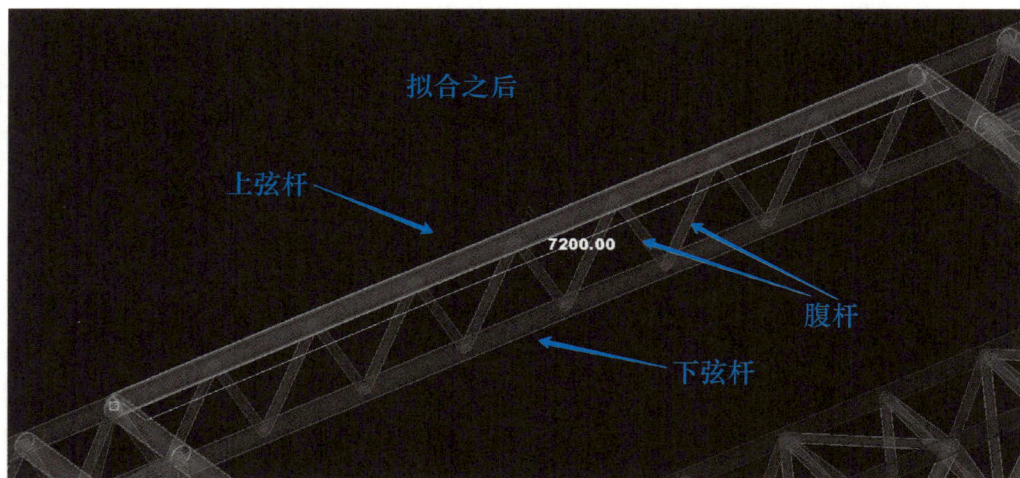

图 4-10　钢管拟合后

（2）弧管的拟合。由于弧管的中心线不在一条直线上，所以我们不能使用"组合"命令，将弧管拟合。我们可以使用"创建曲梁"工具，画一条完整的弧形梁，然后来代替导入的线模。首先，我们双击"创建曲梁"图标，弹出梁的属性对话框；然后，填写对应的属性，见图 4-11。

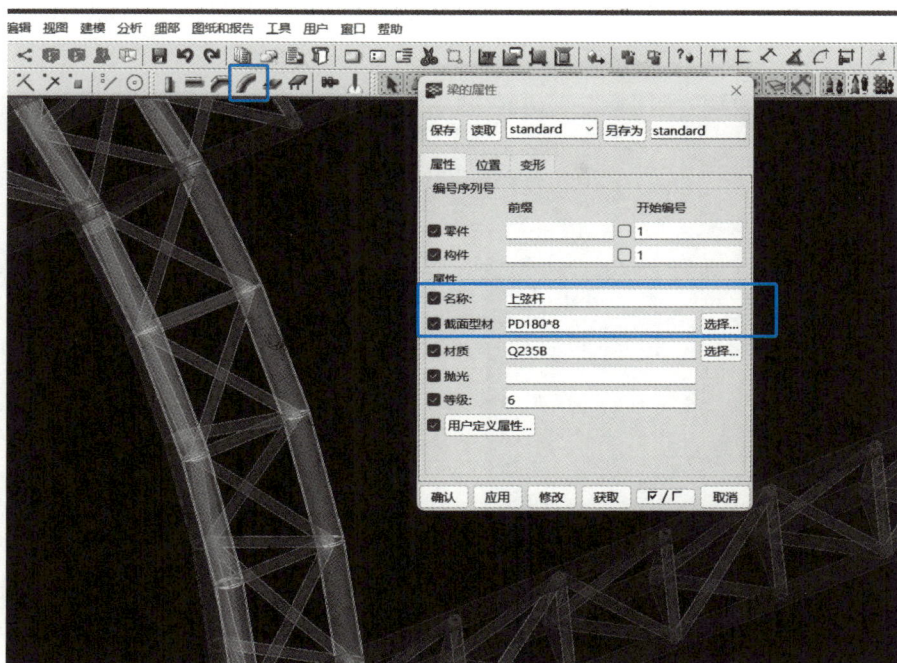

图 4-11　填写圆管截面

　　（3）启用"创建曲梁"工具，捕捉模型中弧形线模中心三点，创建弧形梁。弧形梁的截面与线模的管径是等截面的，见图 4-12。

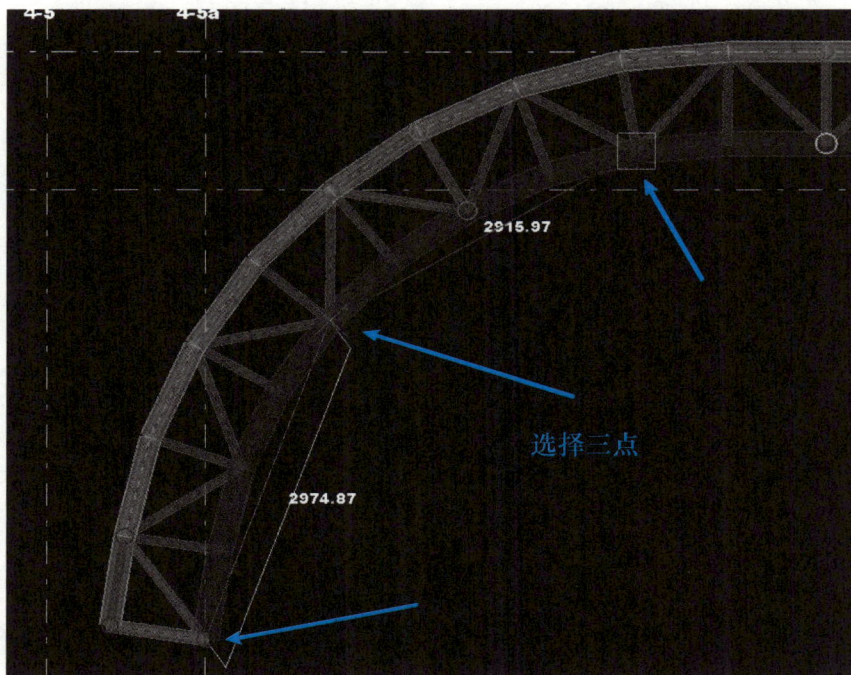

图 4-12　创建弧形管

（4）创建出的弧形梁可能与线模偏差比较大，我们可以通过调节弧形梁的半径和段数，使它更平滑，更加与线模贴合，见图 4-13。

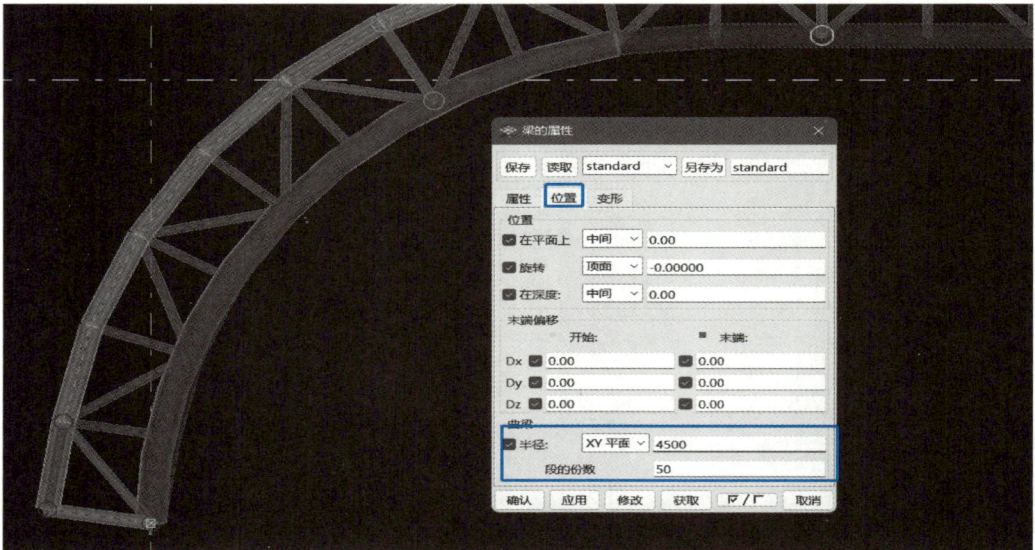

图 4-13 调整弧形管

（5）弧形管调节完以后，我们就可以把弧形的线模删除了，用弧形管来代替线模，见图 4-14。

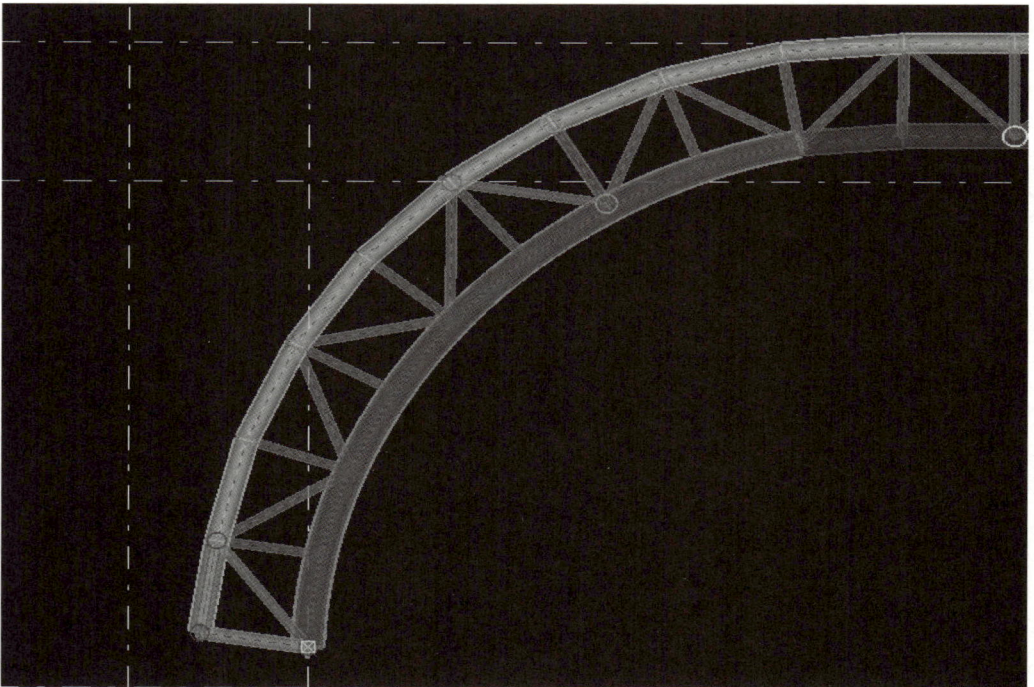

图 4-14 删除线模

4.4　创建相贯点

（1）双击"组件目录"的图标，弹出节点对话框。输入节点号，点击"查找"，找到 23 号节点。双击节点图标，然后填写参数，见图 4-15、图 4-16。

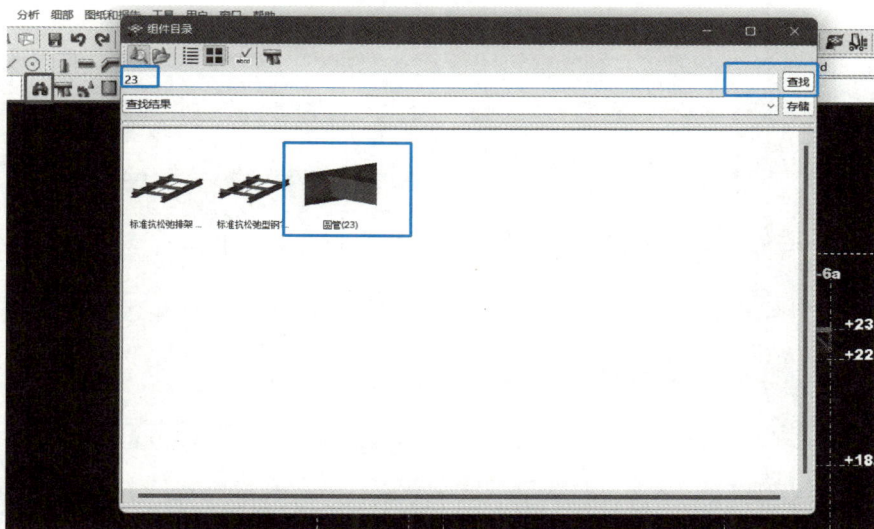

图 4-15　查找 23 号节点

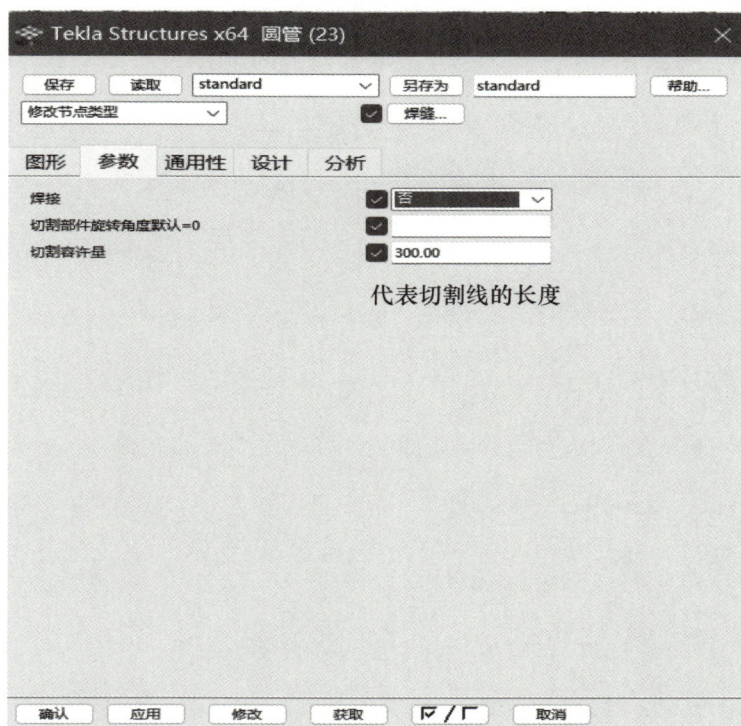

图 4-16　填写节点参数

（2）启用 23 号节点，先点击主管再点击次管，可以先用弦杆去切腹杆，再用腹杆切腹杆。杆件之间只要有碰撞，都要进行切割，不能遗漏。

（3）弦杆为弧形杆件时，就无法使用 23 号节点去切割腹杆。这时，我们需要使用"零件切割工具"去切割腹杆。还是先点击弦杆，再点击腹杆，见图 4-17。

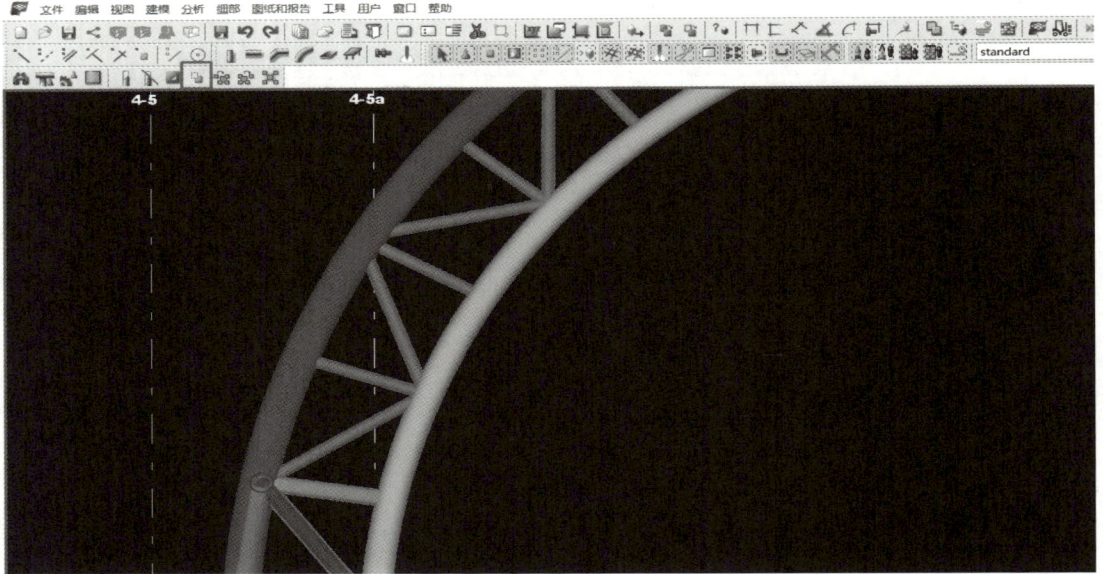

图 4-17　创建相贯节点

第**5**章

出图准备

出图前要对模型进行处理，这是很关键的一步。很多同学对详图的流程不够清晰，容易出错主要就在这个环节。有时也需要一些经验，所以我们做项目时要不断总结，这样在处理模型时才会有更清晰的思路。主要的步骤为：碰撞校核→修改碰撞→刷编号→运行编号→刷材质→检查漏焊。

5.1 碰撞校核

5.1 碰撞校核

（1）框选整个模型，右击，从菜单中选择"碰撞校核"。这样，软件就能自动进行碰撞，并弹出碰撞的结果，见图5-1、图5-2。

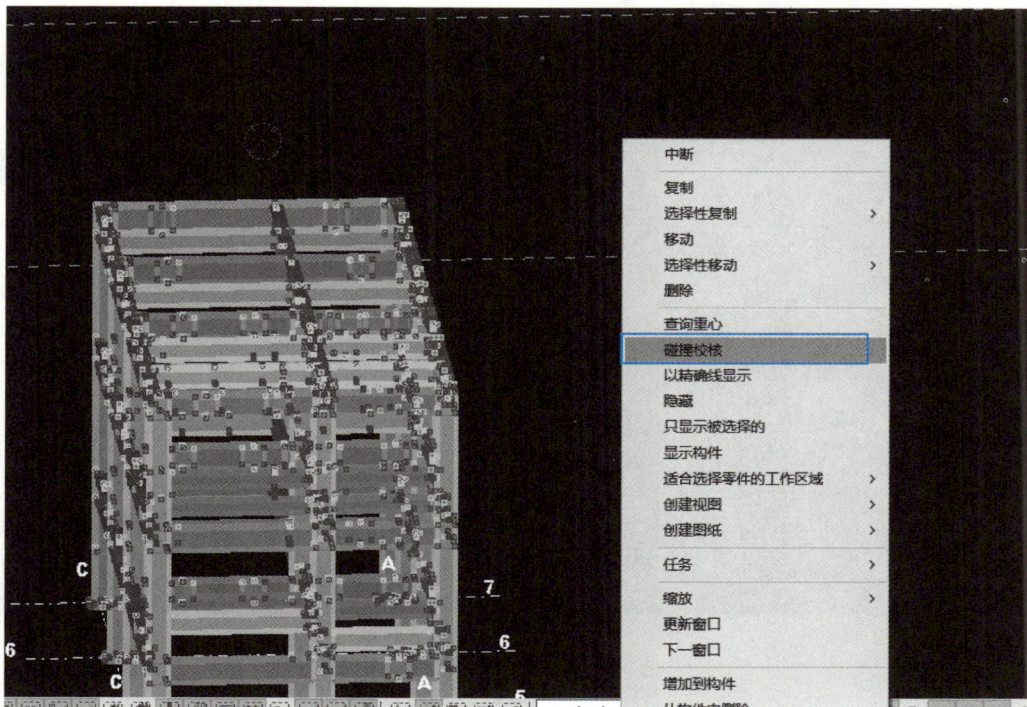

图 5-1　运行碰撞校核

（2）按住Ctrl＋A键，全选整个碰撞结果的清单，这样碰撞的零件也将会在模型中选中。这时，按住Shift键，右击，从弹出的菜单中选中"只显示被选择的"。这样，所有碰撞的零件就全部显示出来了，见图5-3、图5-4。

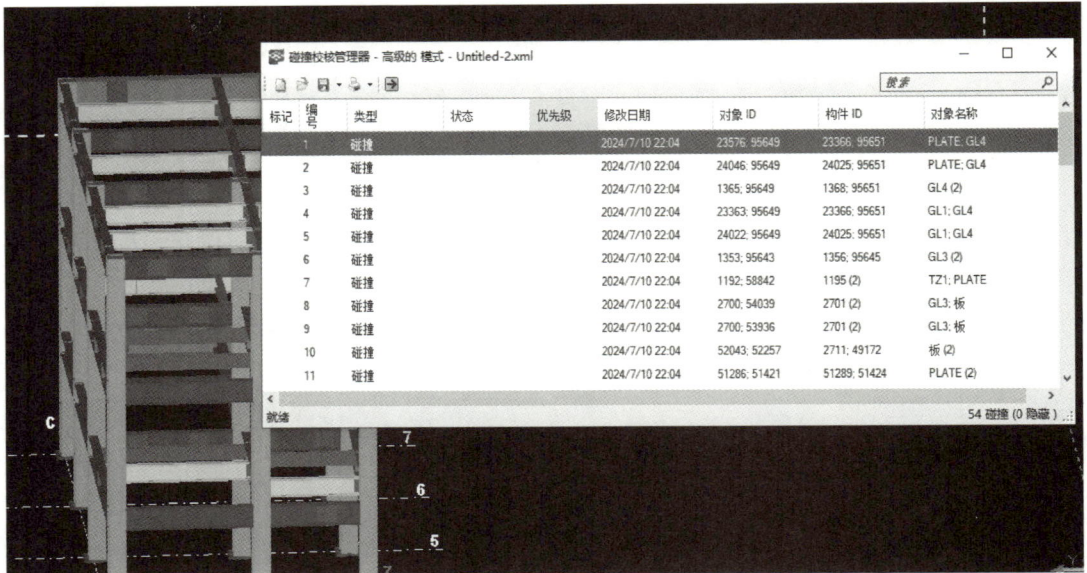

图 5-2 碰撞校核结果

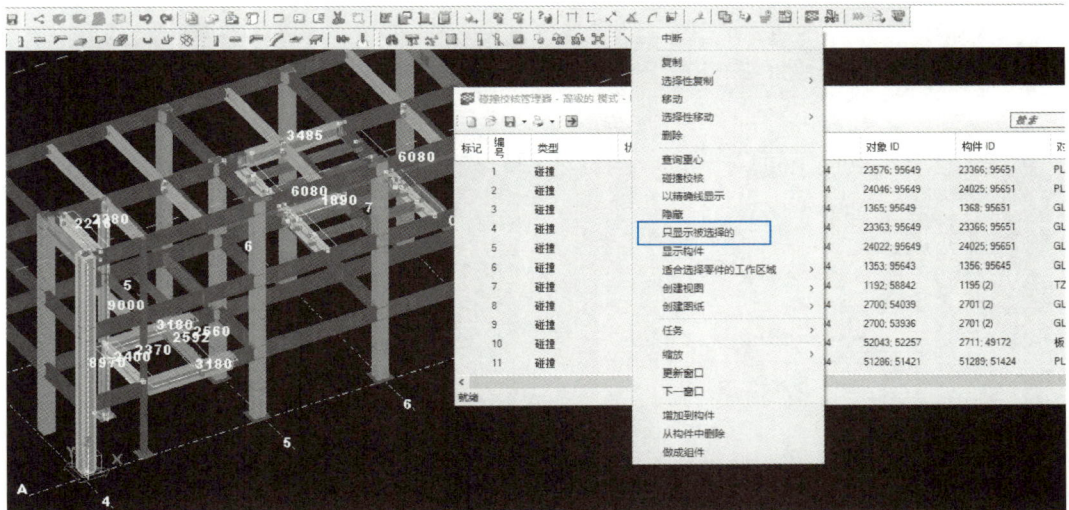

图 5-3 选择碰撞零件

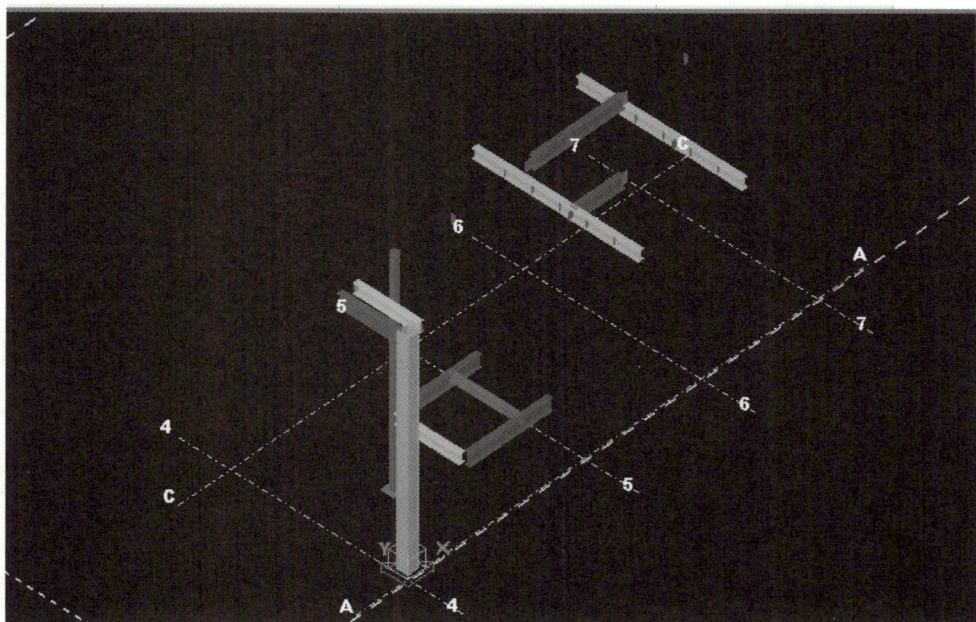

图 5-4   只显示碰撞零件

5.2   碰撞修改

1. 碰撞修改

通过对零件的观察，我们可以看出具体的碰撞原因并进行修改，让零件不再碰撞。碰撞校核完了，可以再次进行碰撞，直到修改完毕，见图 5-5。

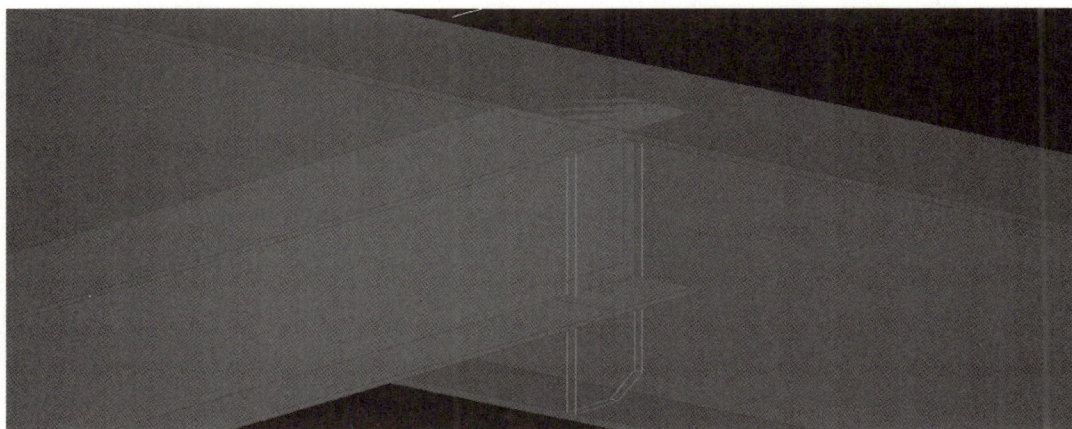

图 5-5   碰撞修改

2. 碰撞标志

见表 5-1。

表 5-1

碰撞标志

标志	状态	说明
（无）	活动	默认状态。碰撞不是新发现、已修改、已解决或消失状态
✳	新发现	第一次发现的所有碰撞都标记为新发现状态
⚠	已修改	如果对象已修改（如已更改截面型材），则当重新运行碰撞校核时碰撞状态将更改为已修改。 只有特定对象属性影响此标志。要查看哪些属性影响此标志，请右键单击一个列标题。 可见属性和隐藏属性都会影响此标志
☑	已解决	如果对象不再发生碰撞，则当重新运行碰撞校核时，状态将更改为已解决
❓	消失	如果从模型中删除了一个或两个碰撞对象，则当重新运行碰撞校核时，状态将更改为消失

3. 碰撞类型

（1）精确匹配

两个或两个以上零件完全重合。

（2）位于以下对象内部

两个不同的零件，一个零件包含在另一个零件里，但没有完全重合。

（3）切透

零件与零件相互贯穿。

（4）碰撞

零件与零件相交，但不贯穿。

（5）复杂碰撞

满足以上两种或以上的碰撞情况。

5.3　刷编号

（1）以做好的框架模型为例，给框架模型刷编号。双击视图空白处，弹出"视图属性"对话框。点击"对象组"，弹出"显示过滤对话框"，填写过滤条件，过滤钢柱，见图 5-6。

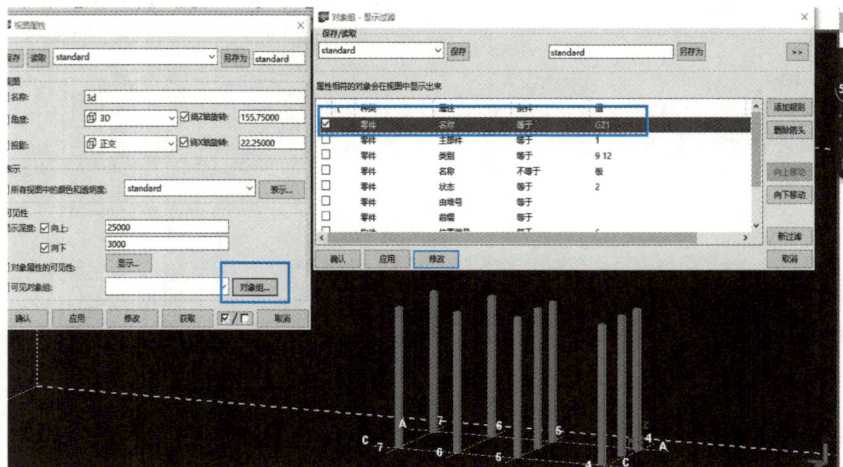

图 5-6　过滤钢柱

（2）双击柱子，弹出柱的属性对话框，填写构件和零件前缀，选中所有的钢柱；然后，点击"修改"，这样所有的钢柱的构件和零件前缀就填写好了，见图 5-7。

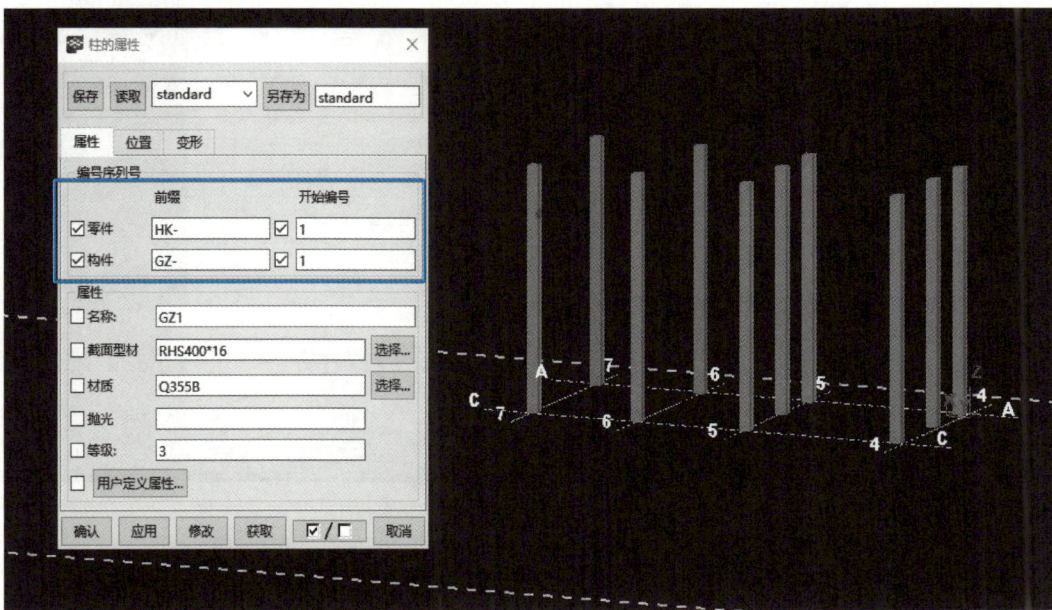

图 5-7　刷钢柱编号

（3）我们可用同样的方法筛出钢梁和钢板，然后刷编号。钢板一般作为次零件，不需要给构件赋前缀。如果钢板是工厂焊零件，前缀一般为"P-"；散发件为"S-"，见图 5-8、图 5-9。

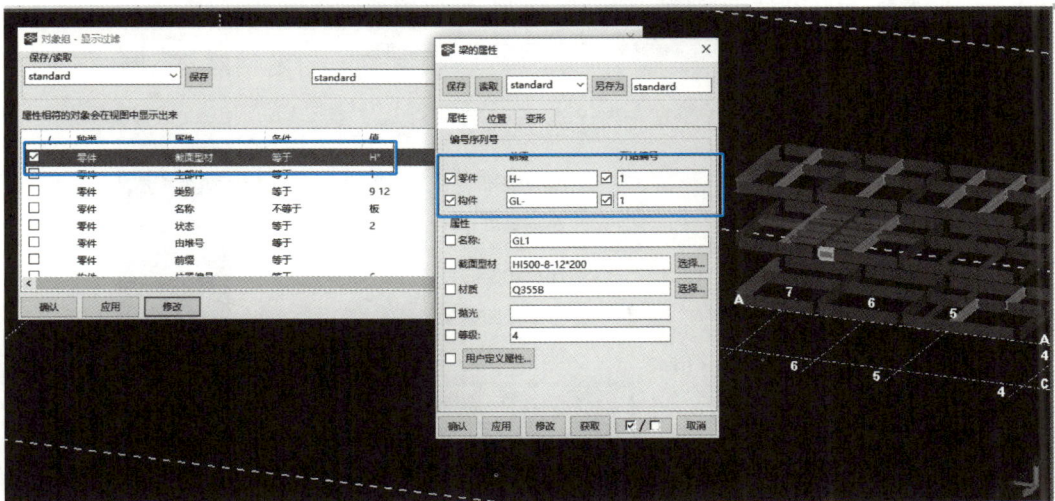

图 5-8　刷钢梁编号

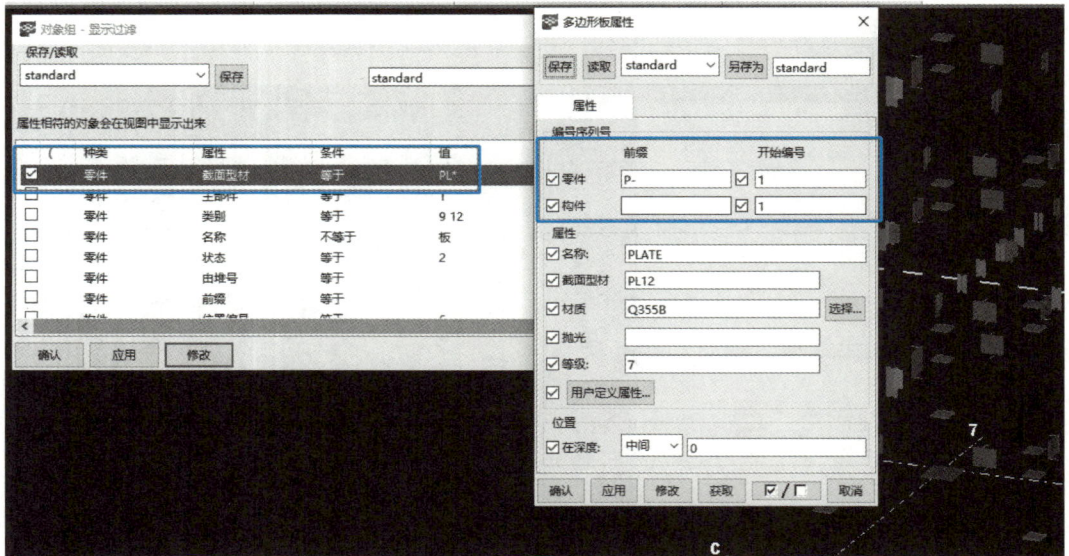

图 5-9　刷板的编号

5.4　编号设置

（1）从菜单栏中选择：图纸和报告→编号→编号设置。从弹出的"编号设置"对话框内填写相应的编号设置，见图 5-10、图 5-11。

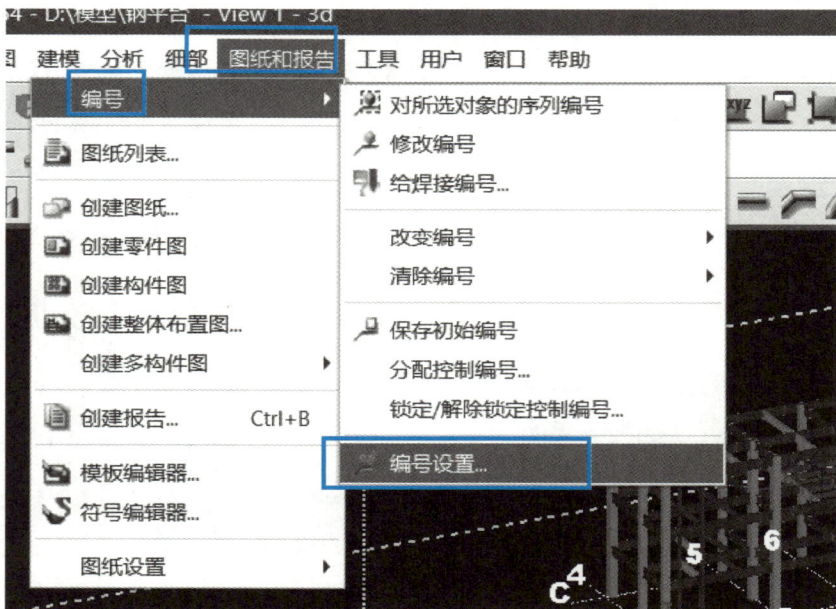

图 5-10　编号设置一

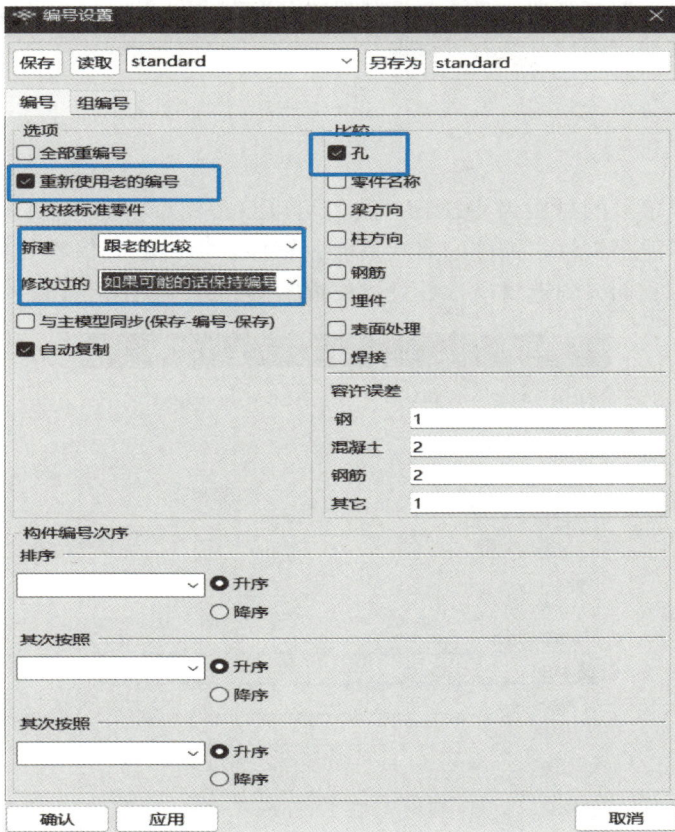

图 5-11　编号设置二

（2）选中整个模型的零件，从菜单中选择：图纸和编号→对所选对象序列编号，见图 5-12。

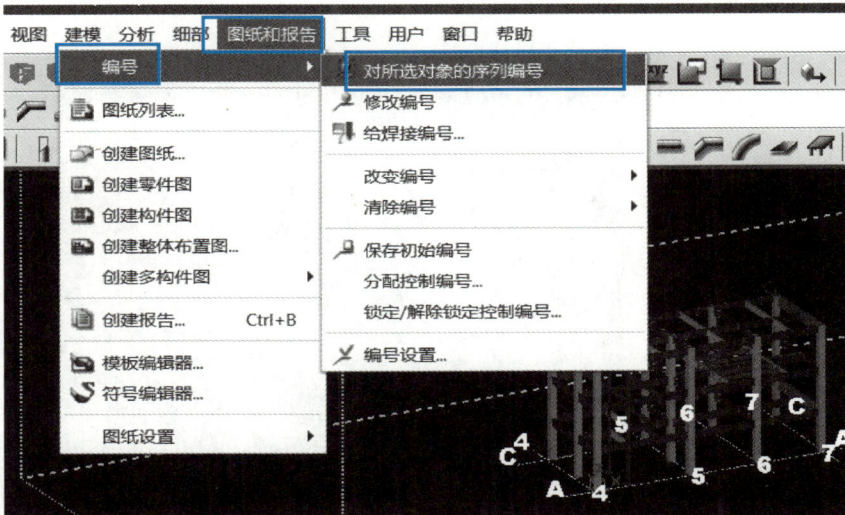

图 5-12　运行编号

（3）后期如果模型有改动，每次改动都需要对模型进行编号。如果是局部改动，那么我们只需要选中改动的部分，然后进行编号。

5.5　刷材质

（1）如果整个项目的材质为 Q235B，我们可以双击模型中的任意一个零件（注意：零件不能是钢柱，钢柱的属性只能刷钢柱，不能刷其他零件的属性）。从弹出的属性对话框中，我们只勾选材质，并且材质填入 Q235B。见图 5-13。

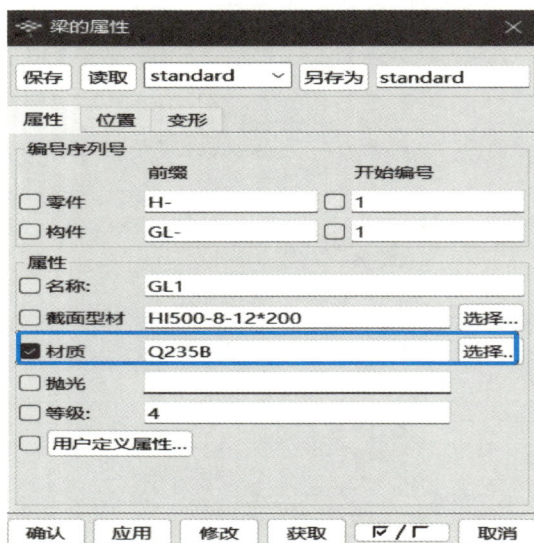

图 5-13　填写材质

（2）框选整个模型的零件，然后点击"修改"。这样，这个模型的材质就刷成了 Q235B，见图 5-14。

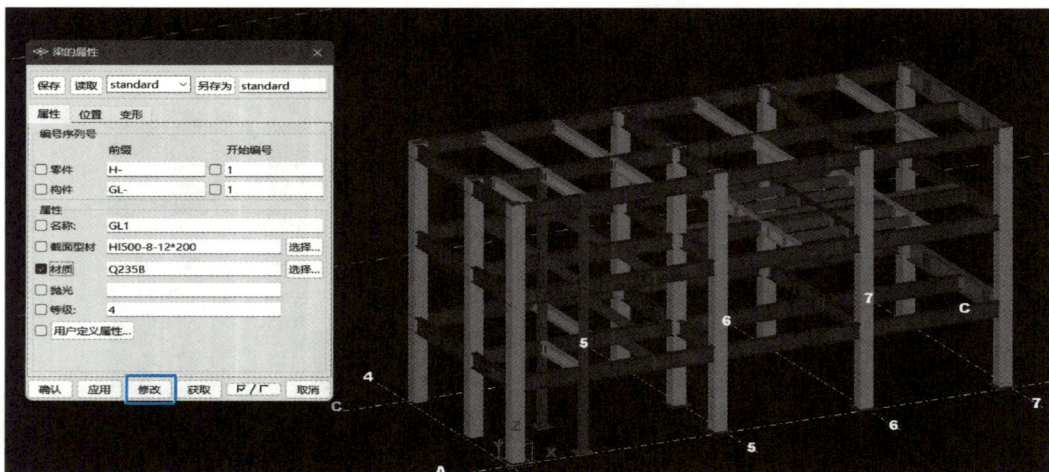

图 5-14　刷材质

5.6　检查漏焊

框选整个模型，选中模型中的所有零件。然后，从菜单中的报告中选择构件清单；接着，创建清单，见图 5-15。

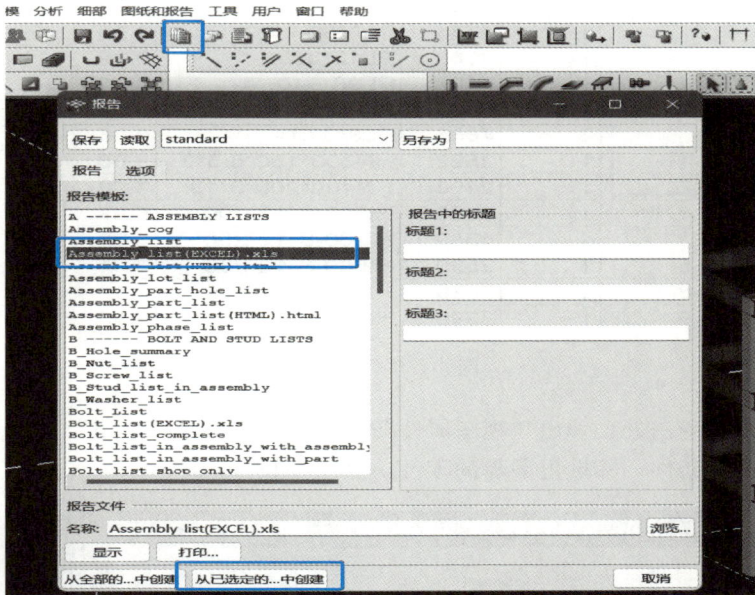

图 5-15　创建构建清单

（1）打开模型文件，然后找到"Reports"文件；接着，找到构件清单，见图 5-16。

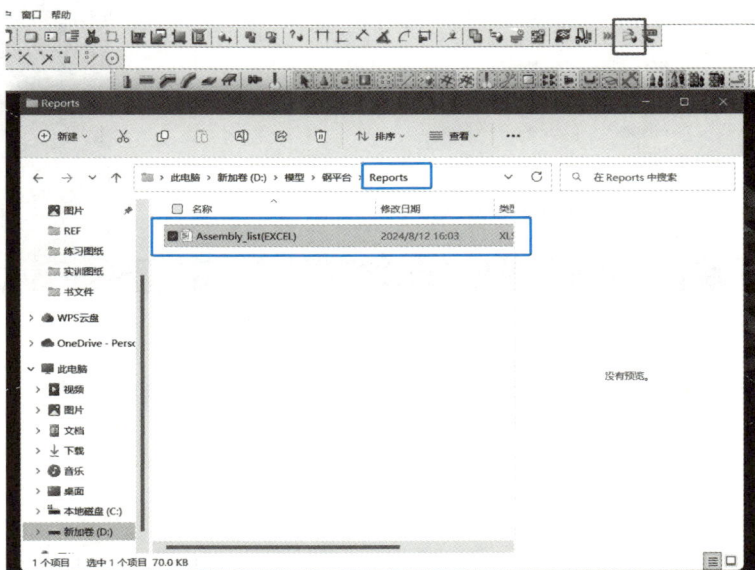

图 5-16　构件清单

（2）从构件清单当中找到特殊的编号，这些构件编号的前缀是我们前期没有刷过的。例如，出现的构件号是纯数字或者特殊的字母，那么这些都是漏焊的零件，见图 5-17。

构件编号	数量	长度	主零件截面	单个面积(
1	3	476	PL8*96	0.10
2	1	476	PL8*96	0.10
3	4	476	PL8*96	0.10
4	14	370	PL8*170	0.13
5	4	476	PL8*96	0.10
6	17	368	PL12*368	0.29
9	1	640	PL30*640	25.48
10	1	640	PL30*640	27.78
A2	2	465	PL8*370	0.36
BE-1	1	2592	HN300*150*6.5*9	3.08
BE-2	1	2400	HN400*200*8*13	3.80
GL-1	1	3485	HI500-8-12*200	6.97
GL-2	4	1380	HI500-8-12*200	3.36
GL-5	1	2590	HI500-8-12*200	6.31
GL-8	2	2590	HI500-8-12*200	6.12
GL-9	1	2390	HI500-8-12*200	5.95

图 5-17　构件清单

（3）双击视图空白处，弹出"视图属性"对话框。点击"对象组"，弹出"显示过滤"对话框，填写过滤条件，筛选出漏焊的零件，见图 5-18。

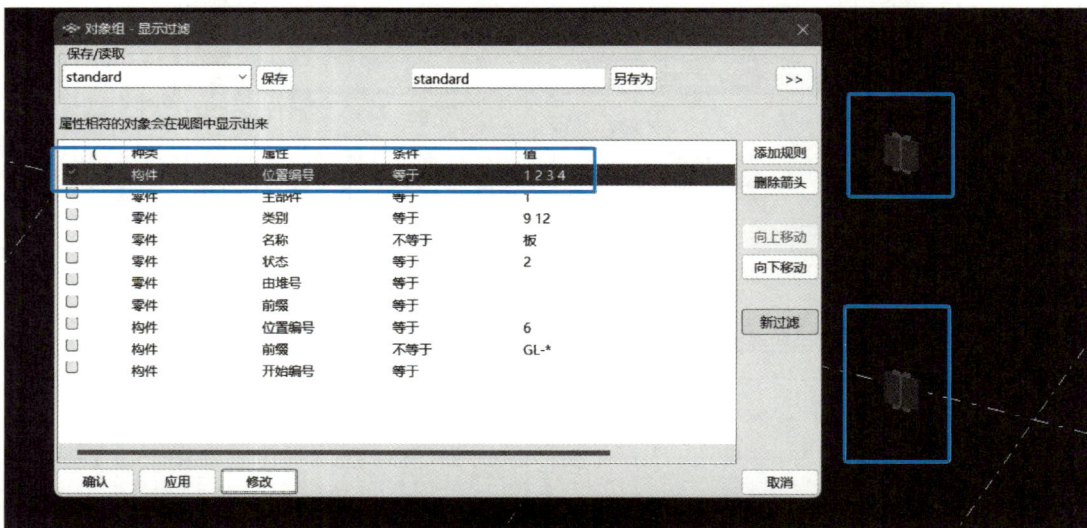

图 5-18　显示过滤

（4）选中漏焊的零件，右击，创建 3D 视图，然后对漏焊的零件进行焊接，见图 5-19。

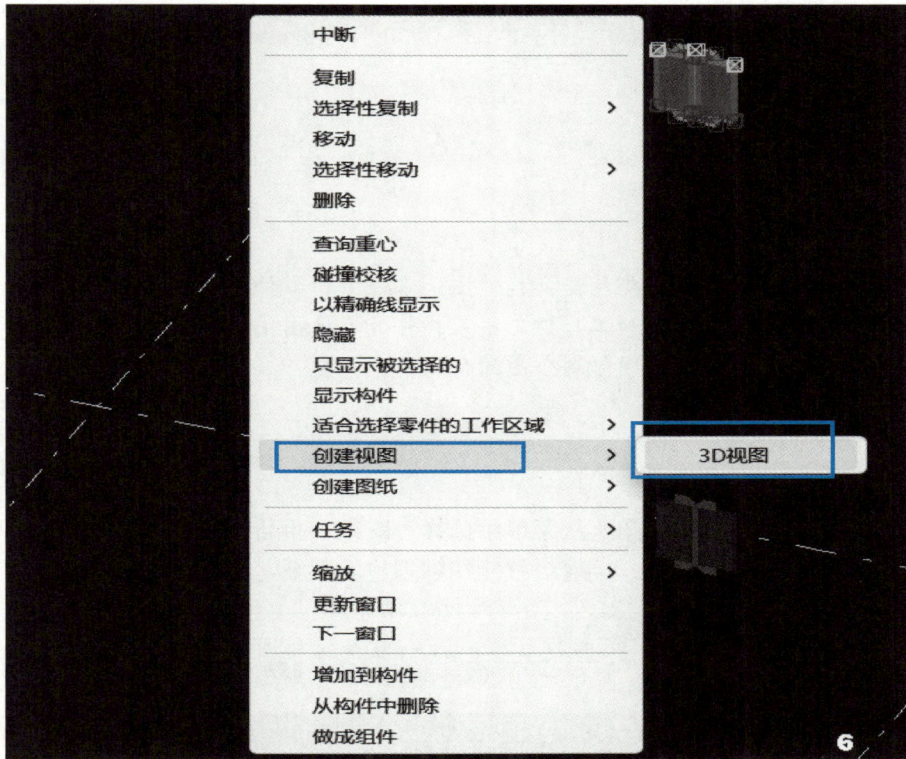

图 5-19　创建 3D 视图

第**6**章

出图

钢结构详图的出图图纸主要包括：构件图、零件图、多件图、布置图。每种图纸有着特定的作用，构件图主要指导加工厂铆工拼装构件，零件图主要用于加工厂下料，布置图主要是指导现场的安装，多件图起到合图的作用。

6.1 创建构件图

选中钢梁，创建钢梁构件图，从菜单中选择：图纸和报告→创建构件图；然后，从菜单中选择图纸列表；接着，就能找到创建的图纸，见图6-1、图6-2。

6.1 构件图

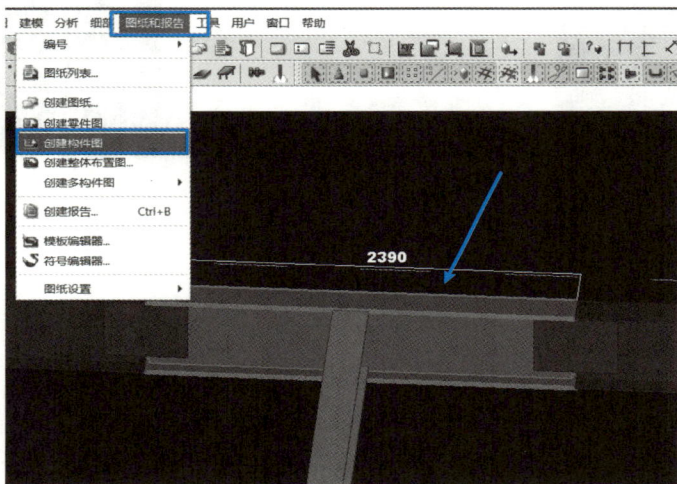

图 6-1 创建构件图

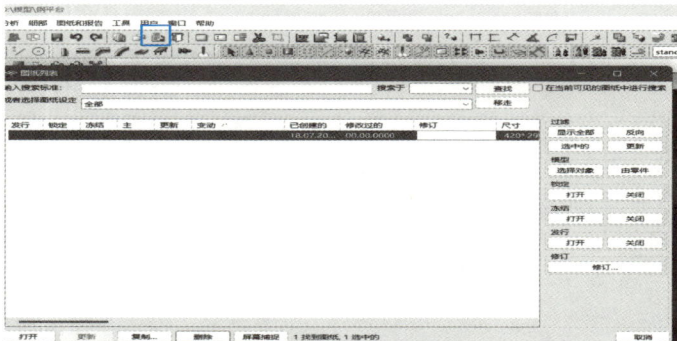

图 6-2 图纸列表

6.2　图纸属性

（1）打开创建好的构件图，图纸属性有三种。第一种：双击图纸空白处，弹出的是构件图属性；第二种：双击视图蓝框，弹出的是视图属性；第三种：双击零件或者尺寸线，弹出的是对象属性，见图 6-3。

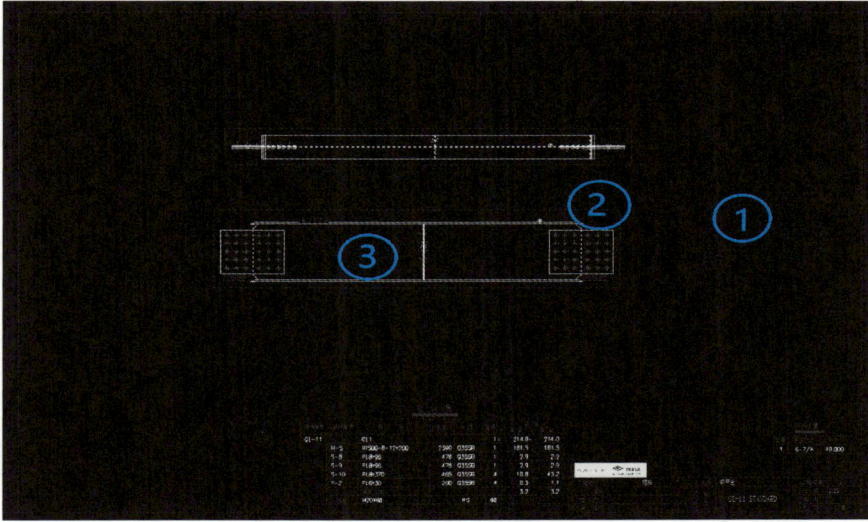

图 6-3　构件图

（2）构件图属性

1）标题

见图 6-4。

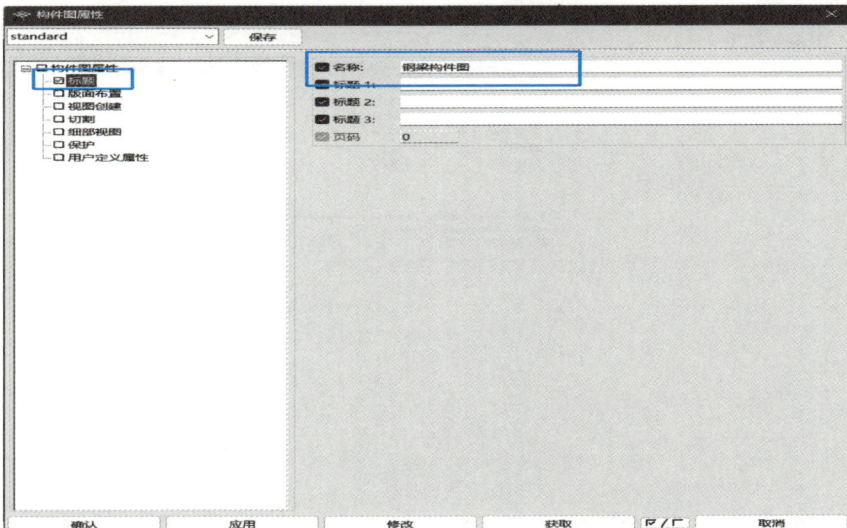

图 6-4　标题

2）版面布置

见图 6-5。

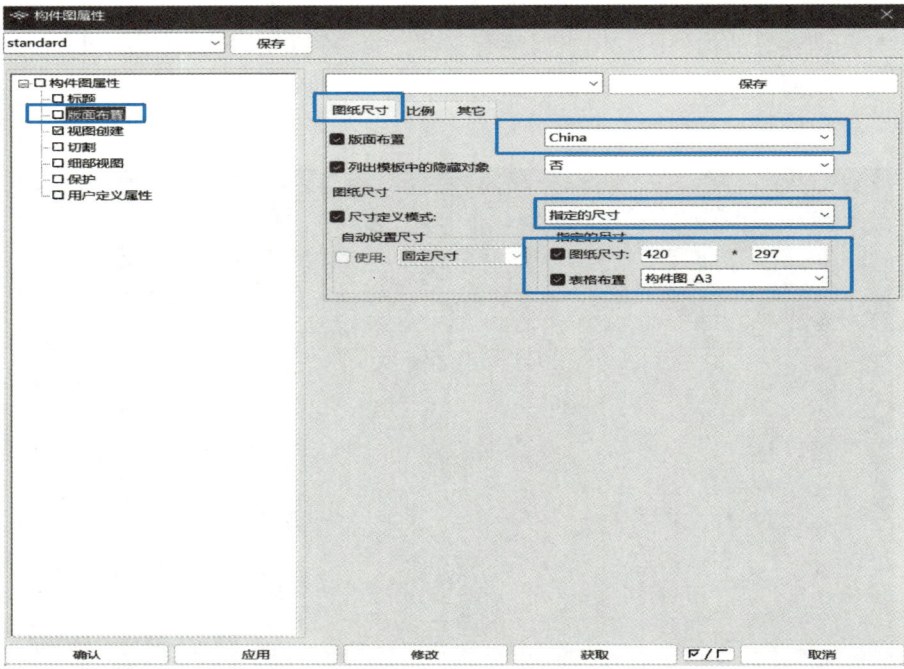

图 6-5　版面布置

3）视图创建

见图 6-6、图 6-7。

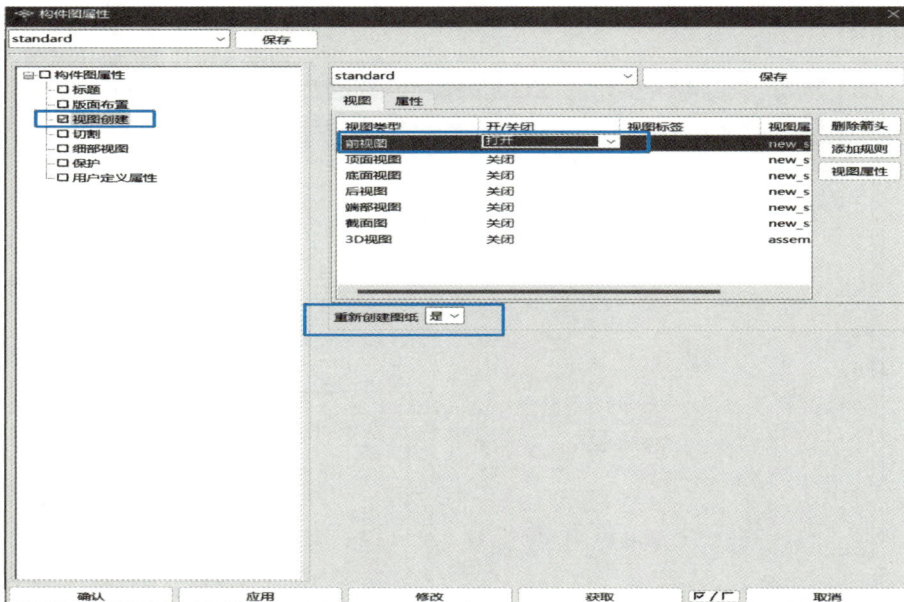

图 6-6　视图创建

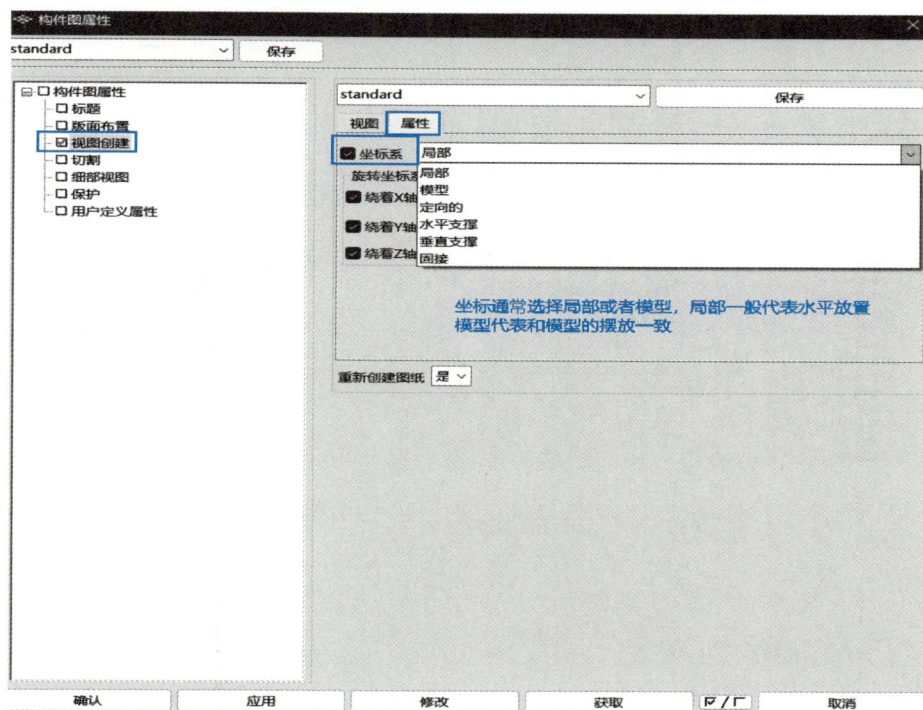

图 6-7　坐标系

（3）视图属性

1）属性

见图 6-8、图 6-9。

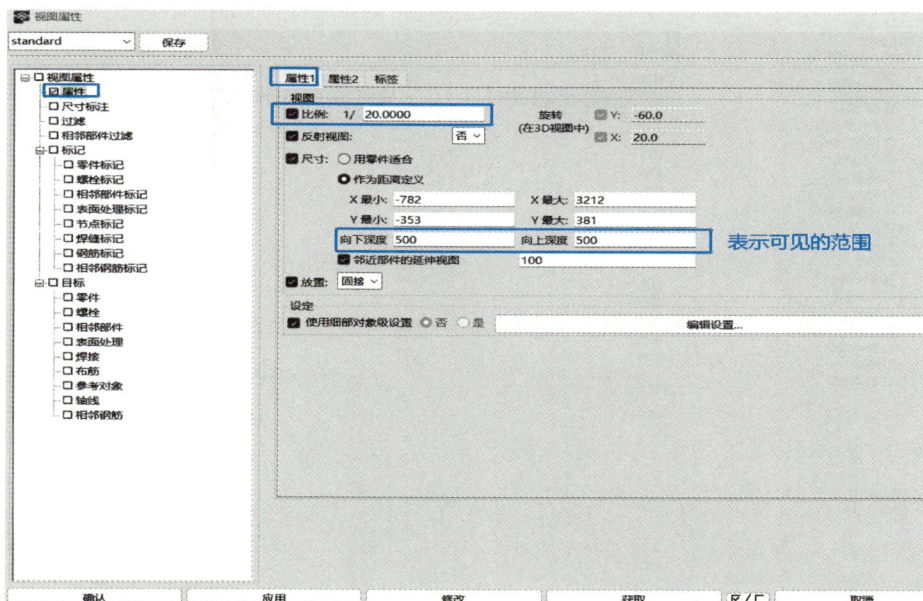

图 6-8　属性 1

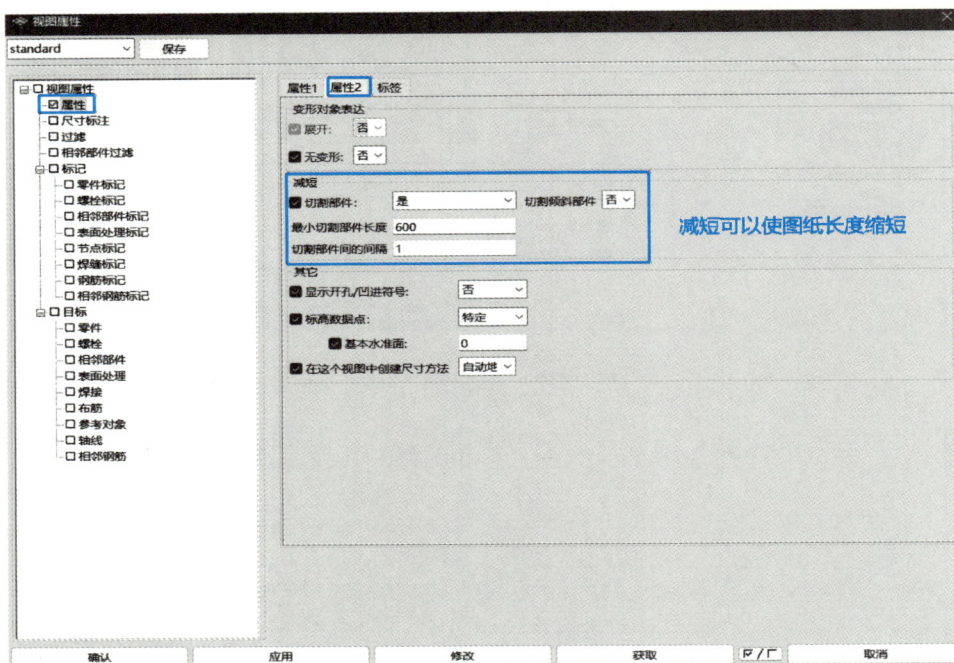

图 6-9　属性 2

2）零件标签

见图 6-10～图 6-12。

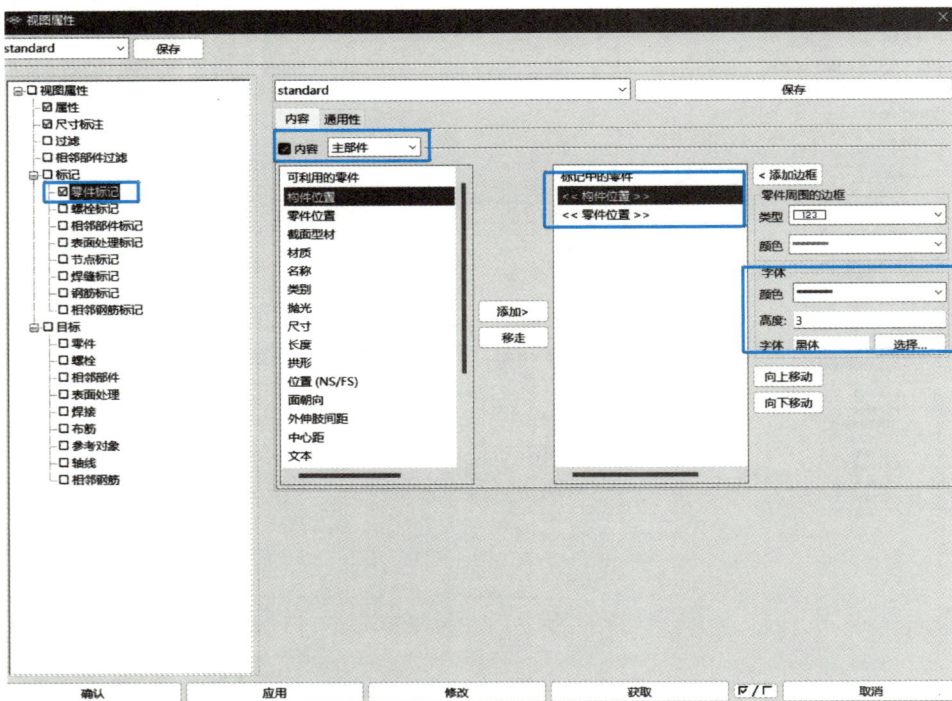

图 6-10　主部件

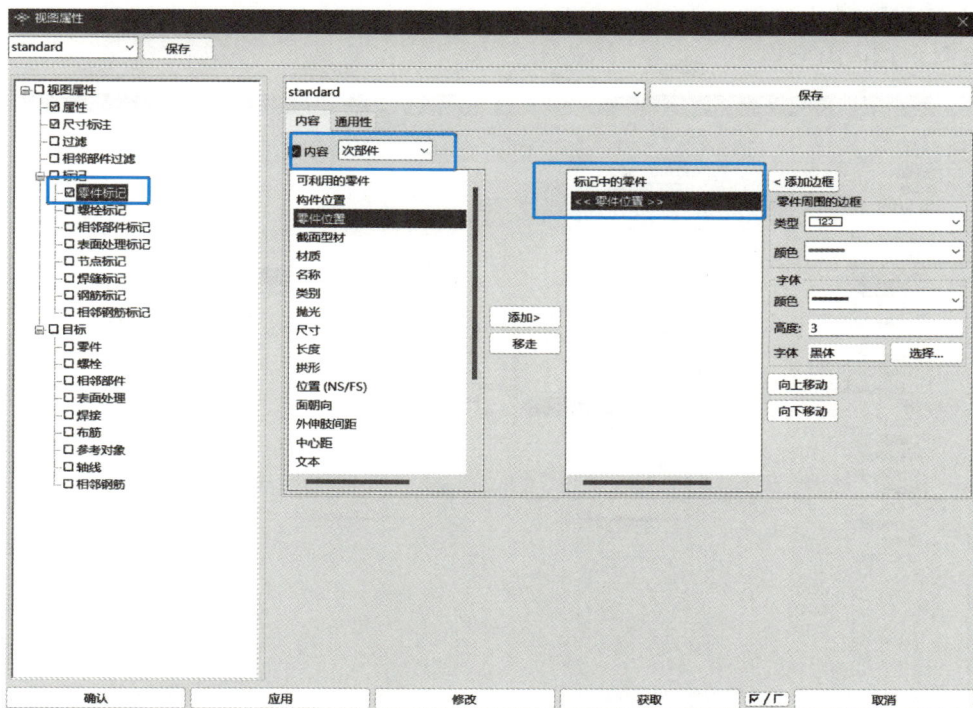

图 6-11　次部件

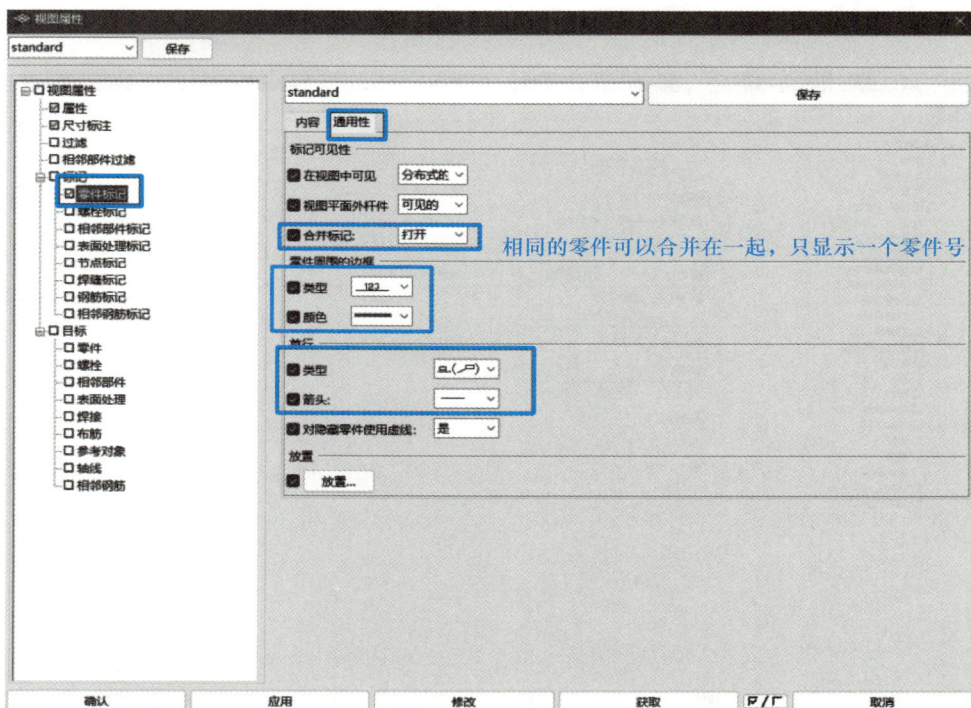

图 6-12　通用性

3）螺栓标记

见图 6-13、图 6-14。

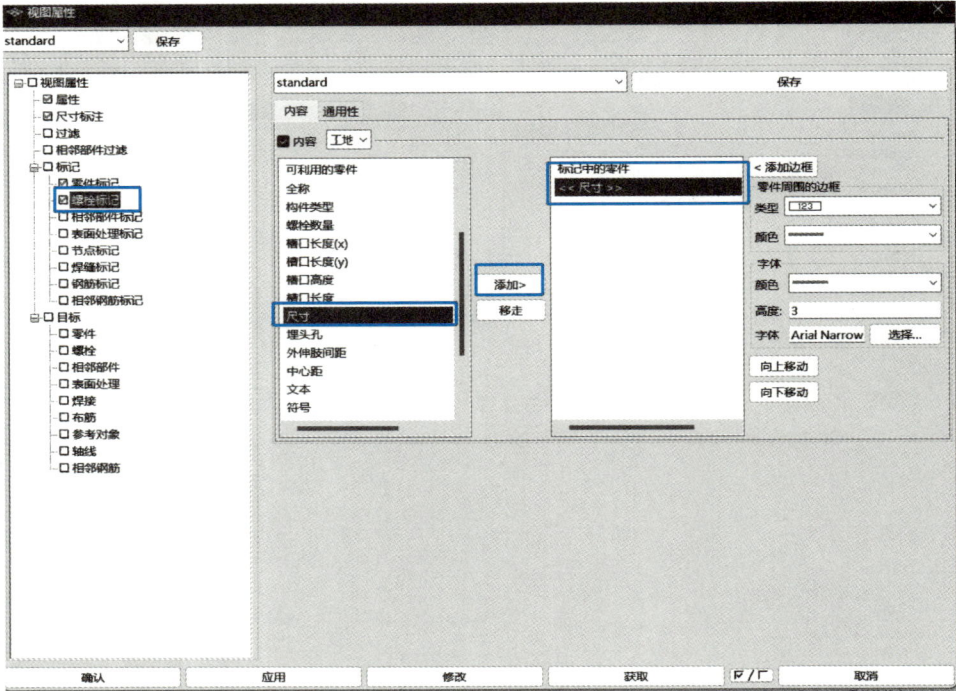

图 6-13　尺寸

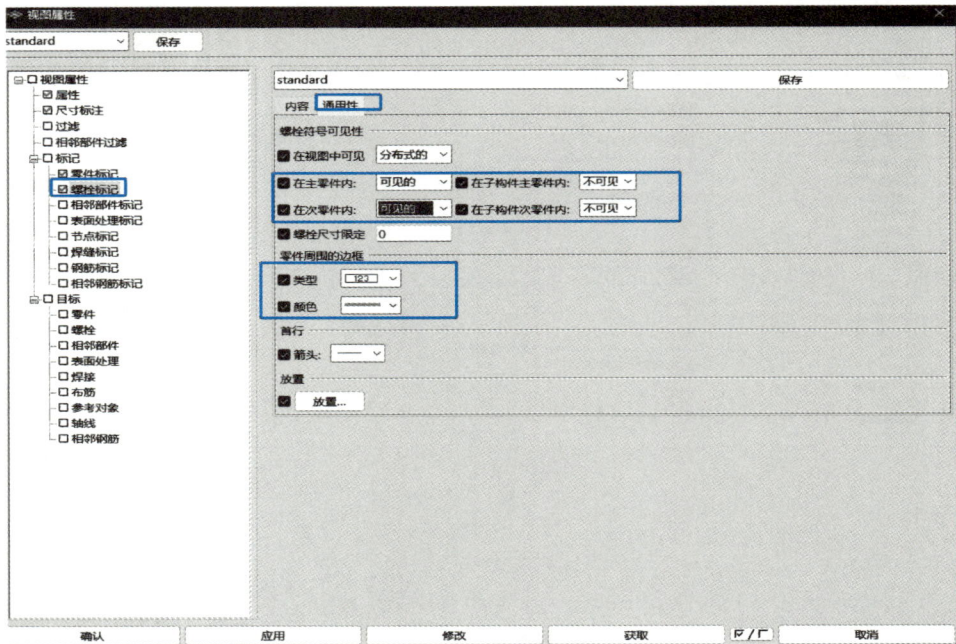

图 6-14　通用性

4）零件

见图 6-15。

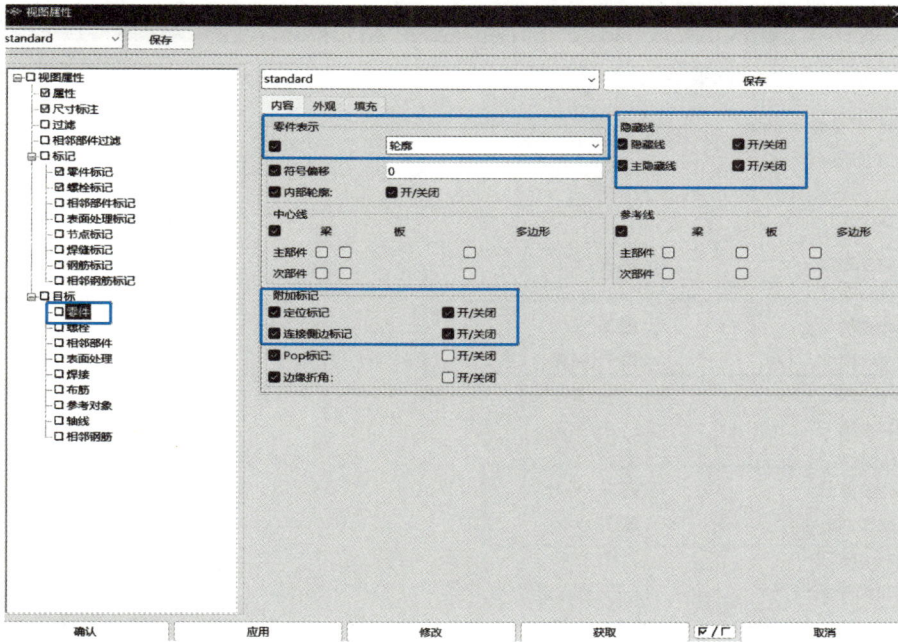

图 6-15　内容

5）轴线

见图 6-16。

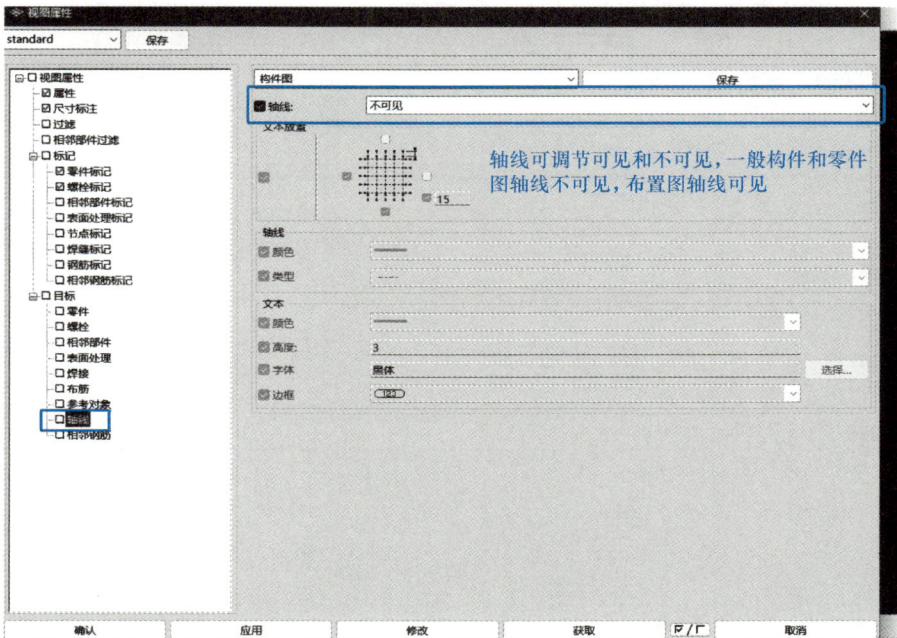

轴线可调节可见和不可见，一般构件和零件
图轴线不可见，布置图轴线可见

图 6-16　轴线

（4）图形部件属性

见图 6-17～图 6-19。

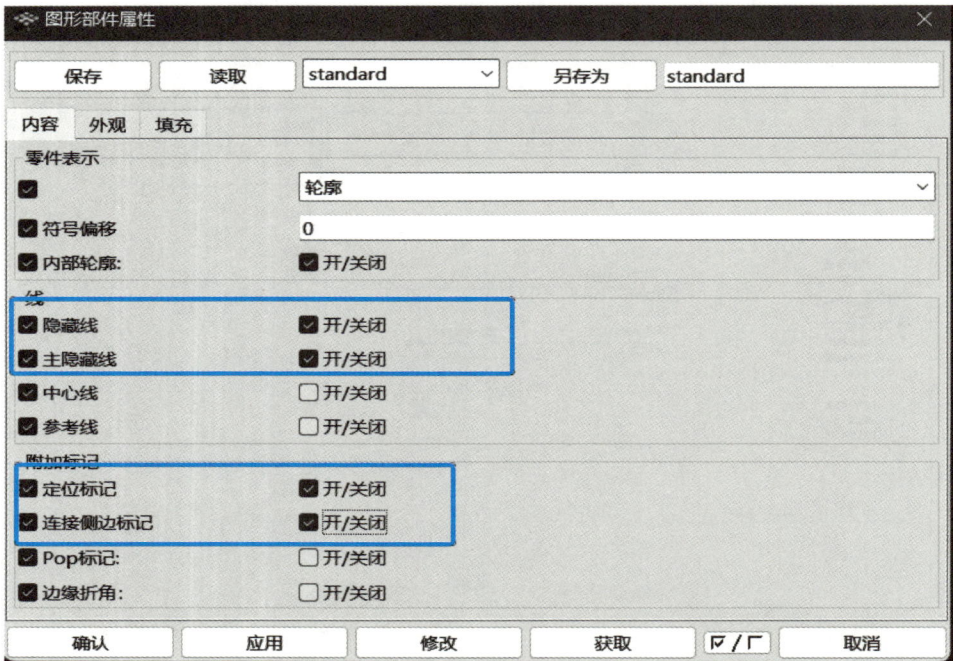

图 6-17　内容

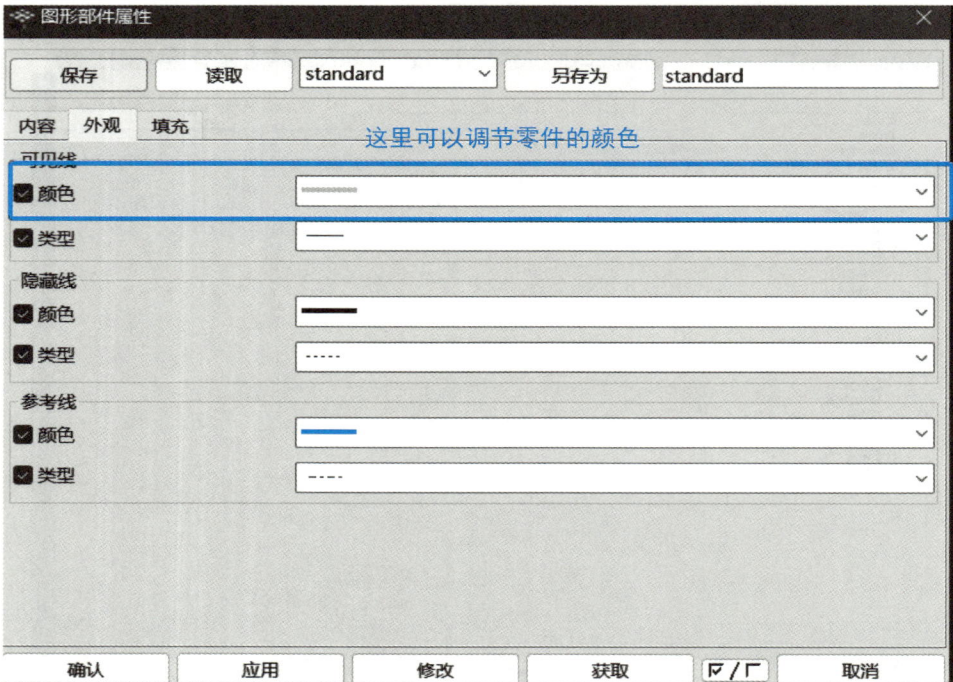

图 6-18　外观

图 6-19　填充

（5）尺寸线属性

见图 6-20～图 6-22。

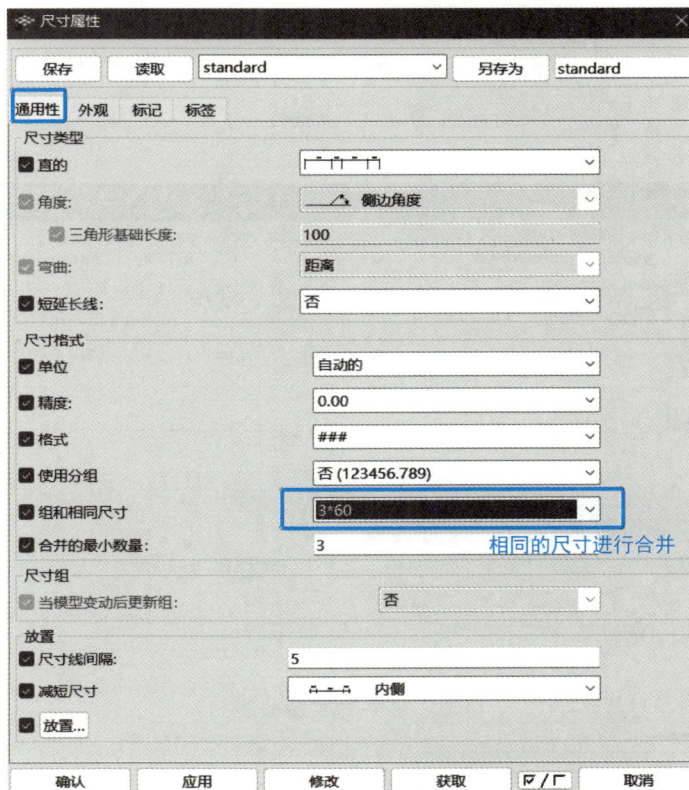

图 6-20　通用性

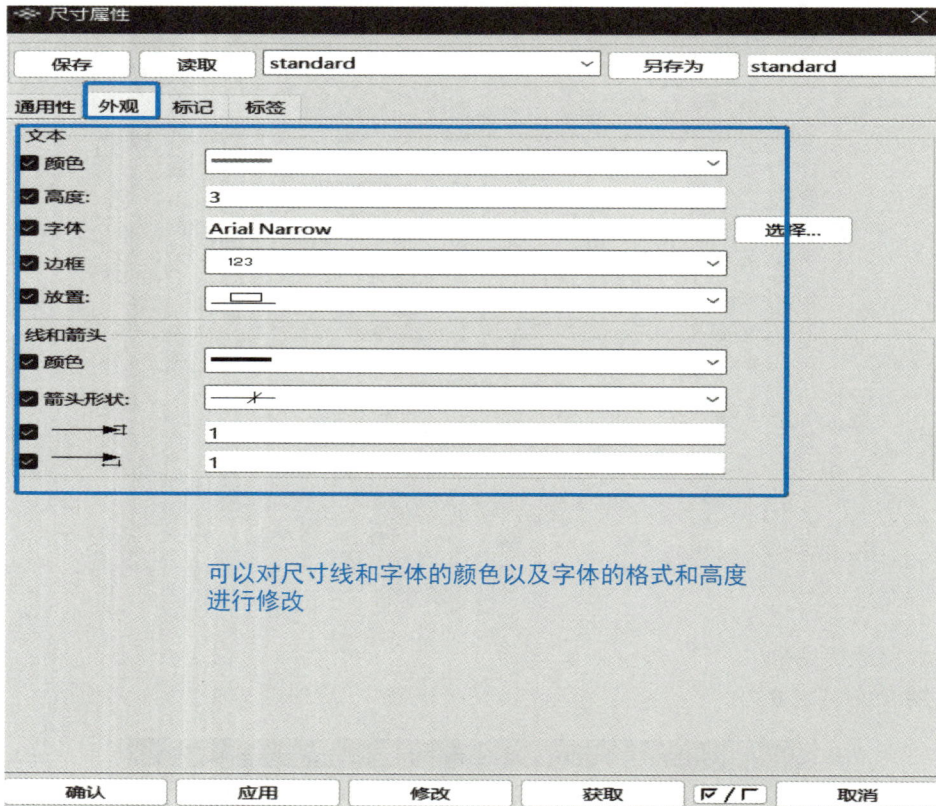

图 6-21 外观

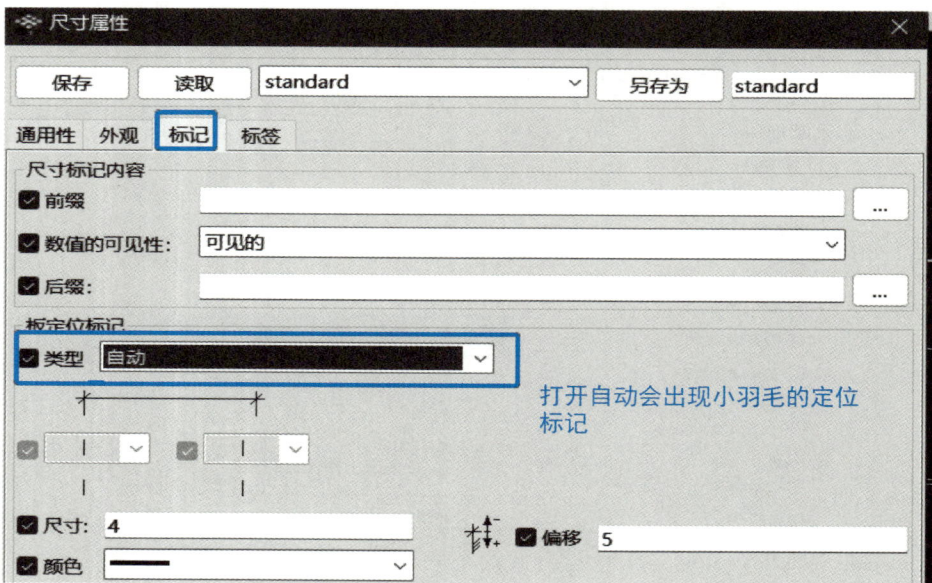

图 6-22 标记

6.3　常用调图工具

1. 尺寸标注（图 6-23）

图 6-23　尺寸标注

图 6-23 中，①代表标注水平尺寸，②代表标注垂直尺寸，③代表标注自由尺寸，④代表标注弧长，⑤代表标注半径，⑥代表标注角度，⑦代表增加尺寸点，⑧代表删除尺寸点。

2. 增加注释（图 6-24）

图 6-24 中，①代表增加文本注释，②代表增加标高注释，③代表增加焊缝注释。

图 6-24　增加注释

3. 图纸（图 6-25）

图 6-25 中，①代表打开图纸列表，②代表打开上一张图纸，③代表打开下一张图纸。

图 6-25　图纸

4. 创建剖面

见图 6-26。

图 6-26　创建剖面

5. 增加辅助线

见图 6-27。

图 6-27　增加辅助线

6. 取消云线

见图 6-28。

图 6-28　取消云线

7. 增加零件标记

见图 6-29。

图 6-29　取消云线

6.4　调图

（1）构件图纸当中通常包含：主视图、俯视图及剖面图。

（2）构件由一个零件组成时（如隅撑、拉条、檩条等），一般只出构件图，用构件图来代替零件图。

（3）柱竖直放置时，坐标系选择模型；其他构件水平放置时，坐标系选择局部。

（4）构件图标注主零件的形状尺寸、次零件的定位尺寸和孔的定位尺寸。

（5）主视图要尽可能选择能最多体现构件全貌的视图平面，作为主视图。

（6）长尺寸链尽量使用绝对尺寸样式标注，以避免实际加工时尺寸的误差累积。

（7）构件图内，要显示所有零件及零件标签。

（8）局部尺寸在主视图和俯视图中无法表达时，应使用剖面视图来表达。

钢梁构件图示例，见图 6-30、图 6-31。

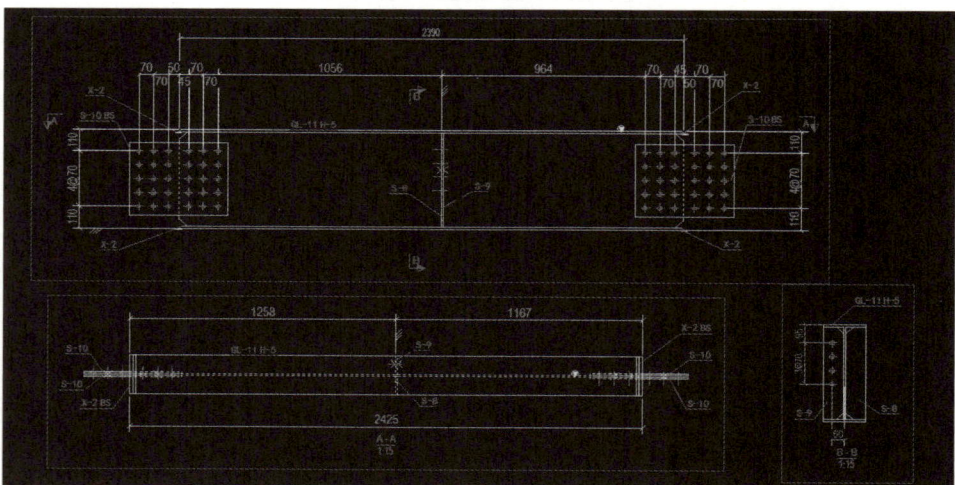

图 6-30　钢梁构件图 1

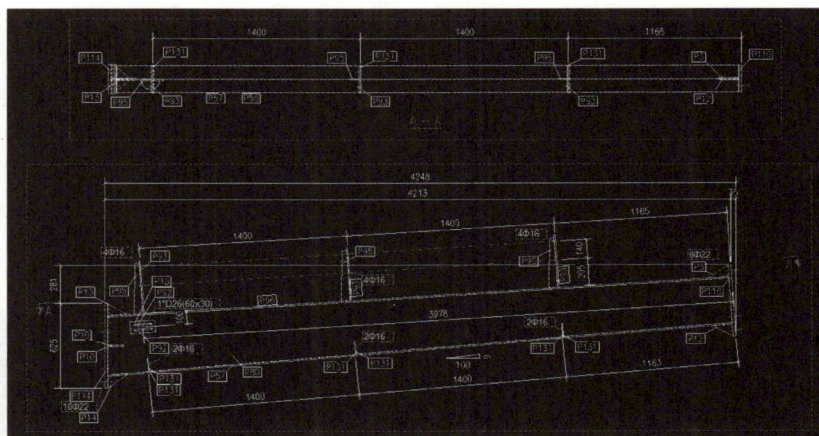

图 6-31　钢梁构件图 2

钢柱构件图示例，见图 6-32。

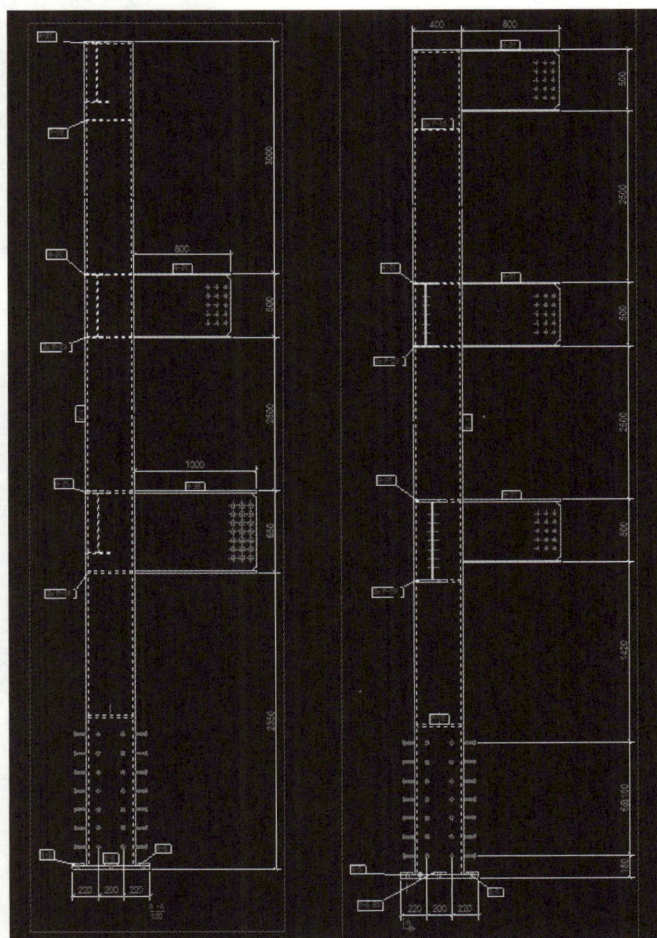

图 6-32　钢柱构件图

6.5 克隆图纸

首先，我们要调好一张构件图，例如钢梁构件图。我们以这张钢梁构件图作为模板，然后克隆其他的钢梁。第一步：筛选出要克隆的钢梁，可以利用构件前缀进行筛选，见图 6-33；第二步：打开图纸列表，选中调好的钢梁的图纸，然后筛选出要克隆的钢梁，接着点击"复制"即可，见图 6-34。

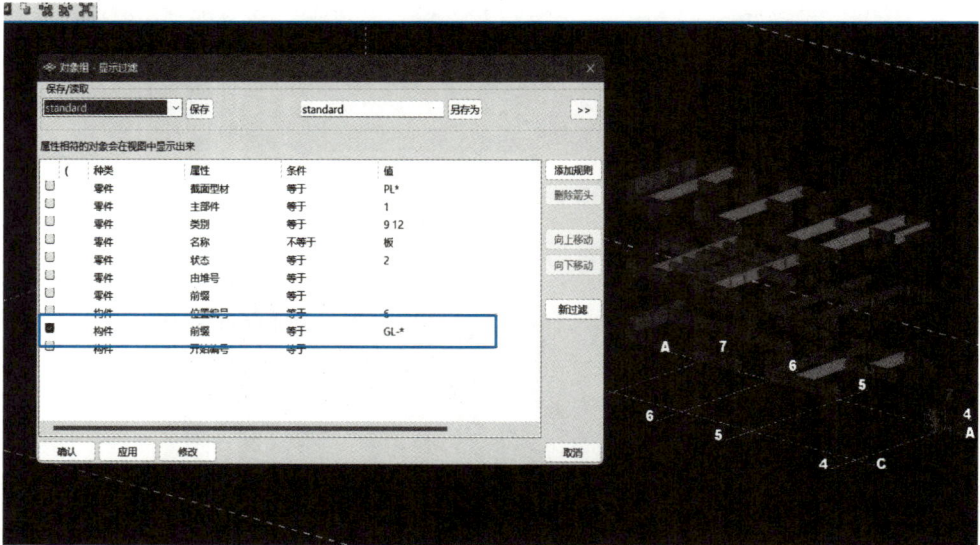

图 6-33　过滤钢梁

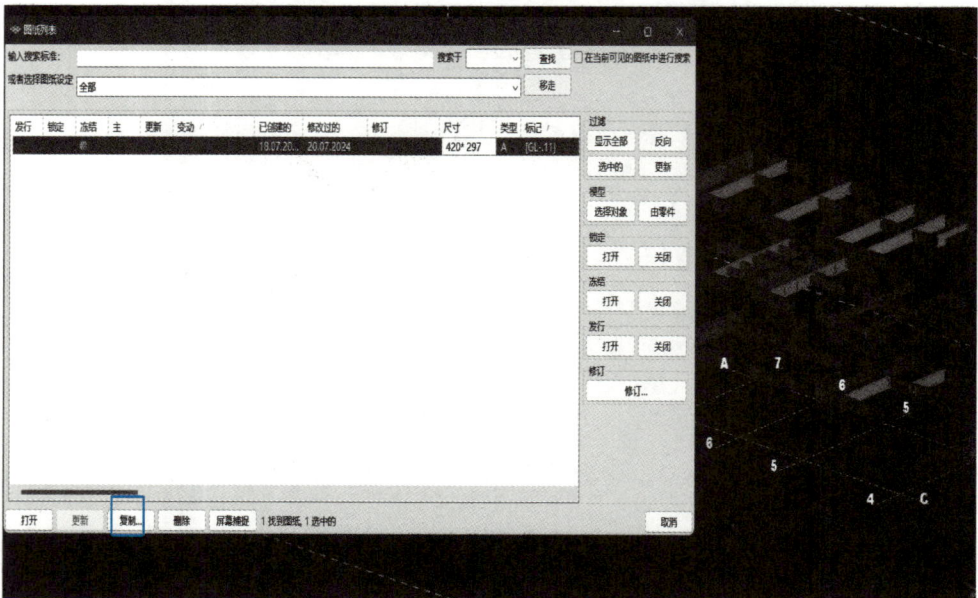

图 6-34　克隆钢梁图纸

　　利用这种克隆的方法，我们也可以克隆其他的构件图。克隆尽可能选择相似的构件，这样克隆出来的效果才更好，从而减少我们的调图工作量。

6.6　零件图

6.6　零件图

　　零件图相对比较简单，这里我们还是按照出构件图的方法来出零件图。可以先调好一张零件图，以这张调好的零件图为模板，然后进行克隆，见图 6-35。

1. 板的零件图

见图 6-35。

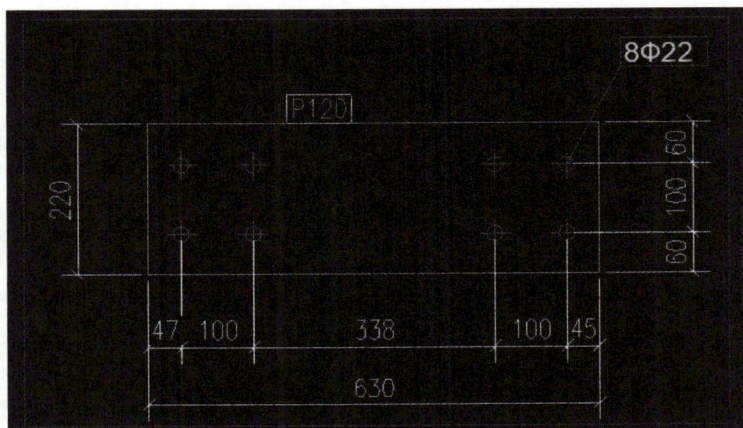

图 6-35　板的零件图

2. H 型钢零件图

见图 6-36。

图 6-36　梁零件图

6.7 创建多件图

（1）打开菜单中的图纸和报告→图纸设置→多件图，弹出多件图属性，修改图纸尺寸。多件图中，我们尽可能地选择图幅比较大一些的图纸，这里我们采用 A2 的图纸。见图 6-37。

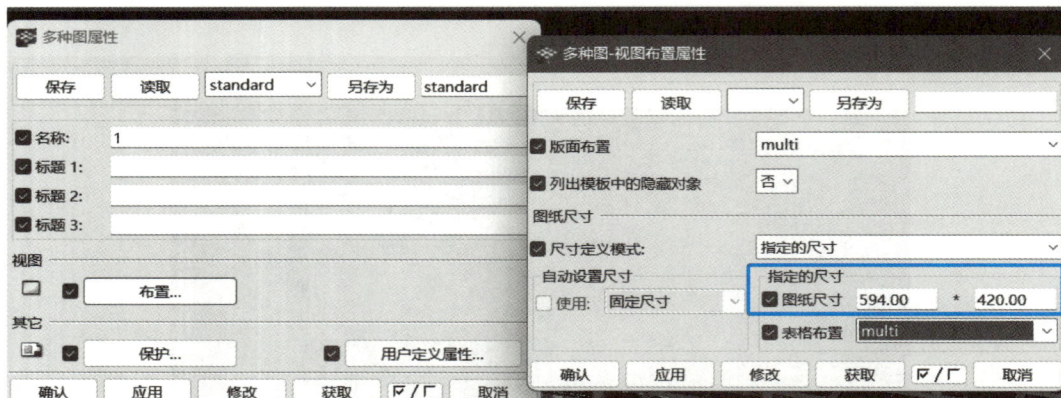

图 6-37 多件图属性设置

（2）打开图纸列表，筛选出零件图；然后，选中零件图，右击，从弹出的菜单中选择：创建图纸→多件图→被选择的图纸。软件会自动生成多件图，见图 6-38。

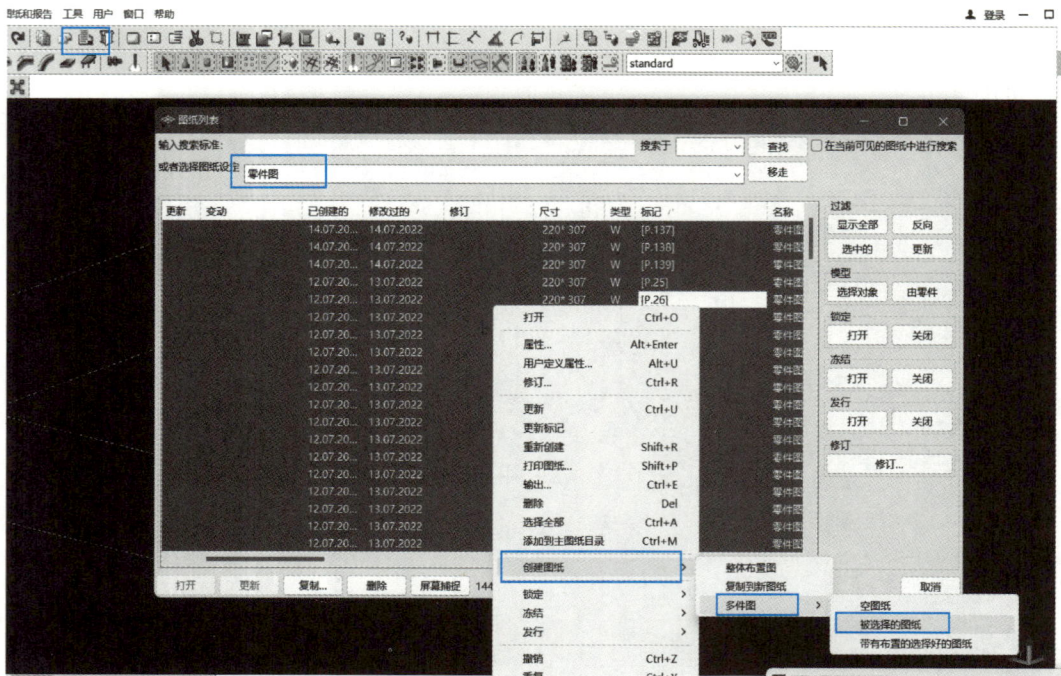

图 6-38 创建多件图

（3）多件图的示例。板多件图见图 6-39，檩条多件图见图 6-40。

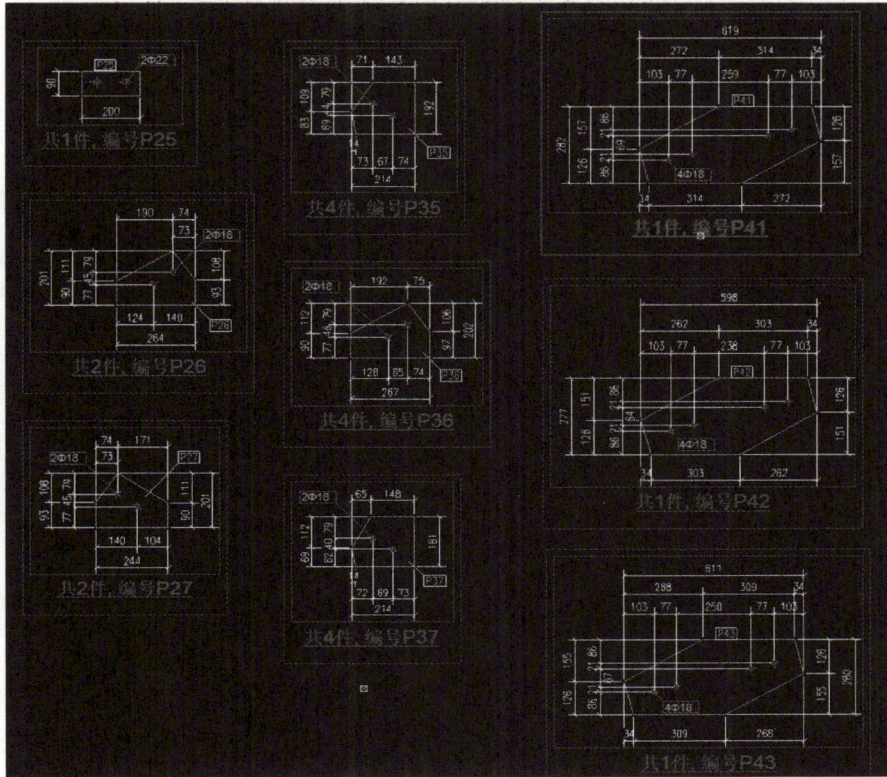

图 6-39　板多件图

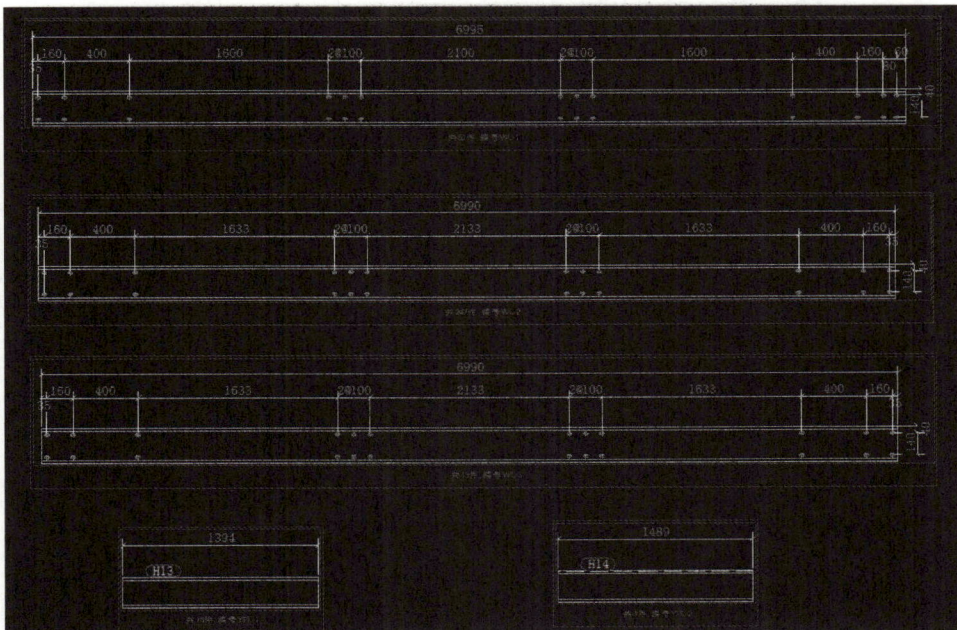

图 6-40　檩条多件图

6.8　创建布置图

（1）创建平面布置图，这里我们创建 3m 标高平面布置图。首先，在模型里切到 3m 标高视图，然后放平。视图深度调成 500mm，见图 6-41。

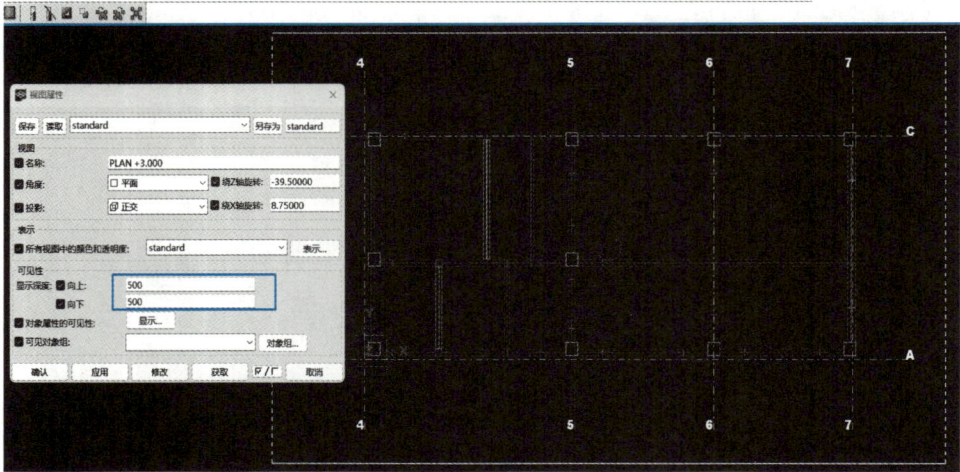

图 6-41　修改视图深度

（2）打开菜单当中的图纸和报告→创建整体布置图，然后选择 3m 标高平面视图，点击创建，见图 6-42、图 6-43。

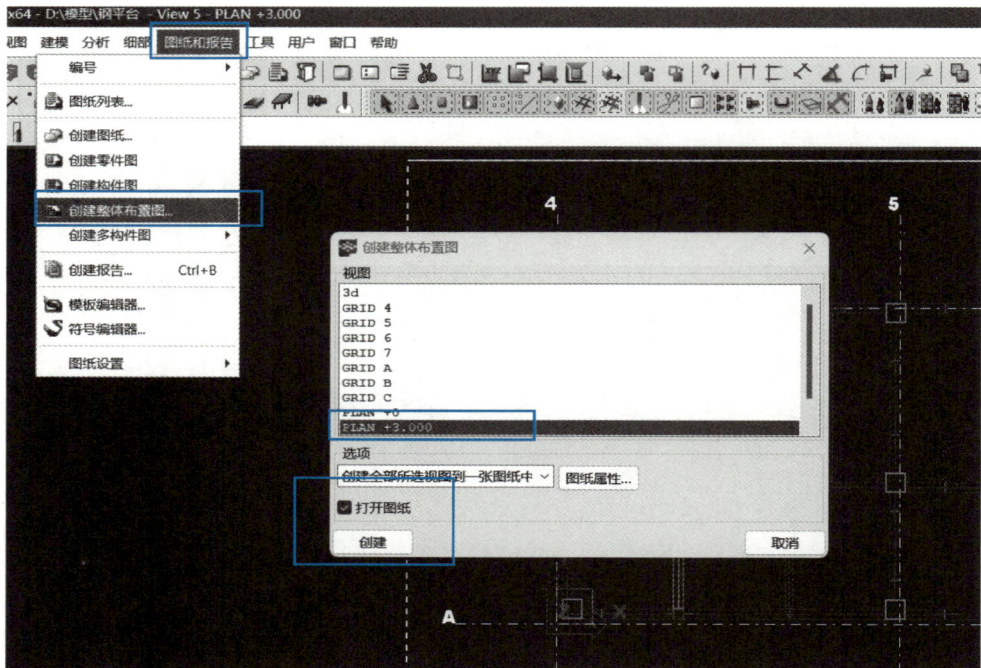

图 6-42　创建布置图

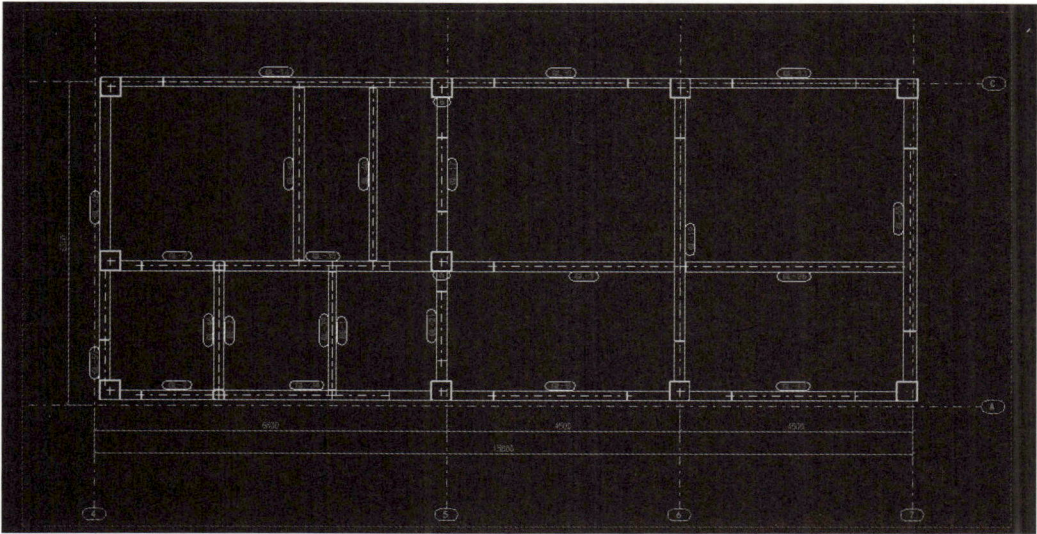

图 6-43　3m标高平面布置图

（3）立面图示例，见图 6-44。

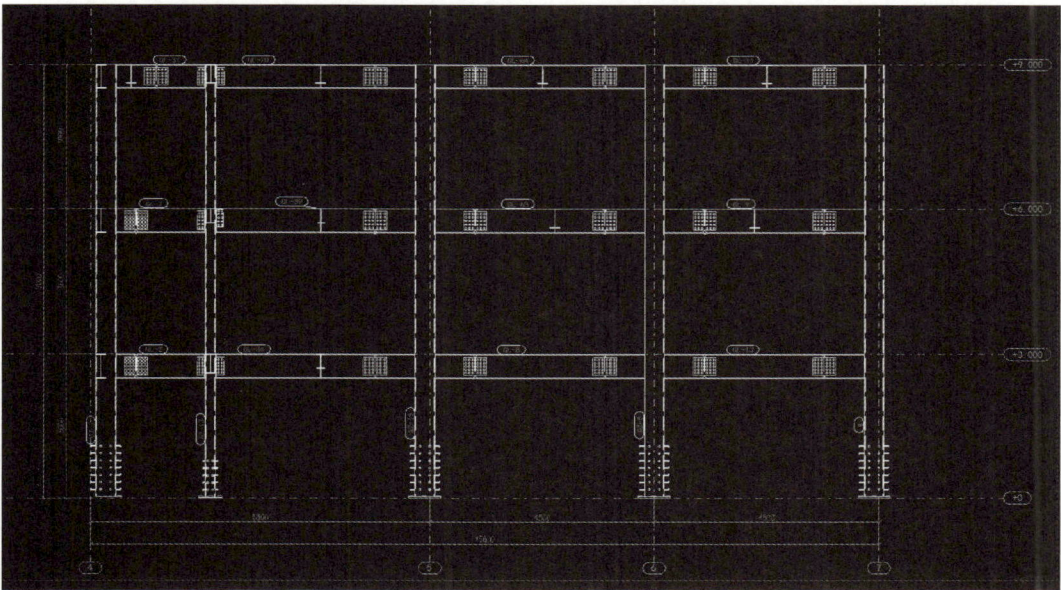

图 6-44　立面布置图

6.9　输出图纸

（1）打开图纸列表，选中图纸，然后右击，从弹出的菜单中选择"输出"，并按下列要求进行填写，见图 6-45。

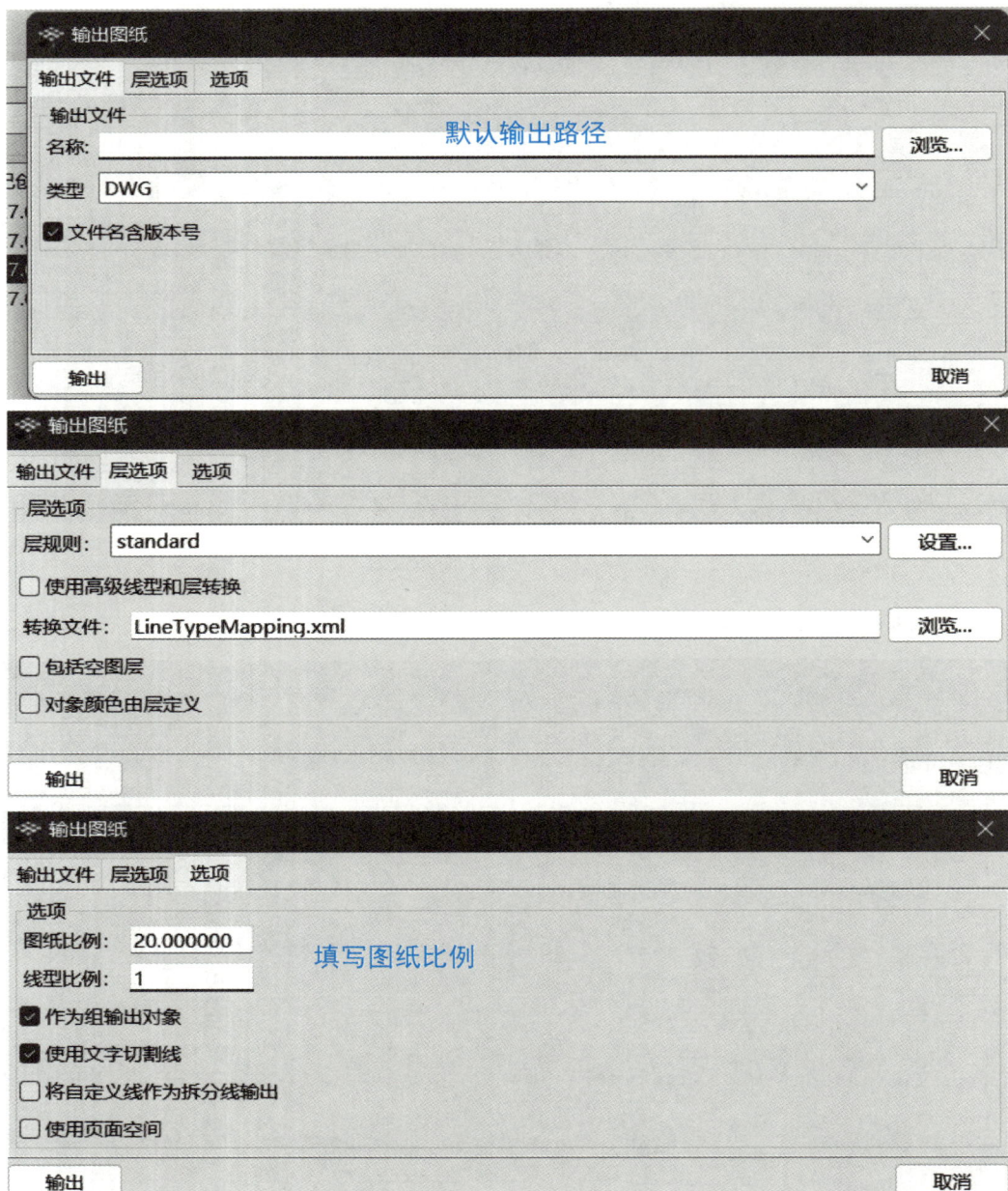

图 6-45　输出图纸设置

（2）点击"输出"，这样图纸就输出到默认的文件当中了。打开模型文件，找到"PlotFiles"这个文件。然后打开，就可以找到我们输出的图纸了，见图 6-46。

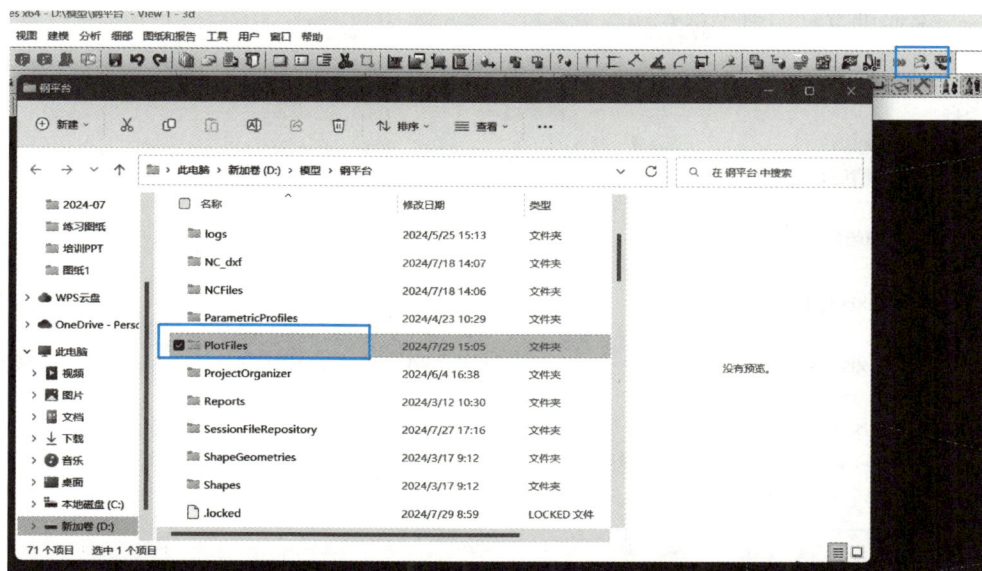

图 6-46　图纸文件

6.10　清单输出

6.10.1　导入清单报表

（1）打开模型文件，见图 6-47。

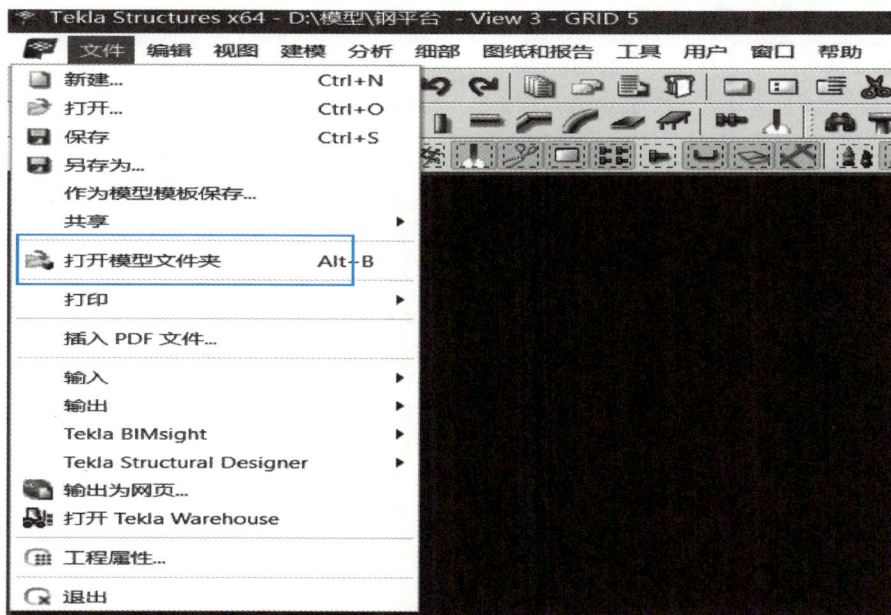

图 6-47　打开模型文件

（2）复制准备好的清单报表到模型文件夹里，见图 6-48。

名称	修改日期	类型	大小
材料汇总清单.xls.rpt	2024/2/26 16:41	RPT 文件	110 KB
构件零件清单1.xls.rpt	2024/2/28 9:34	RPT 文件	116 KB
构件清单1.xls.rpt	2024/2/28 9:34	RPT 文件	104 KB
零件清单1.xls.rpt	2024/2/28 9:34	RPT 文件	101 KB
螺栓清单.xls.rpt	2023/10/31 11:09	RPT 文件	9 KB

此电脑 › 新加卷 (D:) › 模型 › 钢平台

名称	修改日期	类型	大小
xsub.xs	2024/6/16 22:10	XS 文件	0 KB
xslib.db1	2024/6/16 22:10	DB1 文件	48 KB
xslib.db1.bak	2024/6/16 21:28	BAK 文件	48 KB
xslib.db2	2024/6/16 22:10	DB2 文件	1 KB
xslib.db2.bak	2024/6/16 21:28	BAK 文件	1 KB
材料汇总清单.xls.rpt	2024/2/26 16:41	RPT 文件	110 KB
多构件材料表.tpl	2024/3/18 8:53	TPL 文件	167 KB
钢平台.db1	2024/6/16 22:10	DB1 文件	496 KB
钢平台.db1.bak	2024/6/16 21:28	BAK 文件	493 KB
钢平台.db2	2024/6/16 22:10	DB2 文件	1 KB
钢平台.db2.bak	2024/6/16 21:28	BAK 文件	1 KB
构件表.tpl	2024/3/3 9:24	TPL 文件	65 KB
构件零件清单1.xls.rpt	2024/2/28 9:34	RPT 文件	116 KB
构件清单1.xls.rpt	2024/2/28 9:34	RPT 文件	104 KB
零件表.tpl	2024/3/3 9:24	TPL 文件	15 KB
零件清单1.xls.rpt	2024/2/28 9:34	RPT 文件	101 KB
螺栓清单.xls.rpt	2023/10/31 11:09	RPT 文件	9 KB
面兰.tpl	2024/3/3 9:24	TPL 文件	16 KB

粘贴进来

图 6-48　复制清单报表

（3）打开报告，检查清单报表有没有导入成功，见图 6-49。

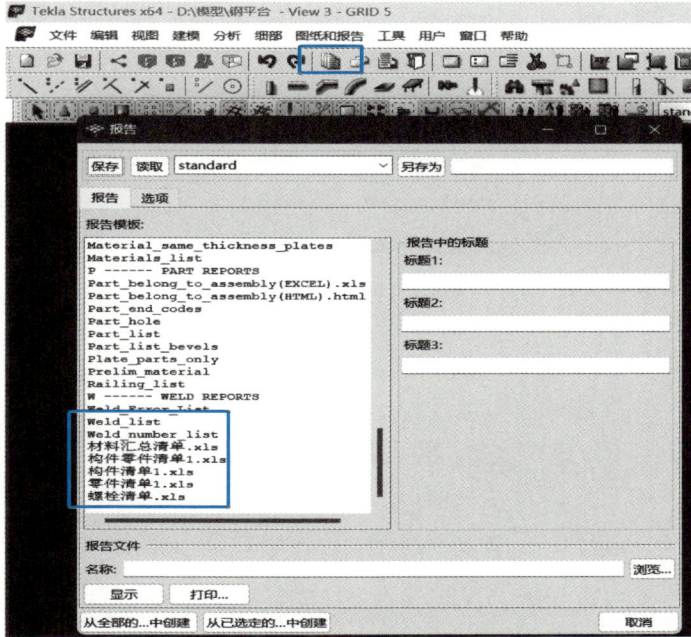

图 6-49 导入模型

6.10.2 输出清单报表

1. 材料汇总清单

（1）框选整个模型，选中所有的零件；然后，打开"报告"，选中材料汇总清单，见图 6-50。

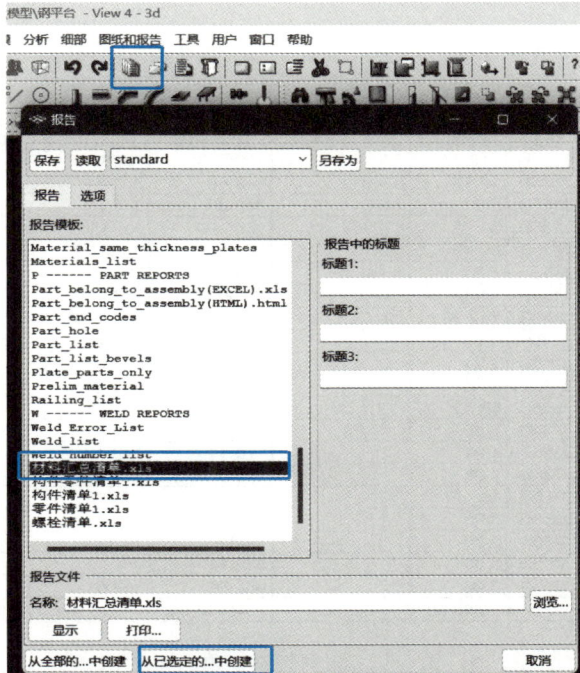

图 6-50 选择材料清单

（2）打开模型文件，找到"Reports"文件，找到材料汇总清单，见图 6-51、图 6-52。

此电脑 › 新加卷 (D:) › 模型 › 钢平台

名称	修改日期	类型	大小
Analysis	2024/3/3 8:56	文件夹	
attributes	2024/5/27 15:36	文件夹	
Clashes	2024/3/11 14:17	文件夹	
CustomComponentDialogFiles	2024/4/23 10:29	文件夹	
drawings	2024/6/17 15:37	文件夹	
IFC	2024/3/17 17:17	文件夹	
logs	2024/5/25 15:13	文件夹	
NC_dxf	2024/5/15 14:18	文件夹	
NCFiles	2024/5/15 14:18	文件夹	
ParametricProfiles	2024/4/23 10:29	文件夹	
PlotFiles	2024/6/5 10:46	文件夹	
ProjectOrganizer	2024/6/4 16:38	文件夹	
Reports	2024/3/12 10:30	文件夹	
SessionFileRepository	2024/6/16 22:10	文件夹	
ShapeGeometries	2024/3/17 9:12	文件夹	
Shapes	2024/3/17 9:12	文件夹	
.locked	2024/6/17 21:57	LOCKED 文件	1 KB

图 6-51　清单文件

截面型材	材质	面积(m²)	长度（mm）	净重(Kg)	毛重(Kg)	重量(Kg)
HI500-8-12*200	Q355B	319.37	178170	12009.36	12039.45	12009.36
HI650-12-14*250	Q235B	19.13	8380	949.48	951.51	949.48
HI650-12-14*250	Q355B	6.91	3000	340.06	340.60	340.06
HN300*150*6.5*9	Q235B	50.92	42895	1448.89	1575.20	1575.20
HN400*200*8*13	Q235B	69.40	43815	2817.62	2893.32	2893.32
HW400*400*13*21	Q355B	7.34	3090	520.40	530.47	530.47
RHS200*10	Q355B	14.40	17980	1072.69	1072.69	1072.69
RHS400*16	Q355B	143.78	89700	17305.07	17305.07	17305.07
PL6	Q235B	0.68		14.84	14.84	14.84
PL6	Q355B	2.21		42.39	42.39	42.39
PL8	Q235B	8.14		237.30	238.60	237.30
PL8	Q355B	58.59		1763.85	1766.62	1763.85
PL10	Q235B	7.15		261.93	264.31	261.93
PL10	Q355B	4.81		170.11	173.63	170.11
PL12	Q235B	4.85		214.87	216.87	214.87
PL12	Q355B	10.57		467.10	471.22	467.10
PL14	Q355B	3.03		152.47	154.67	152.47
PL19	Q235B	0.28		18.81	19.12	18.81
PL20	Q355B	5.09		342.11	342.11	342.11
PL30	Q355B	8.96		964.61	964.61	964.61
共计		745.60	387031	41113.94	41377.28	41326.02

图 6-52　材料汇总清单界面

2. 构件零件清单

这里，我们用同样的方法选中整个模型里的零件，在报告中选择构件零件清单。然后，选择"从选定中创建"，这样构件零件清单就创建出来了，见图 6-53、图 6-54。

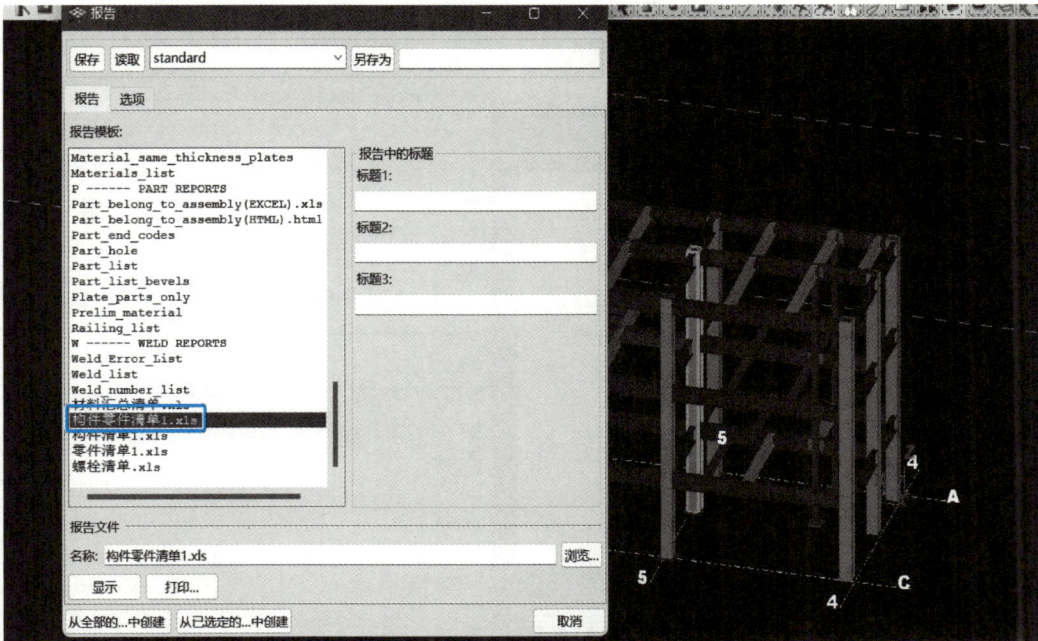

图 6-53　选择构件零件清单

	S-4	PL8*370	465	8	Q355B	10.80	86.44
	X-2	PL6*30	200	8	Q355B	0.28	2.26
GL-5		HI500-8-12*200		1	Q355B	224.39	224.39
	H-4	HI500-8-12*200	2590	1	Q355B	174.46	174.46
	S-8	PL8*96	476	1	Q355B	2.79	2.79
	S-9	PL8*96	476	1	Q355B	2.79	2.79
	S-10	PL8*370	465	4	Q355B	10.80	43.22
	X-2	PL6*30	200	4	Q355B	0.28	1.13
GL-8		HI500-8-12*200		2	Q355B	218.81	437.62
	H-4	HI500-8-12*200	2590	2	Q355B	174.46	348.92
	S-10	PL8*370	465	8	Q355B	10.80	86.44
	X-2	PL6*30	200	8	Q355B	0.28	2.26
GL-9		HI500-8-12*200		1	Q355B	210.88	210.88
	H-5	HI500-8-12*200	2390	1	Q355B	160.94	160.94
	S-8	PL8*96	476	1	Q355B	2.79	2.79
	S-9	PL8*96	476	1	Q355B	2.79	2.79
	S-10	PL8*370	465	4	Q355B	10.80	43.22
	X-2	PL6*30	200	4	Q355B	0.28	1.13
GL-10		HI500-8-12*200		1	Q355B	210.88	210.88
	H-5	HI500-8-12*200	2390	1	Q355B	160.94	160.94
	S-8	PL8*96	476	1	Q355B	2.79	2.79
	S-9	PL8*96	476	1	Q355B	2.79	2.79
	S-10	PL8*370	465	4	Q355B	10.80	43.22
	X-2	PL6*30	200	4	Q355B	0.28	1.13
GL-11		HI500-8-12*200		1	Q355B	210.88	210.88
	H-5	HI500-8-12*200	2390	1	Q355B	160.94	160.94
	S-8	PL8*96	476	1	Q355B	2.79	2.79
	S-9	PL8*96	476	1	Q355B	2.79	2.79
	S-10	PL8*370	465			10.80	43.22

图 6-54　构件零件清单

3. 螺栓清单

（1）双击模型空白处，弹出视图属性对话框；然后，点击"显示"。在显示栏这里，我们勾选螺栓即可。点击"修改"，这样模型里就只显示螺栓，见图 6-55、图 6-56。

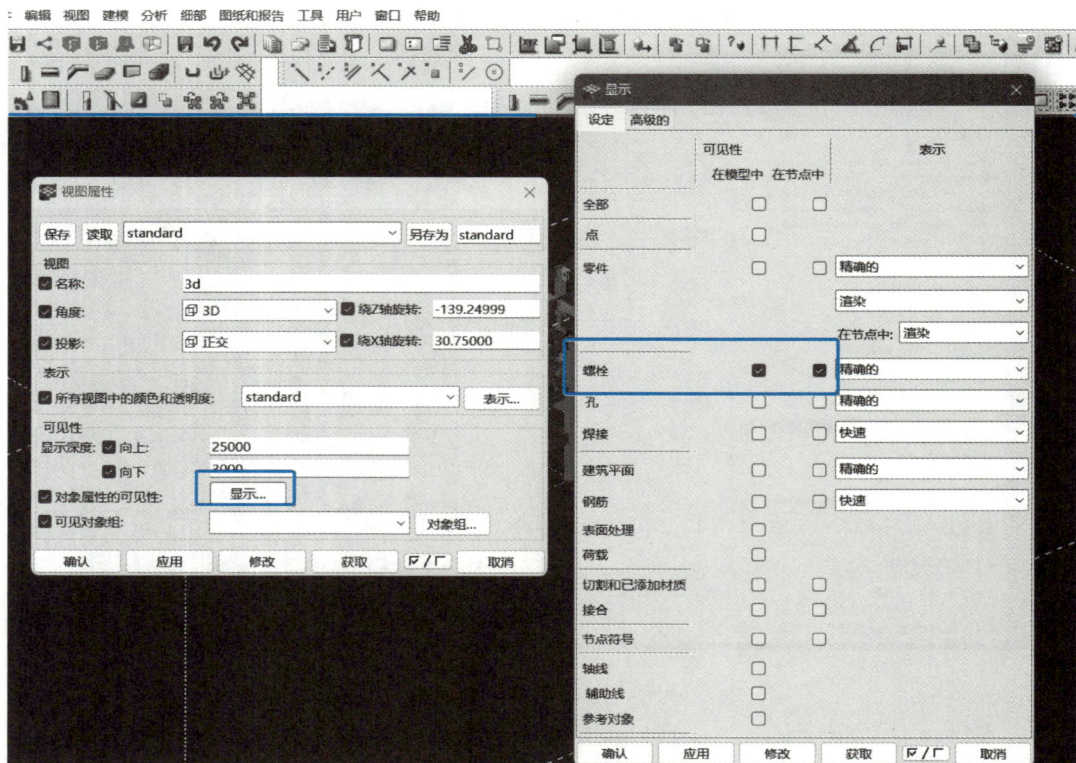

图 6-55　显示螺栓

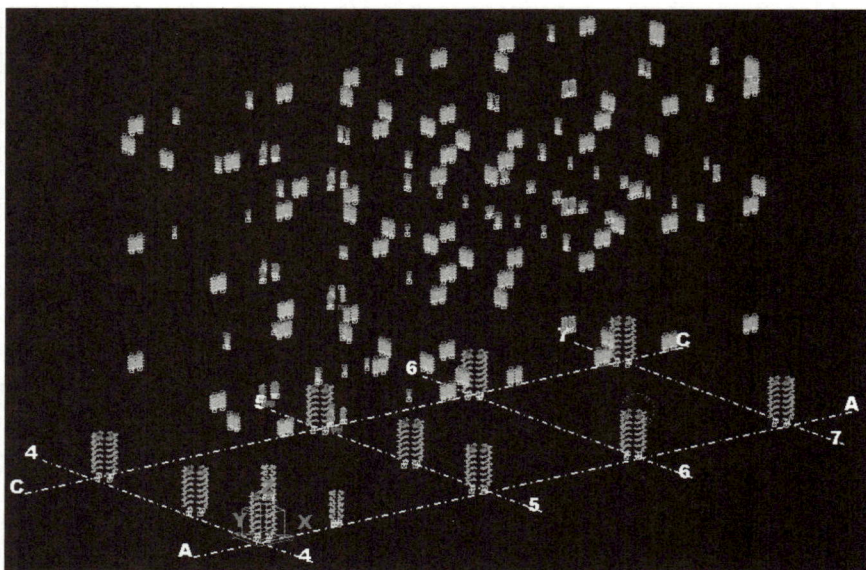

图 6-56　螺栓

（2）框选所有的螺栓，然后在报告中找到螺栓清单，创建螺栓清单，见图 6-57、图 6-58。

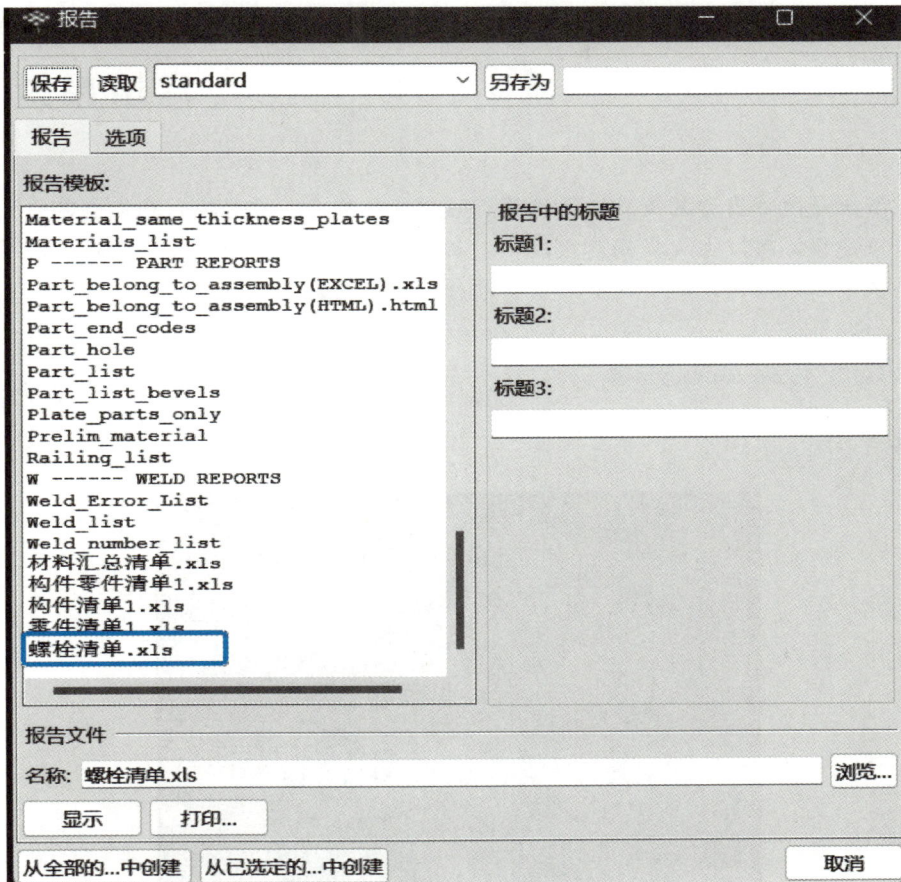

图 6-57　选择螺栓清单

螺栓规格	数量	等级
M20*50	127	HS
M20*55	150	HS
M20*60	1940	HS
M30*70	90	TS
M30*75	270	TS
M30*80	84	TS
M19*60	80	STUD栓钉
M19*100	560	STUD栓钉

图 6-58　螺栓清单

第7章

常用系统节点

系统节点是软件自带的节点，通过节点的代号的搜索，就能找到我们所需的节点。利用系统节点建模，可以大大提高建模效率。新手在对软件基本的操作熟悉以后，可以多练习一下系统节点的应用，这样建模的效率才会有所提高。

7.1　185号梁梁铰接节点一

设计节点图，见图7-1。

7.1 185号梁
梁节点

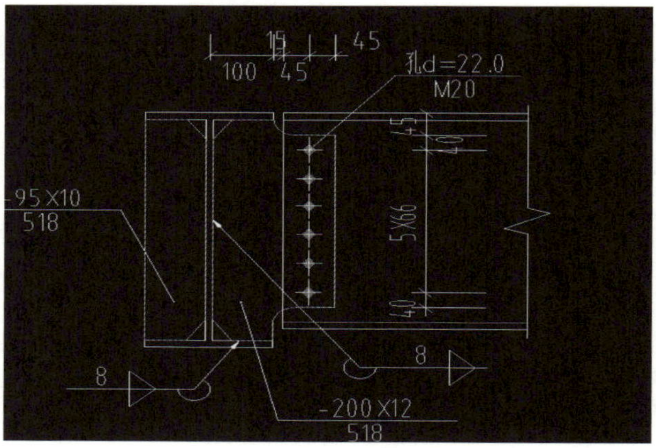

图7-1　节点图

双击"望远镜"工具，弹出组件选项卡，查找185号节点，见图7-2。

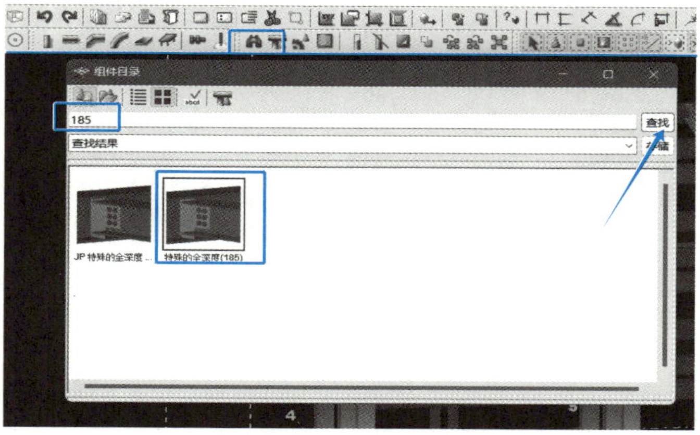

图7-2　查找节点

第一步：图 7-3 中，①表示次梁与主梁的间隙根据设计图填 15mm，②表示次梁下翼缘切割填－500，这样可以取消不必要的切割线。

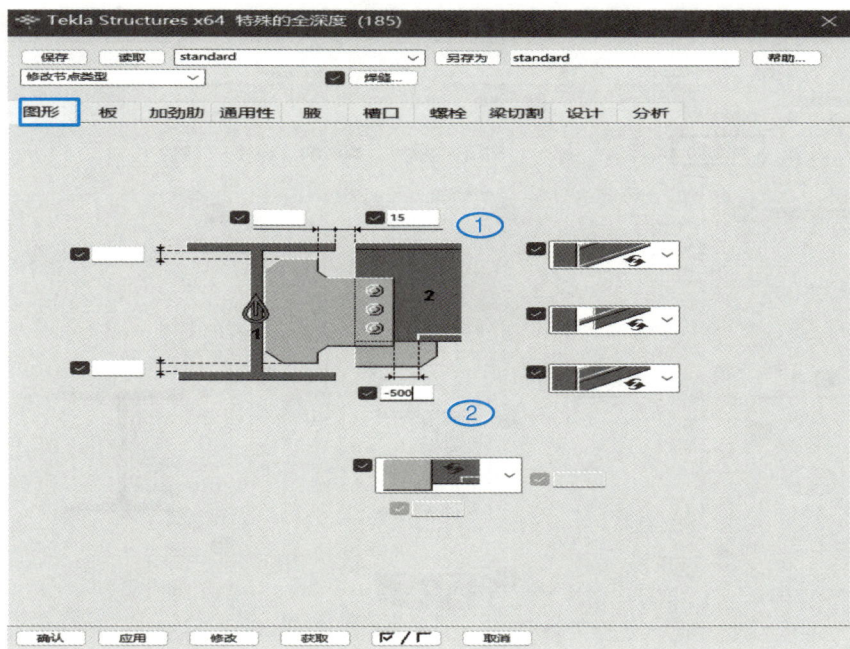

图 7-3　操作步骤一

第二步：图 7-4 中，①表示连接板的厚度 10mm，②表示连接板的切角 25mm，③表示半径 35mm 的圆弧角，④可以调节连接板的位置。

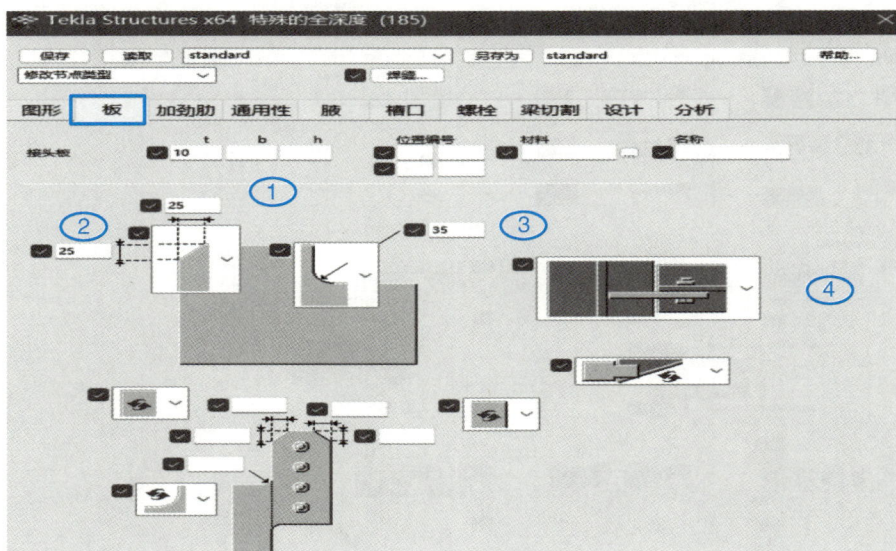

图 7-4　操作步骤二

第三步：图 7-5 中，①表示加劲板的厚度 10mm，②表示加劲板的切角 25mm，③表示是否需要加劲板。

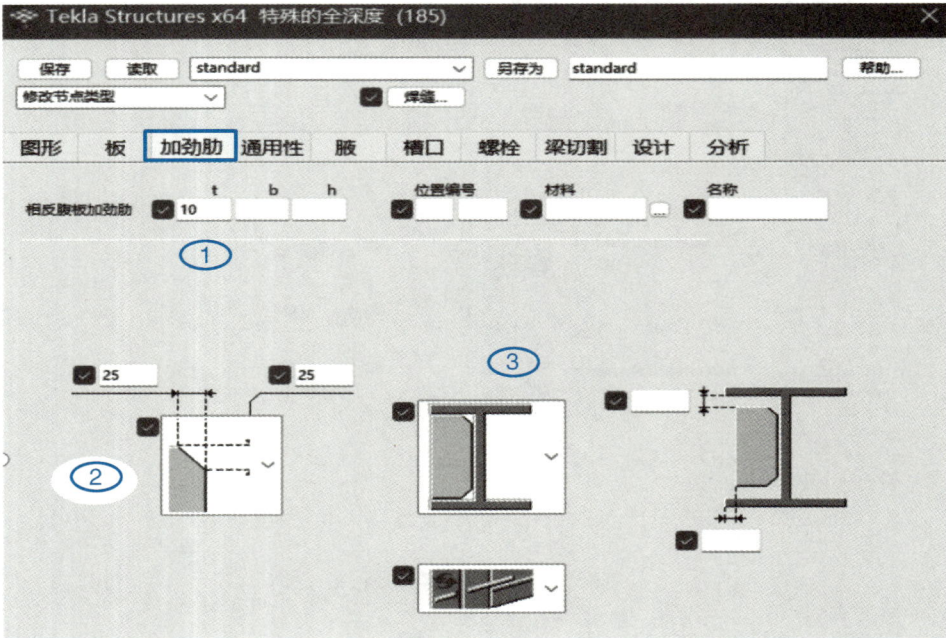

图 7-5 操作步骤三

第四步：槽口填 0，见图 7-6。

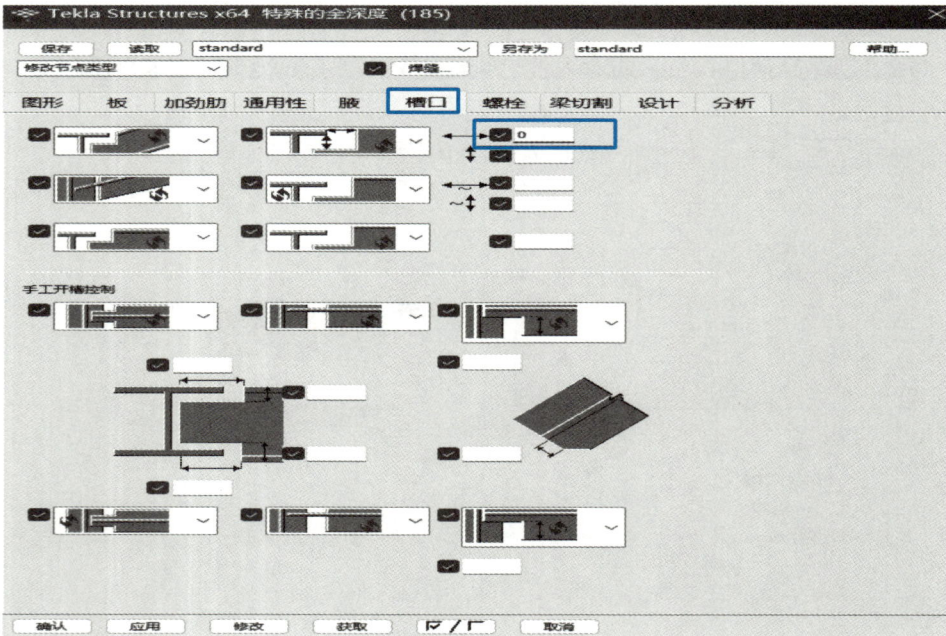

图 7-6 操作步骤四

第五步：图 7-7 中，①填入螺栓的尺寸、标准、允许误差，②填入螺栓个数、间距、边距等参数。

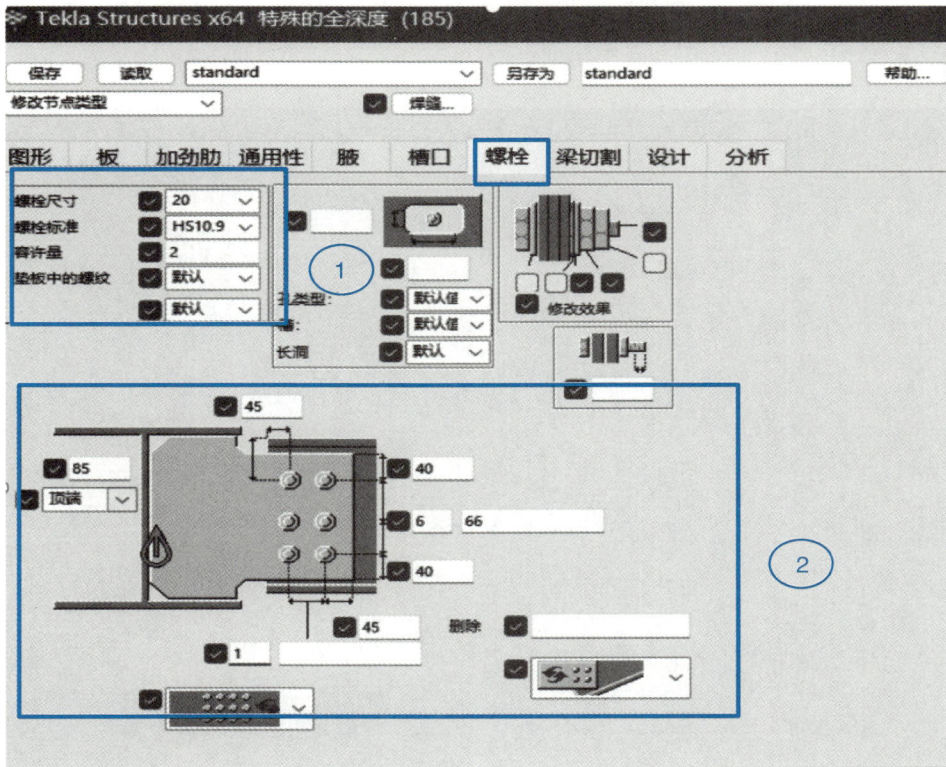

图 7-7　操作步骤五

最后的节点效果图，见图 7-8。

图 7-8　节点效果图

7.2　184 号梁梁铰接节点二

设计节点图，见图 7-9。

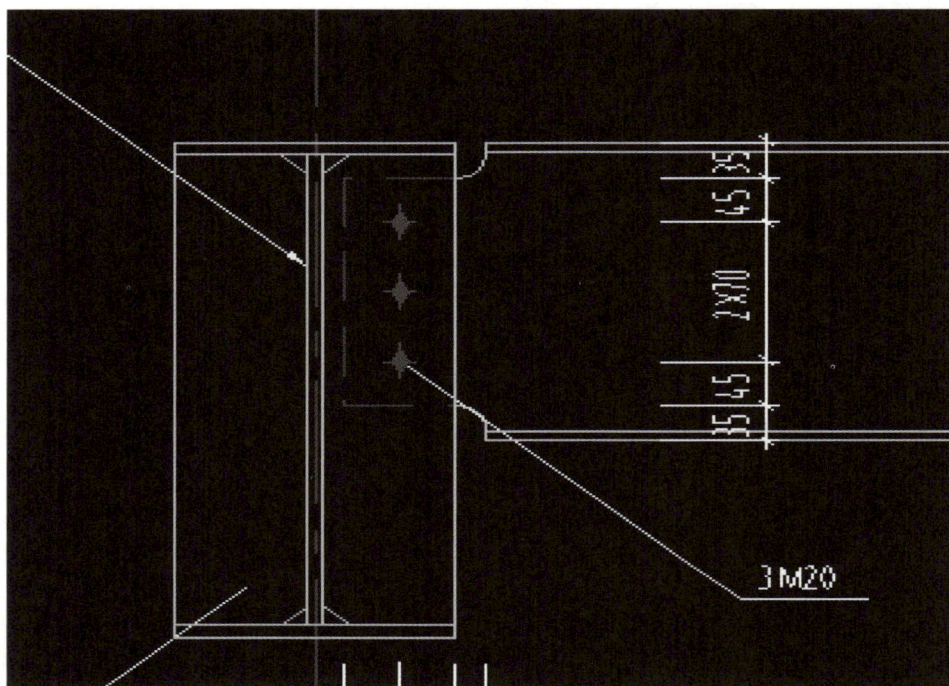

图 7-9　节点图

双击"望远镜"工具，弹出组件选项卡，查找 184 号节点，见图 7-10。

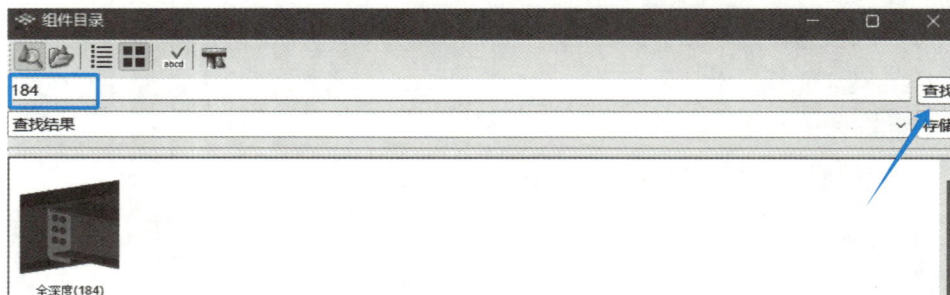

图 7-10　查找节点

第一步：图 7-11 中，①表示次梁与主梁腹板的间隙（这个数值如果设计没给，则需要自己计算），②表示半径 35mm 圆弧角。

第二步：图 7-12 中，①表示连接板的厚度，②表示连接板切角 25mm，③表示调节连接板的位置。

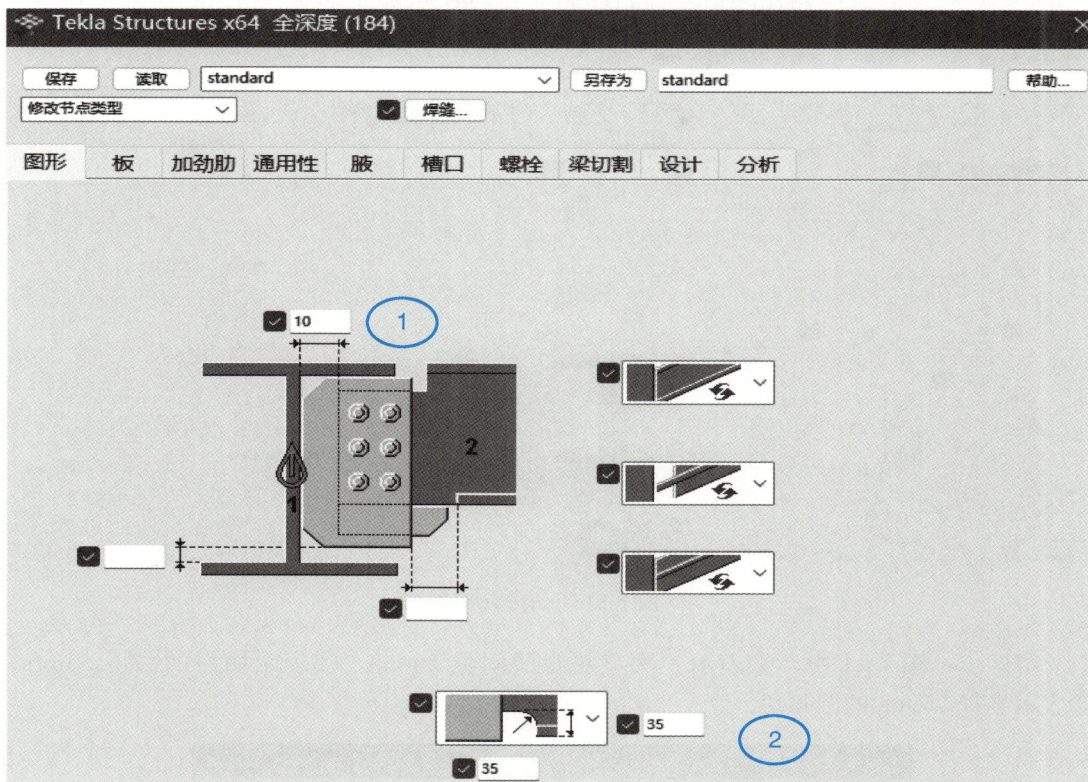

图 7-11 操作步骤一

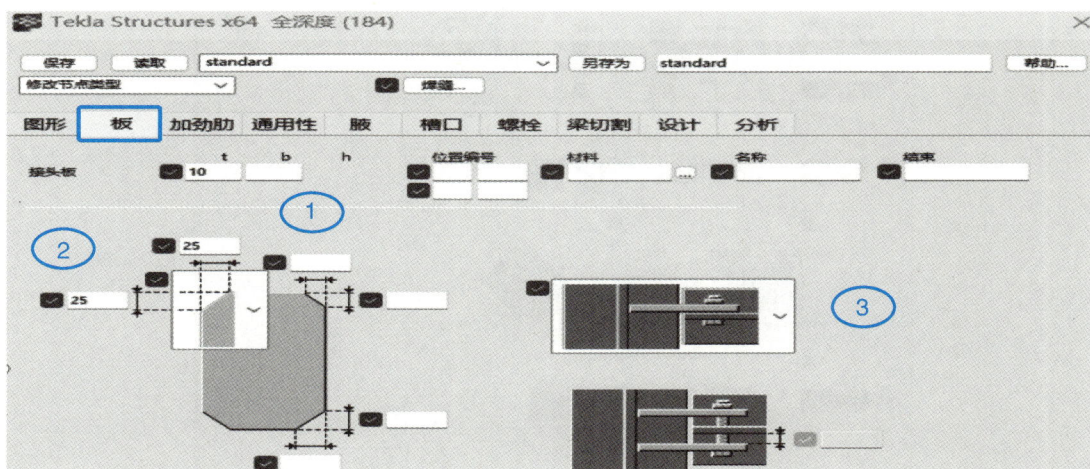

图 7-12 操作步骤二

第三步：图 7-13 中，①表示加劲板的厚度 10mm，②表示加劲板的切角 25mm。

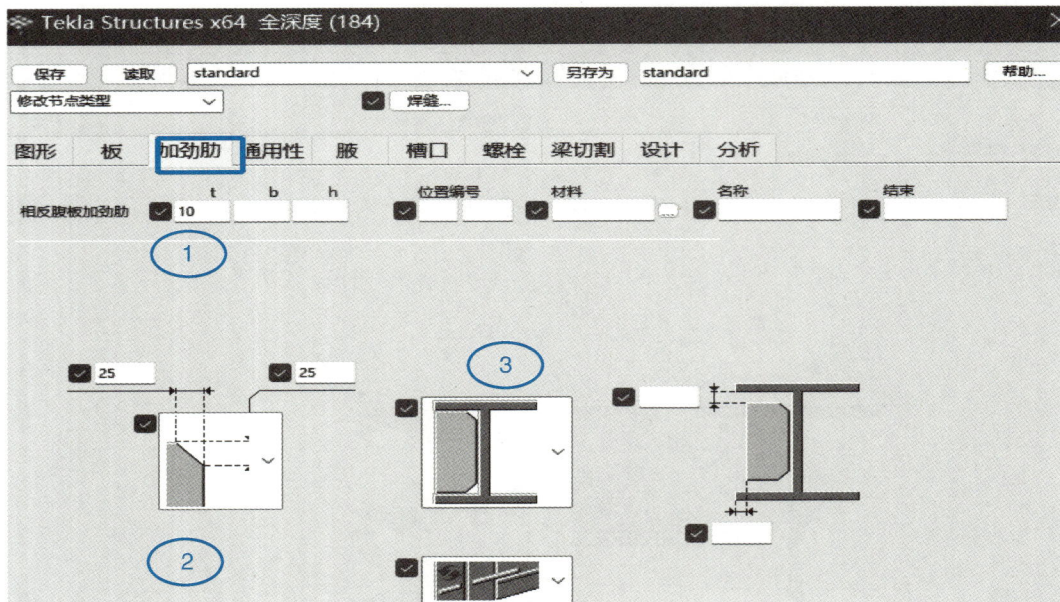

图 7-13　操作步骤三

第四步：图 7-14 中，①表示主次梁翼缘的间隙 20mm，②表示槽口的高度 35mm，③表示半径 35mm 的圆弧角。

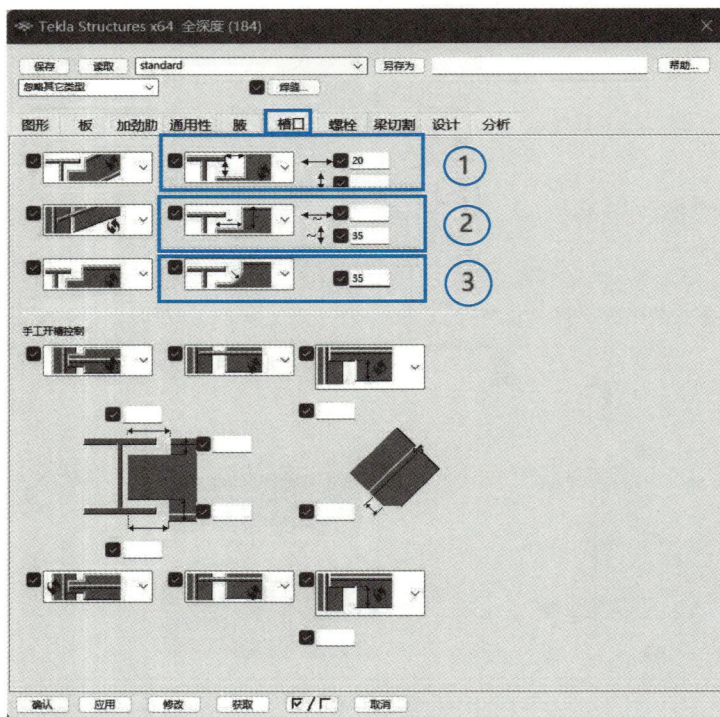

图 7-14　操作步骤四

第五步：图 7-15 中，①填入螺栓的尺寸、标准、允许误差，②填入螺栓个数、间距、边距等参数。

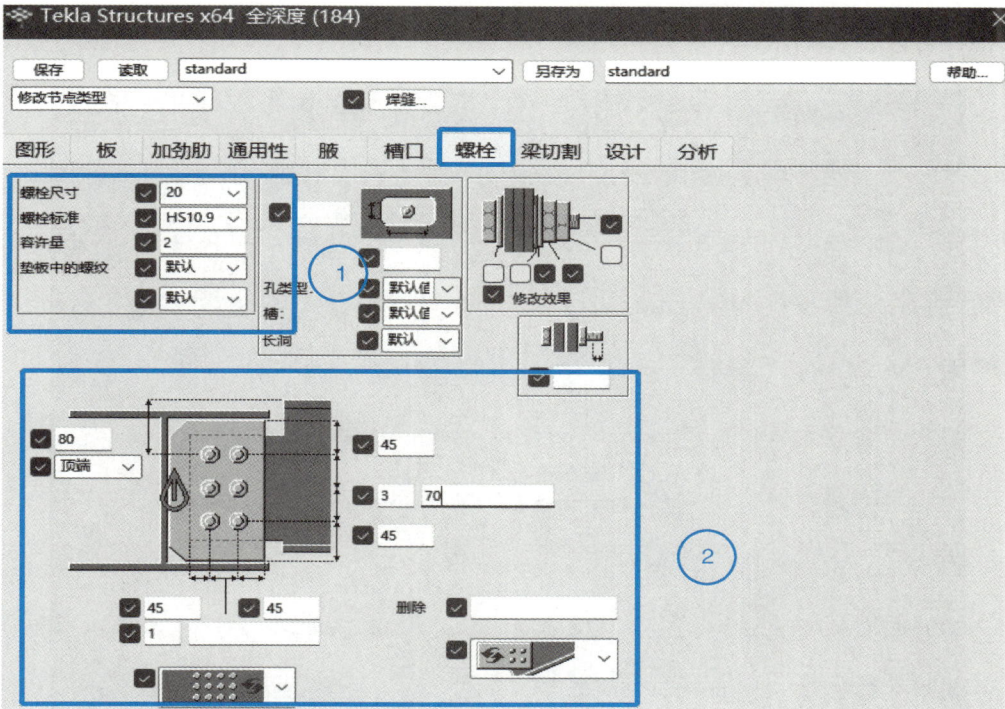

图 7-15　操作步骤五

最后的节点效果图，见图 7-16。

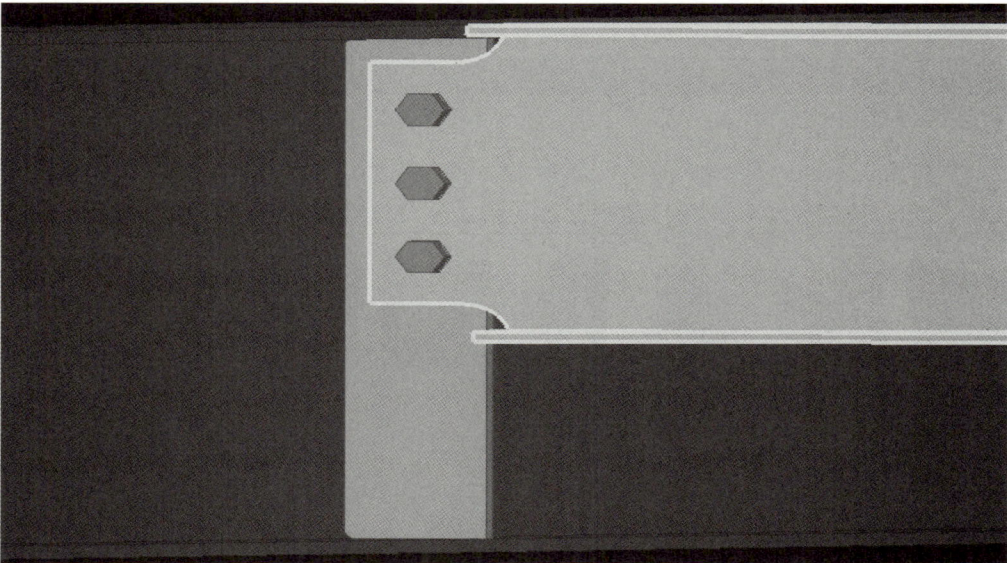

图 7-16　节点效果图

7.3　12号梁梁铰接节点三

设计节点图，见图 7-17。

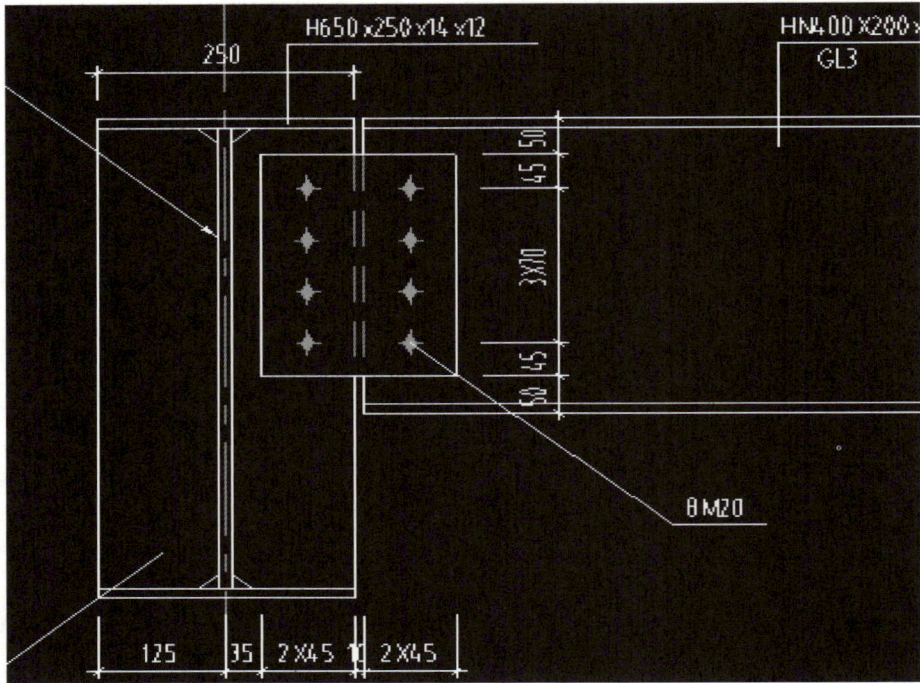

图 7-17　节点图

双击"望远镜"工具，弹出组件选项卡，查找 12 号节点，见图 7-18。

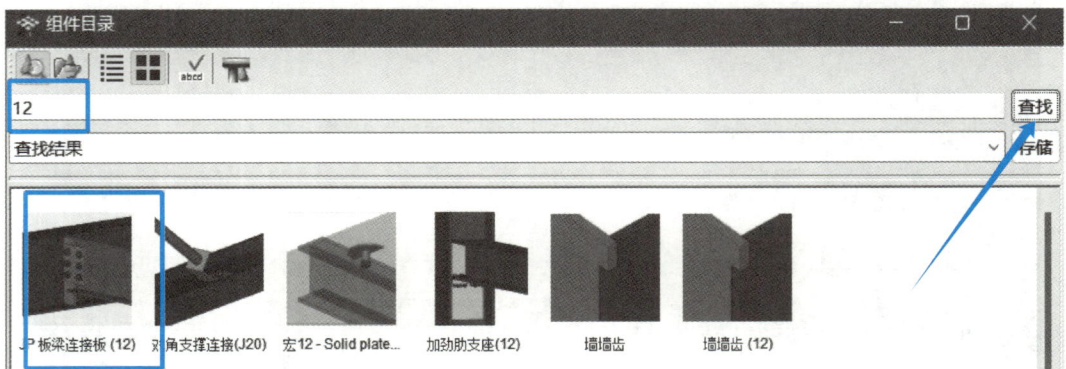

图 7-18　查找节点

第一步：主梁、次梁间隙为 10mm，见图 7-19。

第二步：图 7-20 中，①表示填入连接板、双夹板、加劲板的厚度；②表示倒角 25mm；③表示是否需要加劲板。

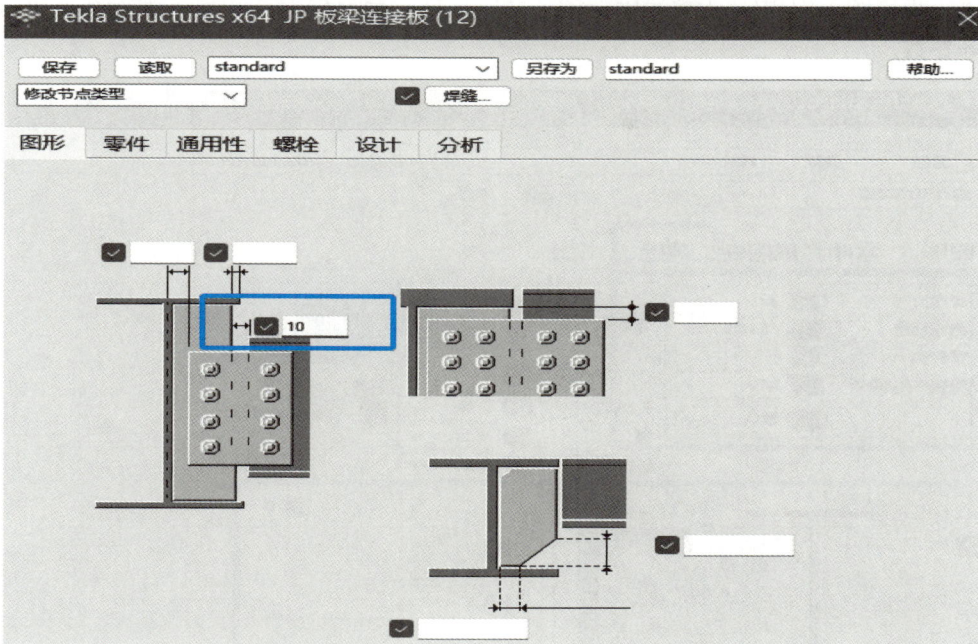

图 7-19　操作步骤一

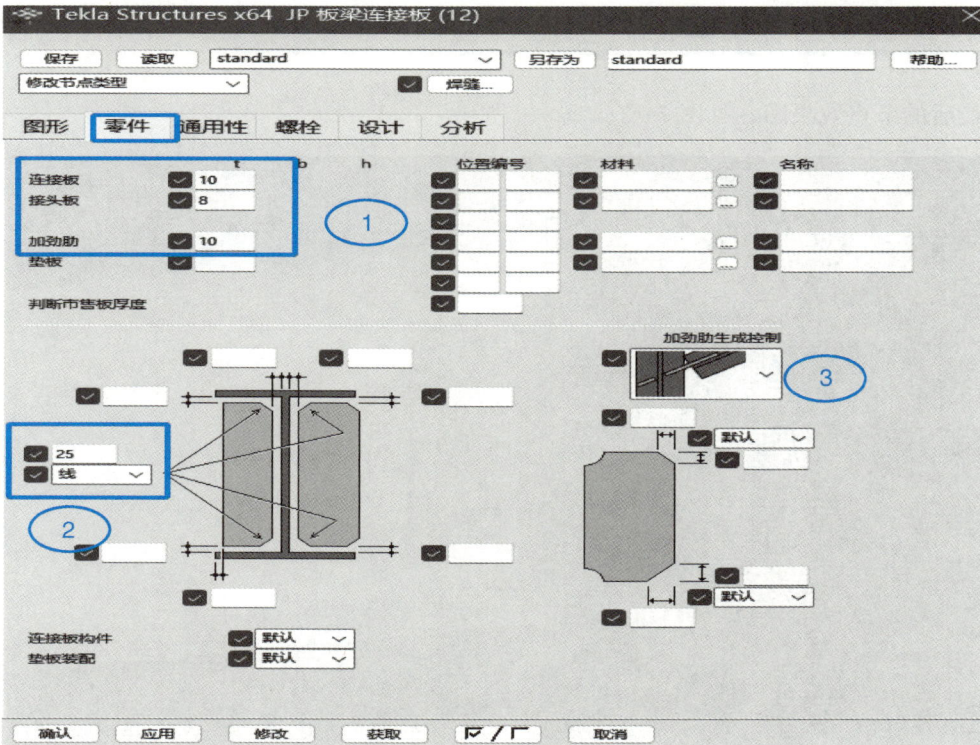

图 7-20　操作步骤二

第三步：图 7-21 中，①填入螺栓的尺寸、标准、允许误差，②填入螺栓个数、间距、边距等参数。

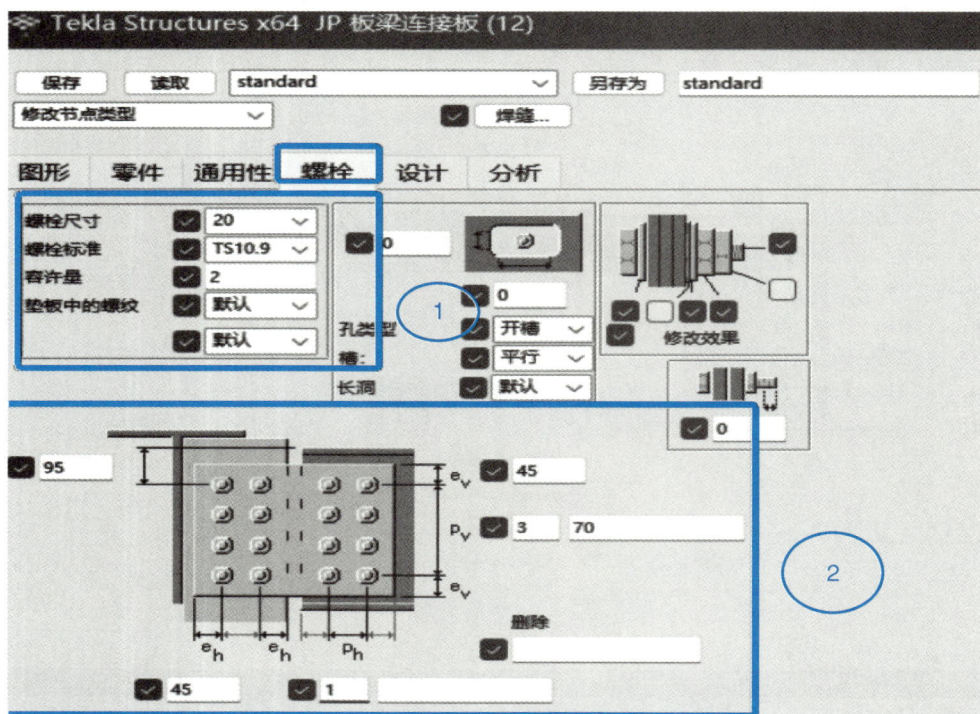

图 7-21　操作步骤三

最后的节点效果图，见图 7-22。

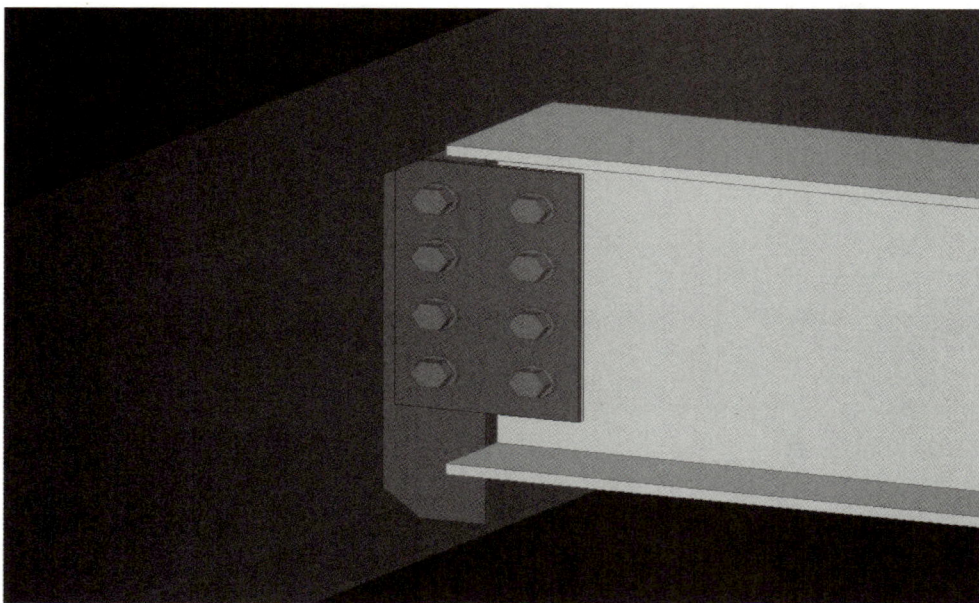

图 7-22　节点效果图

7.4　146 号梁柱铰接节点

设计节点图，见图 7-23。
双击"望远镜"工具，弹出组件选项卡，查找 146 号节点，见图 7-24。

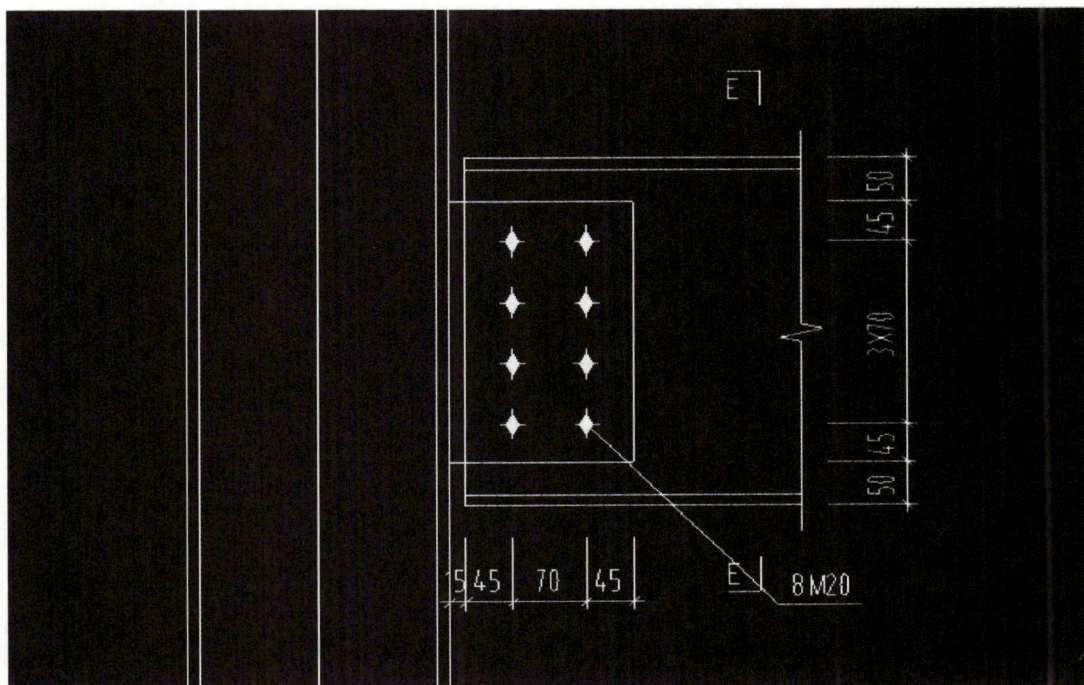

图 7-23　节点图

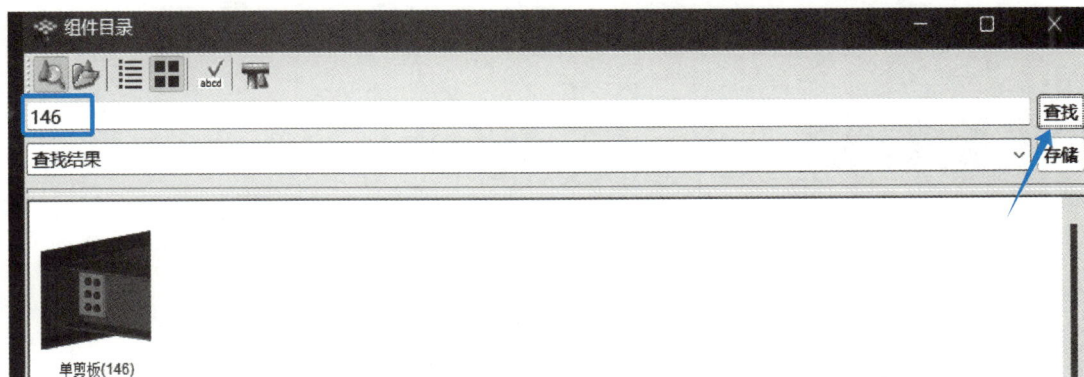

图 7-24　查找节点

第一步：图 7-25 中，①表示次梁下翼缘切割填－500，可以取消不必要的切割线；
②表示次梁与柱子的间隙。
第二步：图 7-26 中，①表示连接板的厚度，②表示调节连接板的位置。

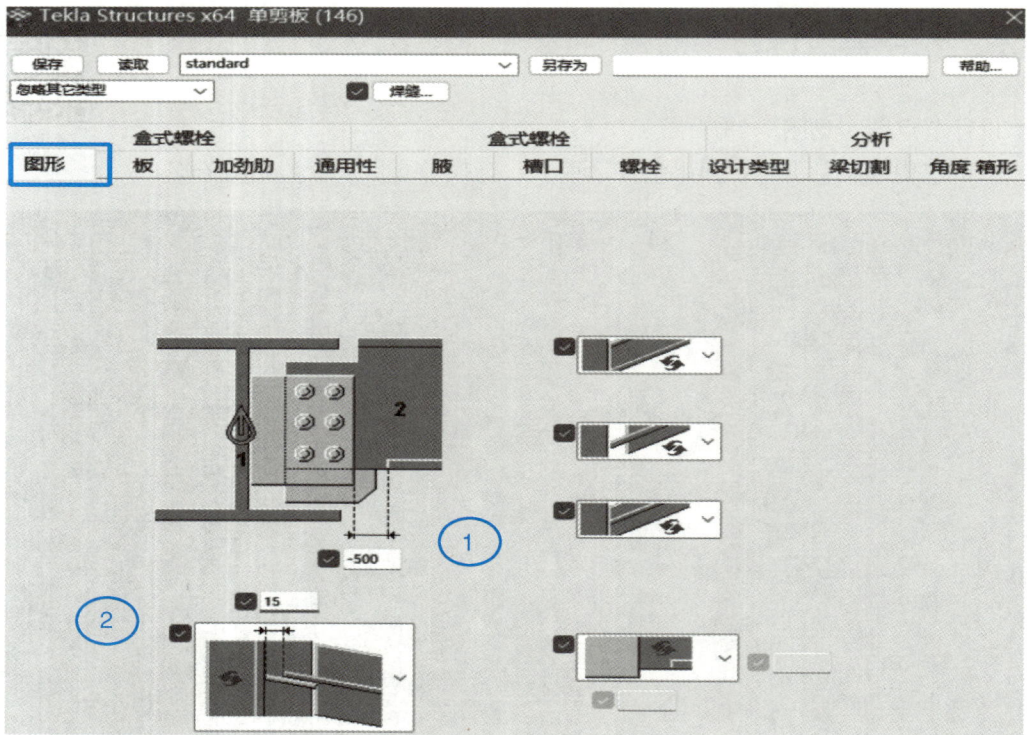

图 7-25　操作步骤一

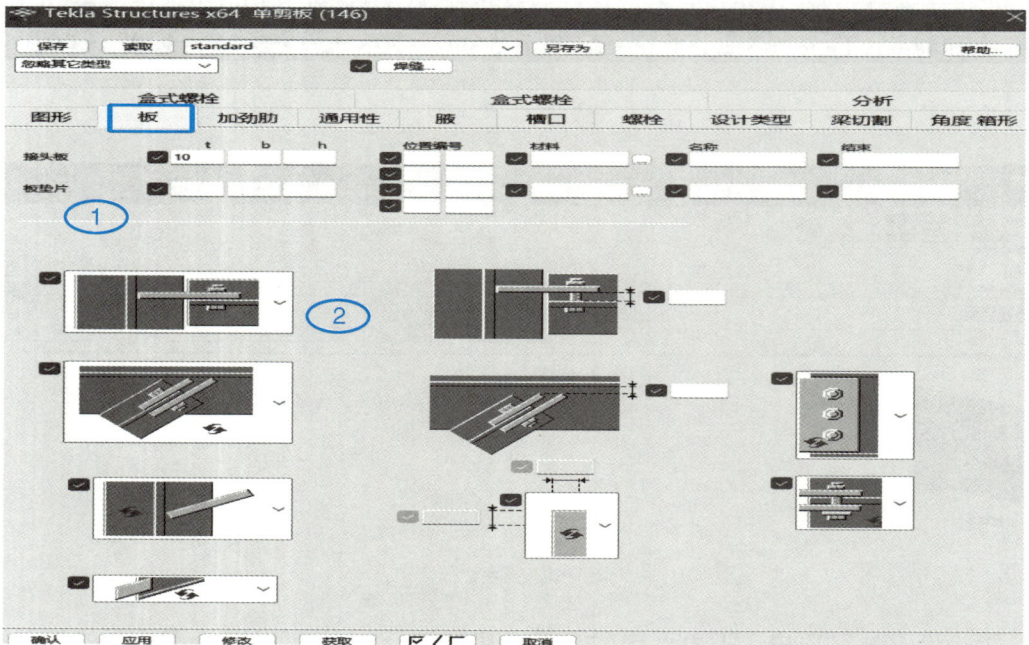

图 7-26　操作步骤二

第三步：图 7-27 中，①填入螺栓的尺寸、标准、允许误差，②填入螺栓个数、间距、边距等参数。

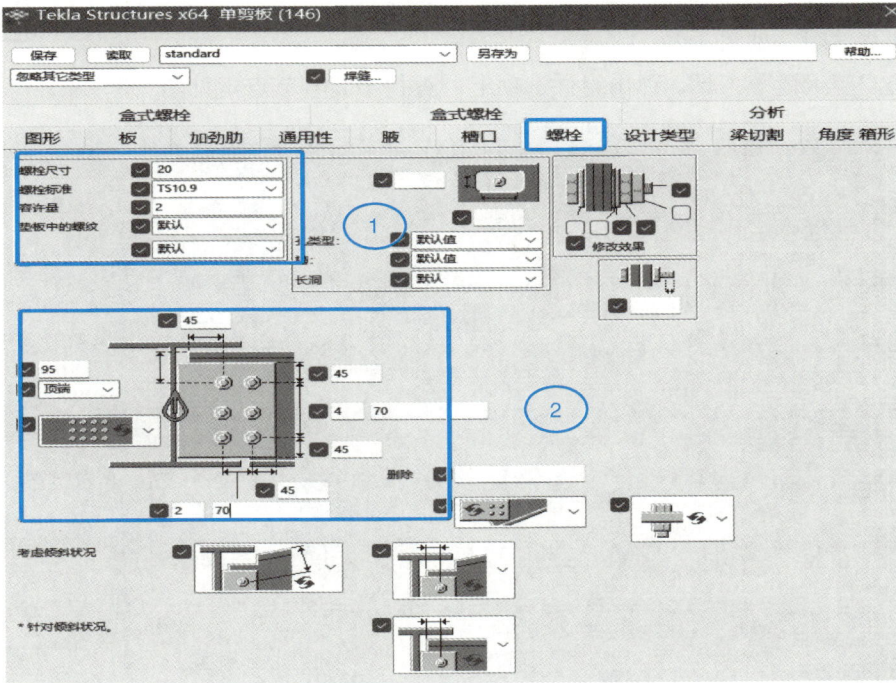

图 7-27　操作步骤三

最后的节点效果图，见图 7-28。

图 7-28　节点效果图

7.5　182号梁柱钢接节点

设计节点图，见图7-29。

双击"望远镜"工具，弹出组件选项卡，查找182号节点，见图7-30。

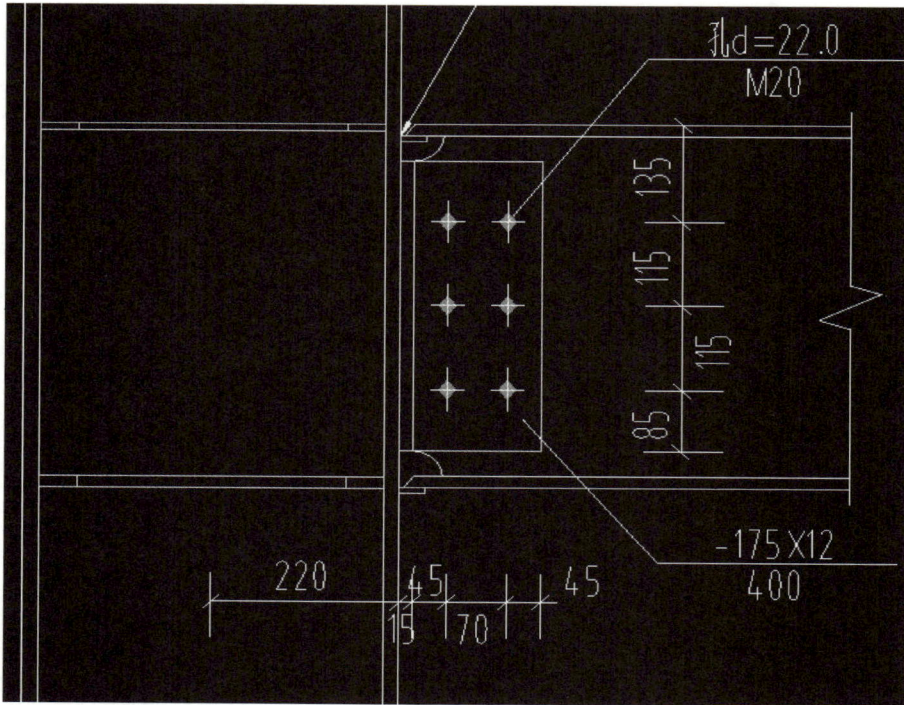

孔d=22.0
M20

135

115

115

85

220

45

15　70

45

−175X12
400

图 7-29　节点图

组件目录

182　　　　　　　　　　　　　　　　　　　　　　查找

查找结果　　　　　　　　　　　　　　　　　　　　存储

螺栓连接板支撑(...　　有加劲肋的柱(182)

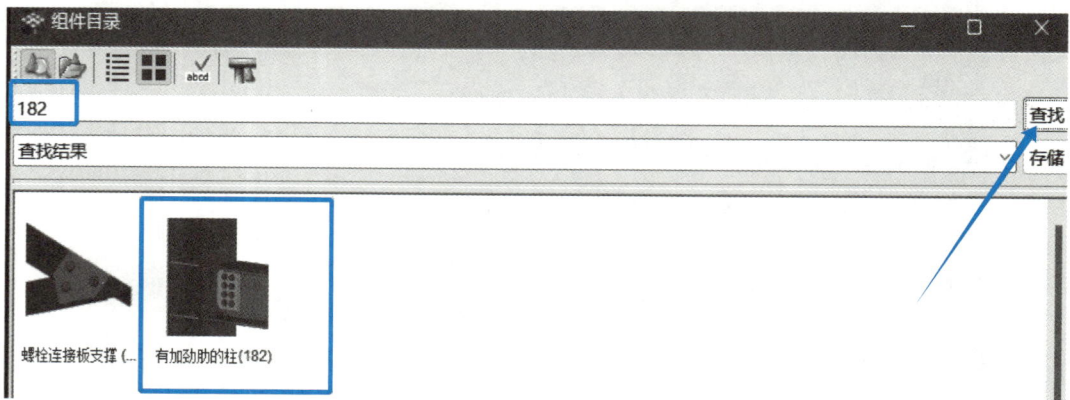

图 7-30　查找节点

　　第一步：图7-31中，①数值填0，②表示次梁下翼缘切割填−500，可以取消不必要
的切割线。

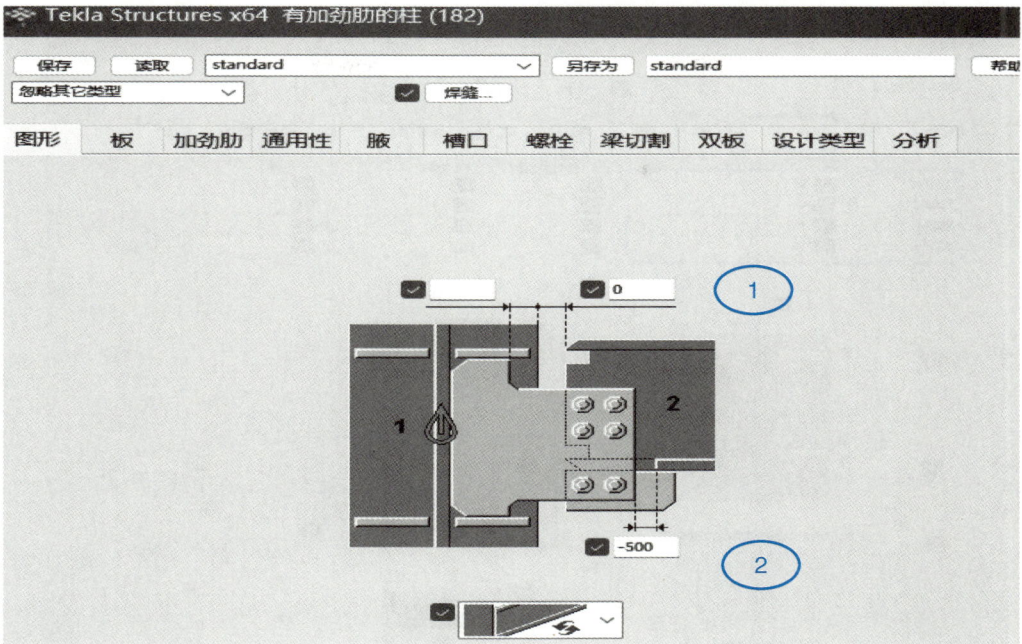

图 7-31　操作步骤一

第二步：图 7-32 中，①表示连接板 10mm，②表示连接板切角 25mm，③表示半径为 35mm 的圆弧角，④表示调节连接板的位置。

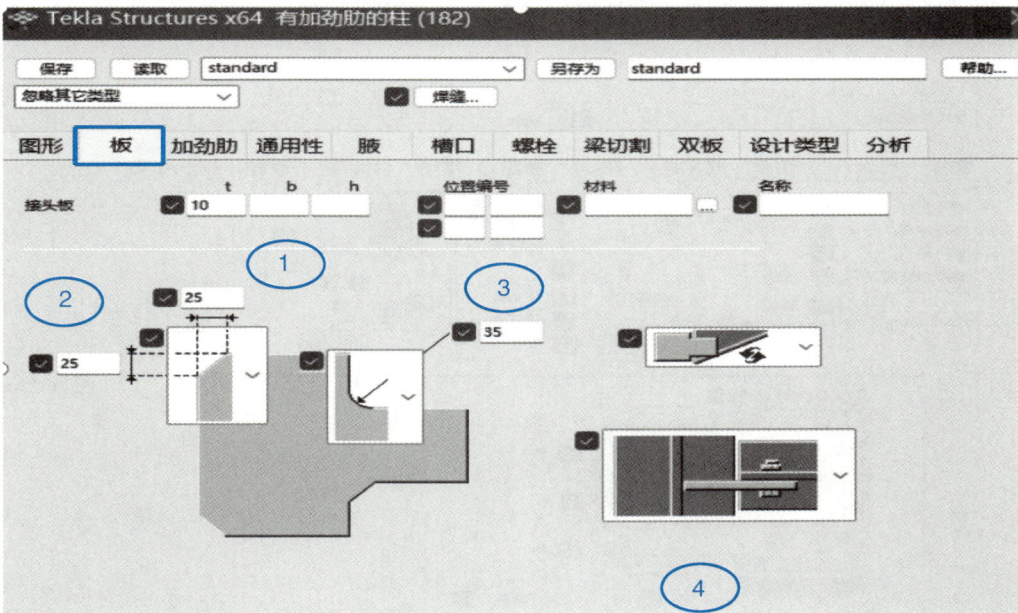

图 7-32　操作步骤二

第三步：图 7-33 中，①表示加劲板厚度 10mm，②表示是否需要加劲板。

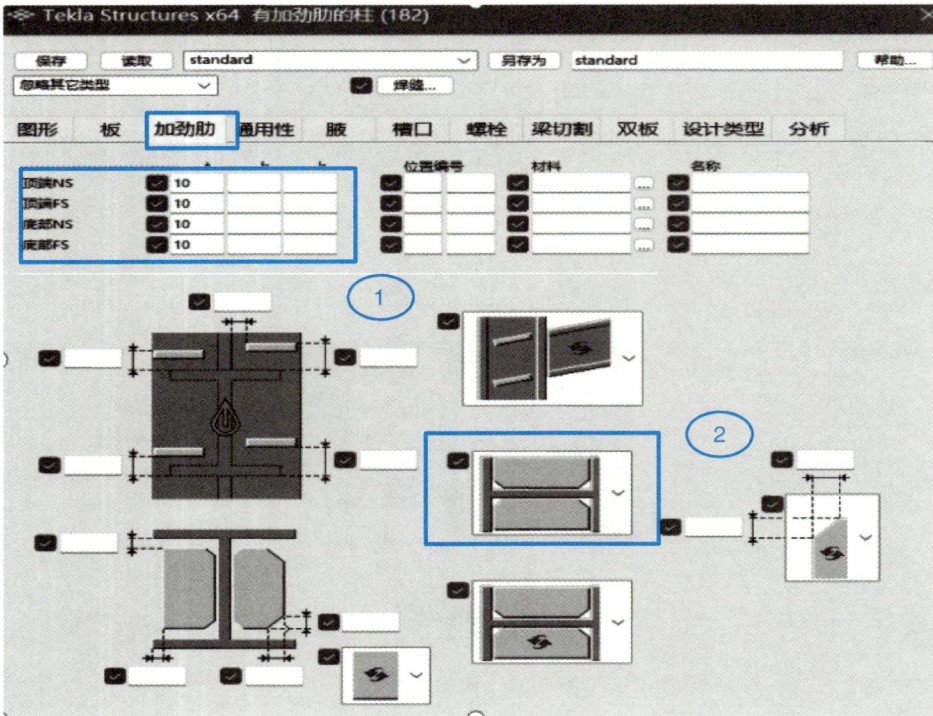

图 7-33　操作步骤三

第四步：图 7-34 中，①填入螺栓的尺寸、标准、允许误差，②填入螺栓个数、间距、边距等参数。

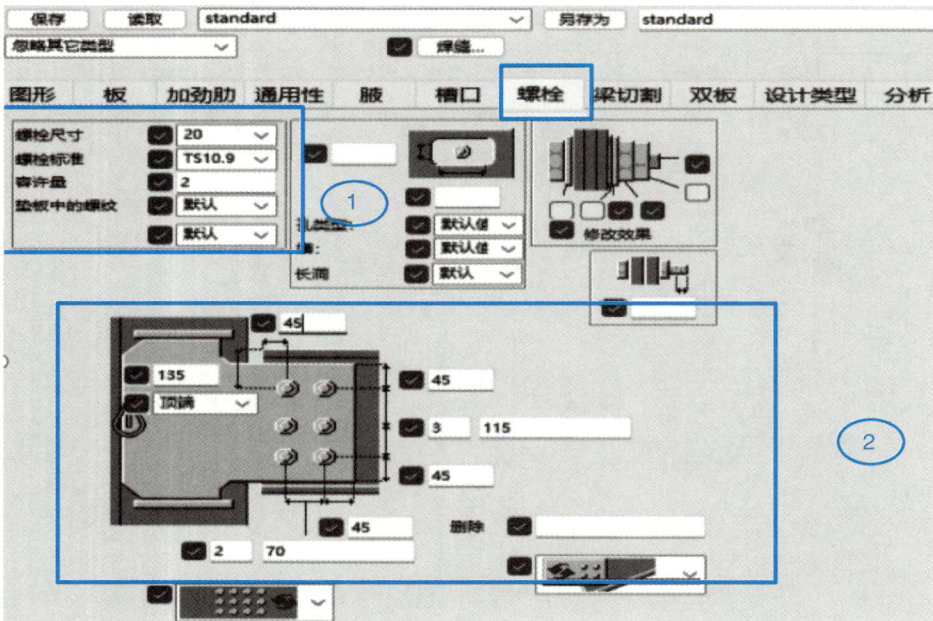

图 7-34　操作步骤四

第五步：图 7-35 中，①表示衬垫板的宽度 6mm；②表示次梁翼缘距柱的间隙 5mm，腹板间隙 15mm，过焊孔半径 35mm 圆弧角；③表示衬垫的位置以及伸出梁的长度 15mm。

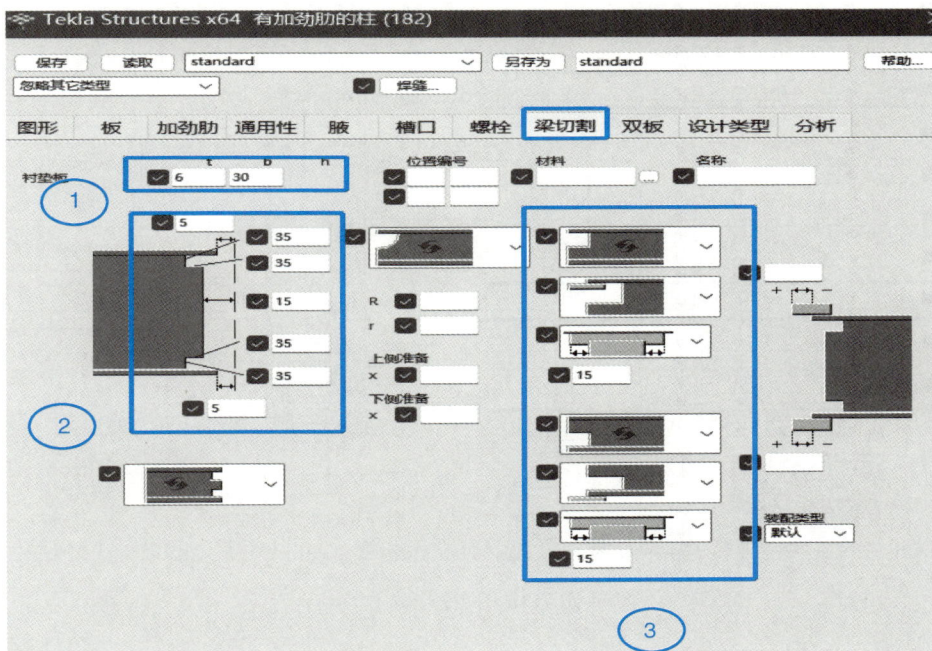

图 7-35　操作步骤五

第六步：图 7-36 中，①为双击焊缝，弹出焊缝选项卡。

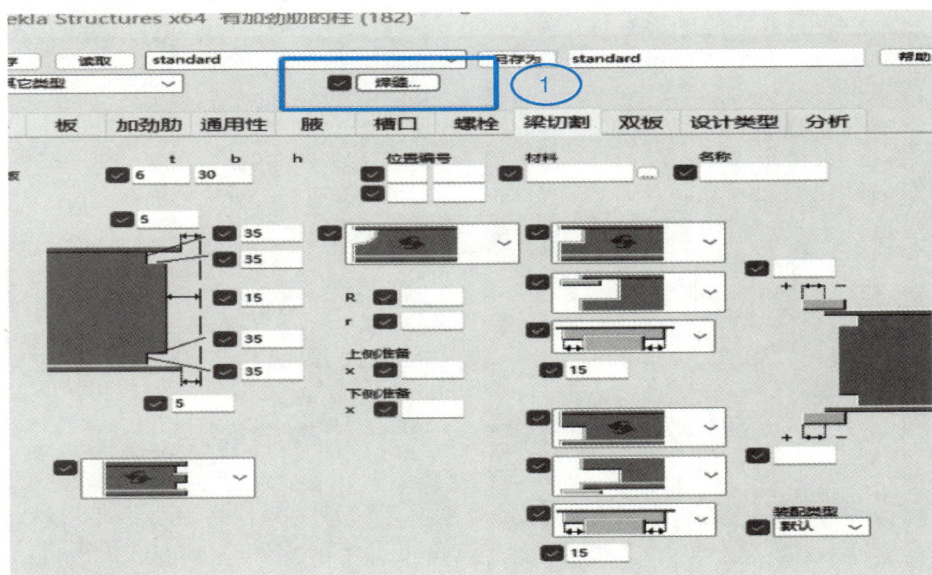

图 7-36　操作步骤六

图 7-37 中，②为上下翼开坡口，坡口角度为 45°。

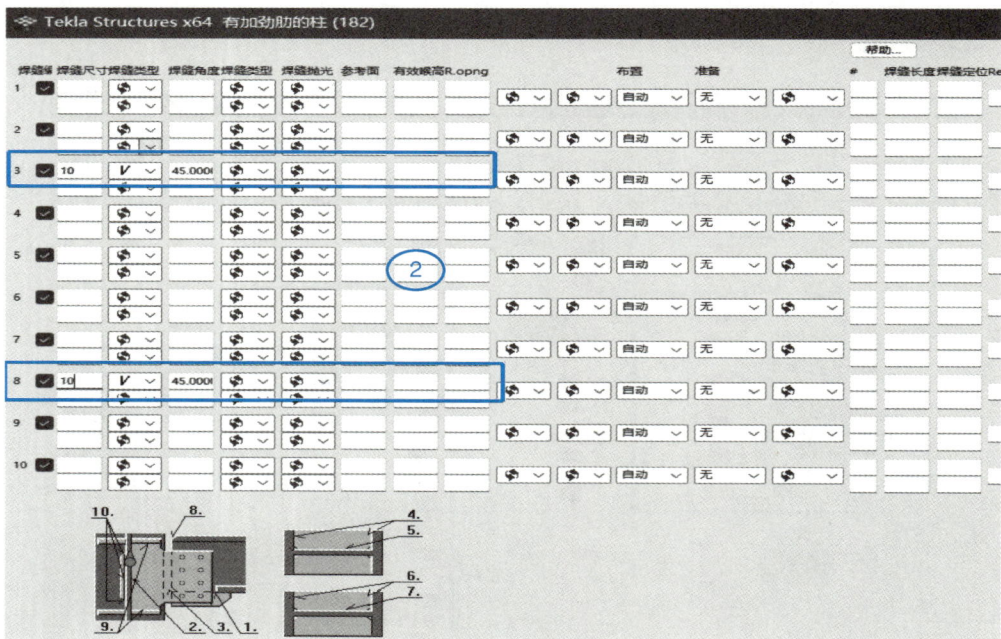

图 7-37　操作步骤七

最后的节点效果图见图 7-38。

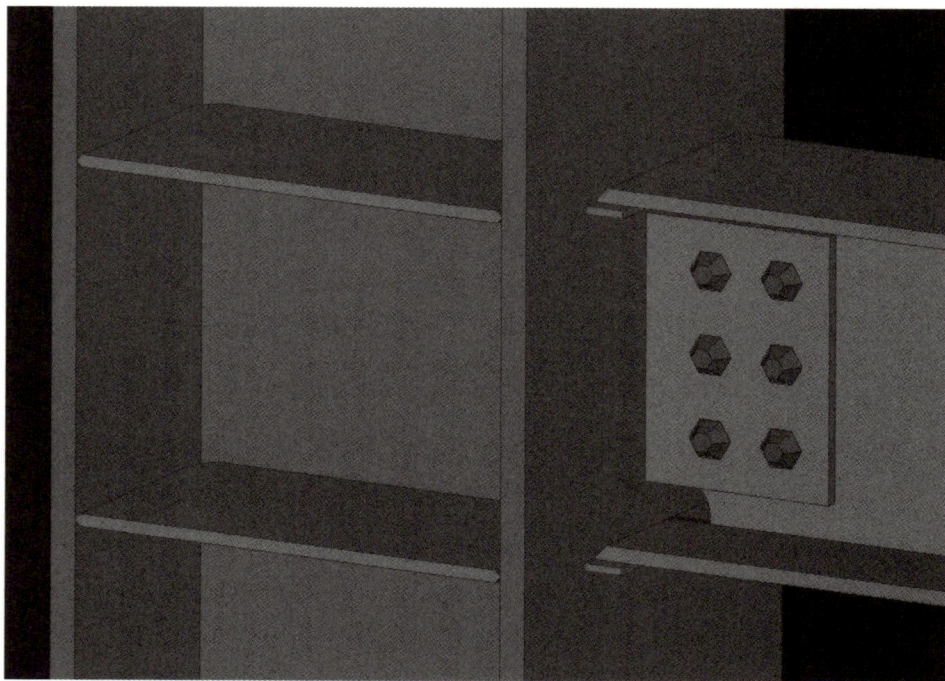

图 7-38　节点效果图

7.6　77 号梁梁对接节点

设计节点图，见图 7-39。

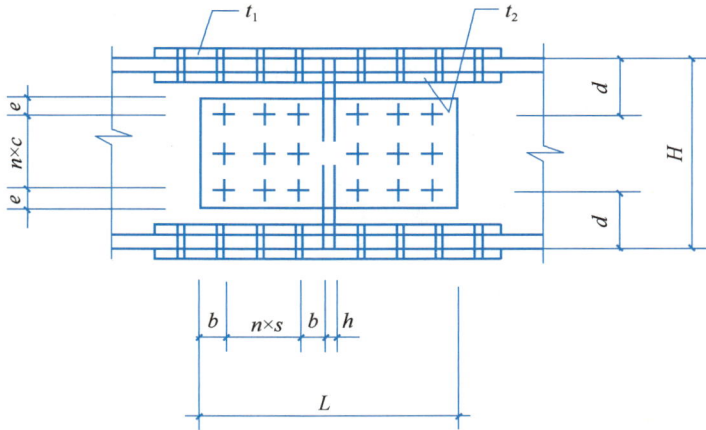

图 7-39　节点图

双击"望远镜"工具，弹出组件选项卡，查找 77 号节点，见图 7-40。

图 7-40　查找节点

第一步：对接间隙为 10mm，见图 7-41。

第二步：翼缘夹板的厚度和腹板夹板的厚度填 10mm，翼缘间隔和腹板间隔填 0，见图 7-42。

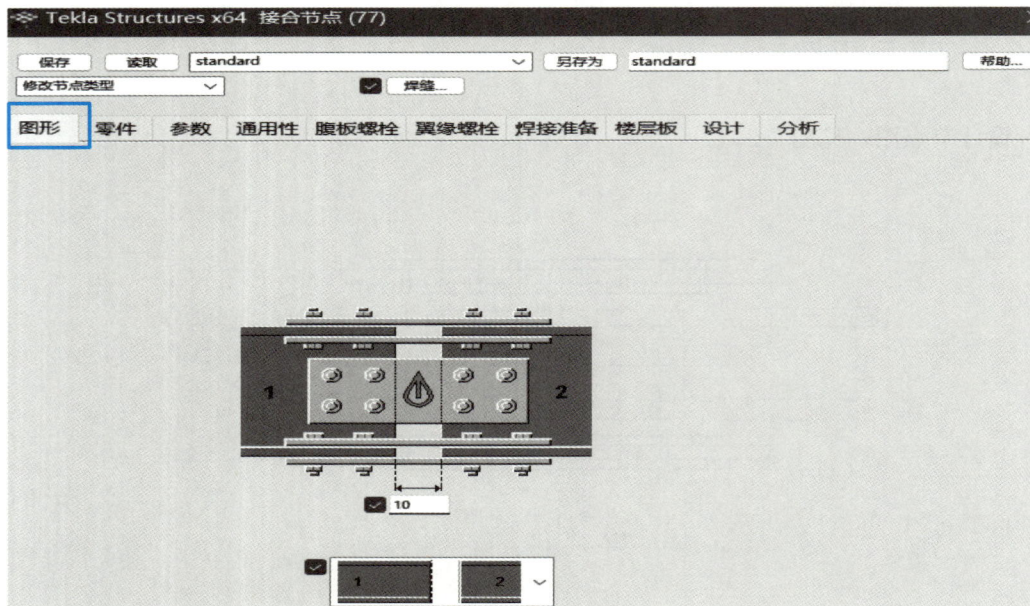

图 7-41　操作步骤一

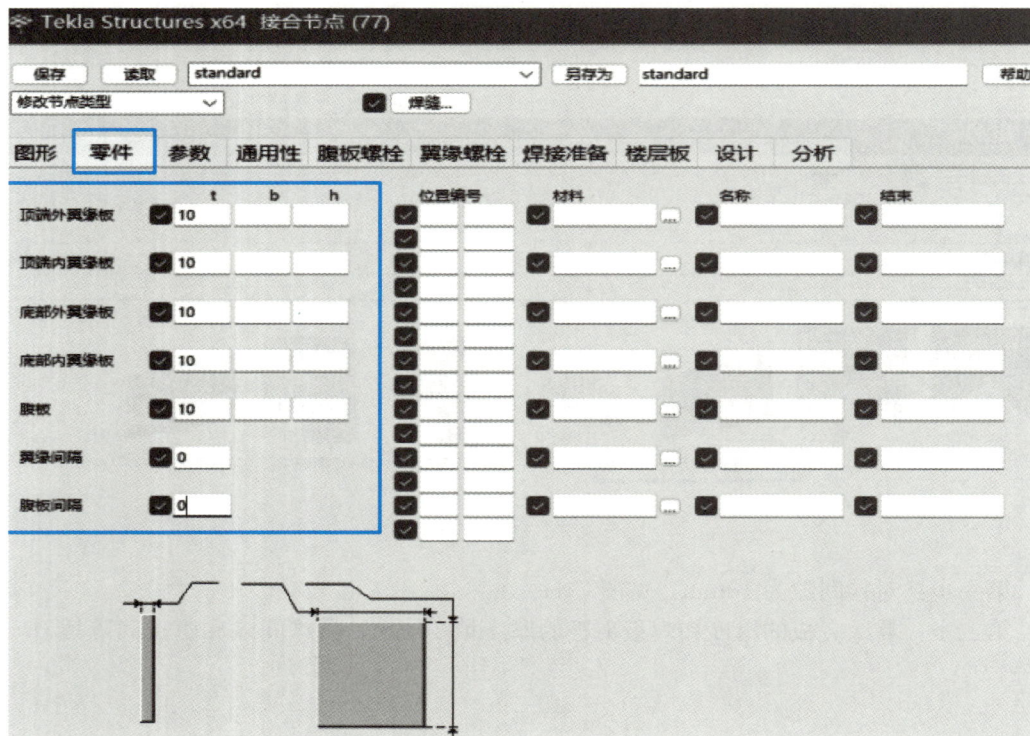

图 7-42　操作步骤二

第三步：图 7-43 中，①填入腹板螺栓的尺寸、标准、允许误差；②填入腹板螺栓个数、间距、边距等参数。

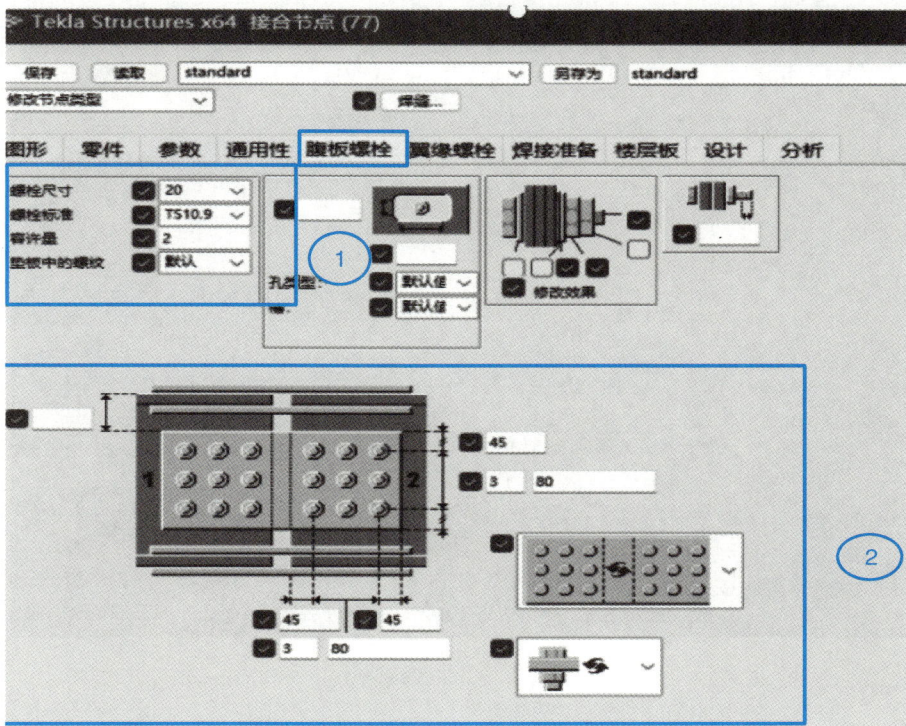

图 7-43　操作步骤三

第四步：图 7-44 中，①填入翼缘螺栓的尺寸、标准、允许误差；②填入翼缘螺栓个数、间距、边距等参数。

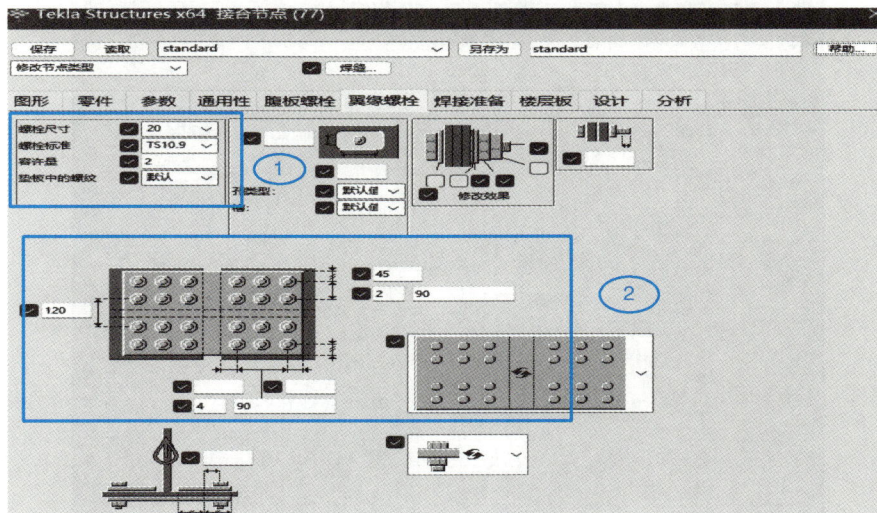

图 7-44　操作步骤四

最后的节点效果图，见图 7-45。

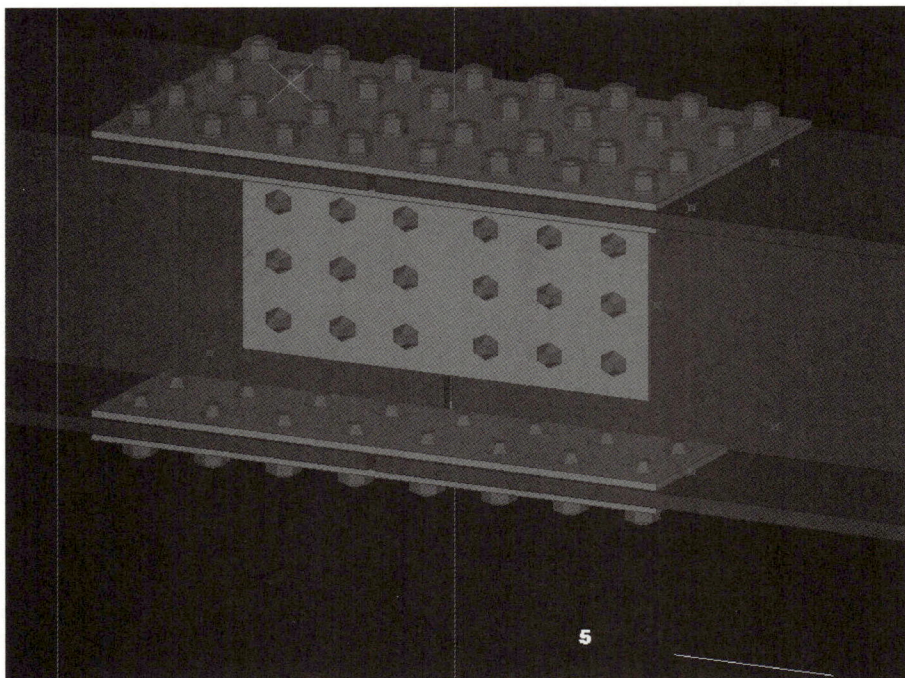

图 7-45　节点效果图

7.7　11 号水平支撑节点

设计节点图，见图 7-46。

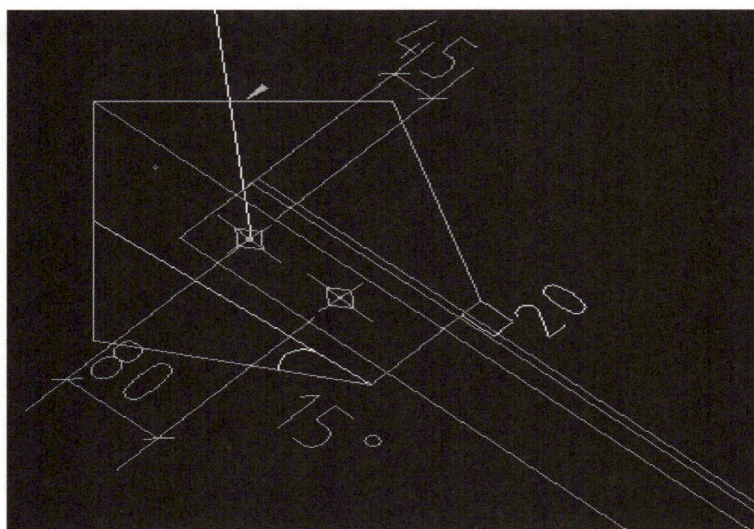

图 7-46　节点图

双击"望远镜"工具，弹出组件选项卡，查找 11 号节点，见图 7-47。

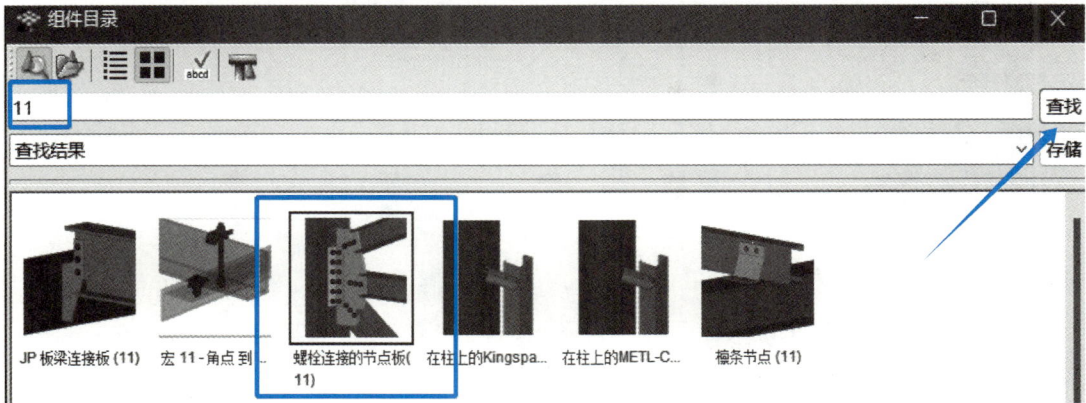

图 7-47　查找节点

第一步：图 7-48 中，填入角度 15°，边距 20mm，角钢肢端距梁或者柱的距离 40mm，其余为默认值。

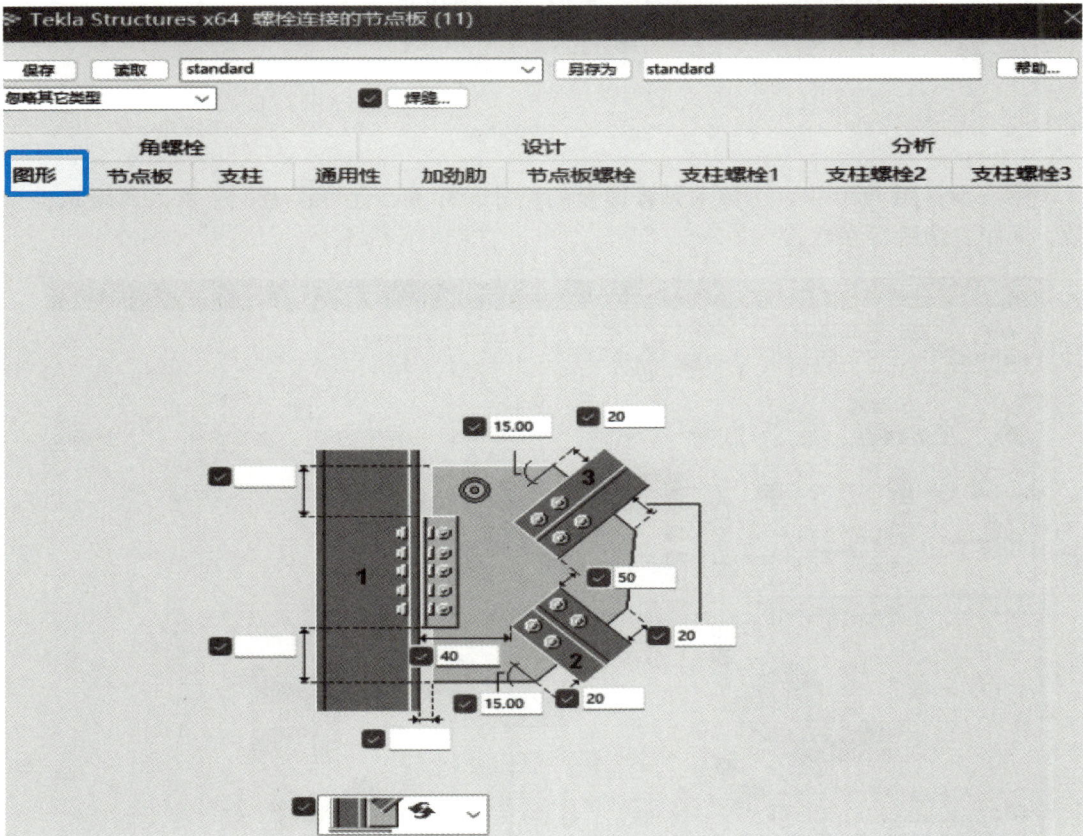

图 7-48　操作步骤一

第二步：图 7-49 中，①表示节点板的厚度 10mm，②表示连接板其中一边的宽度为 100mm。

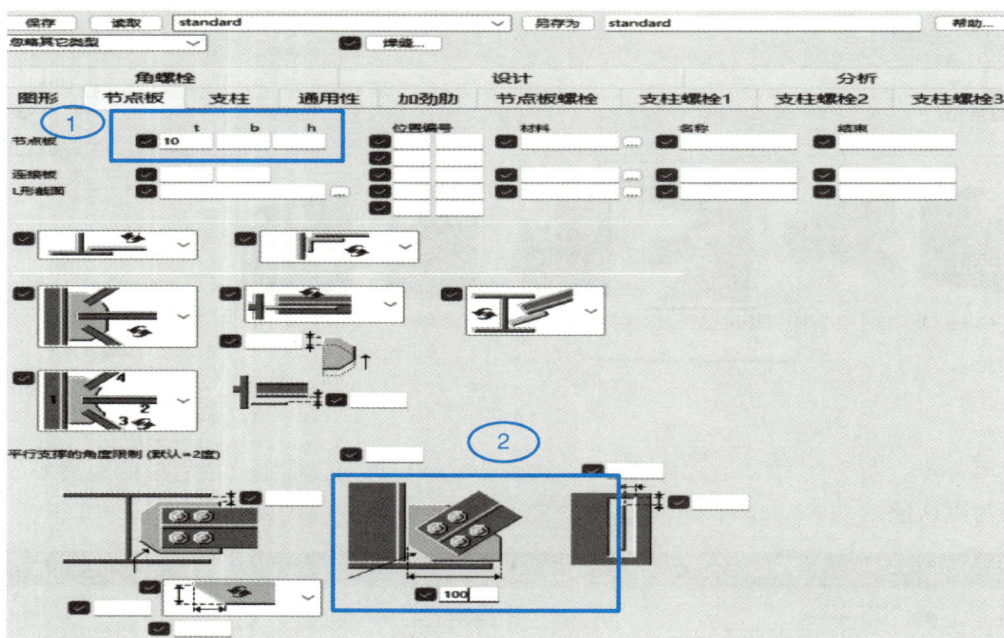

图 7-49　操作步骤二

第三步：图 7-50 中，①填入翼缘螺栓的尺寸、标准、允许误差；②填入翼缘螺栓个数、间距、边距等参数。

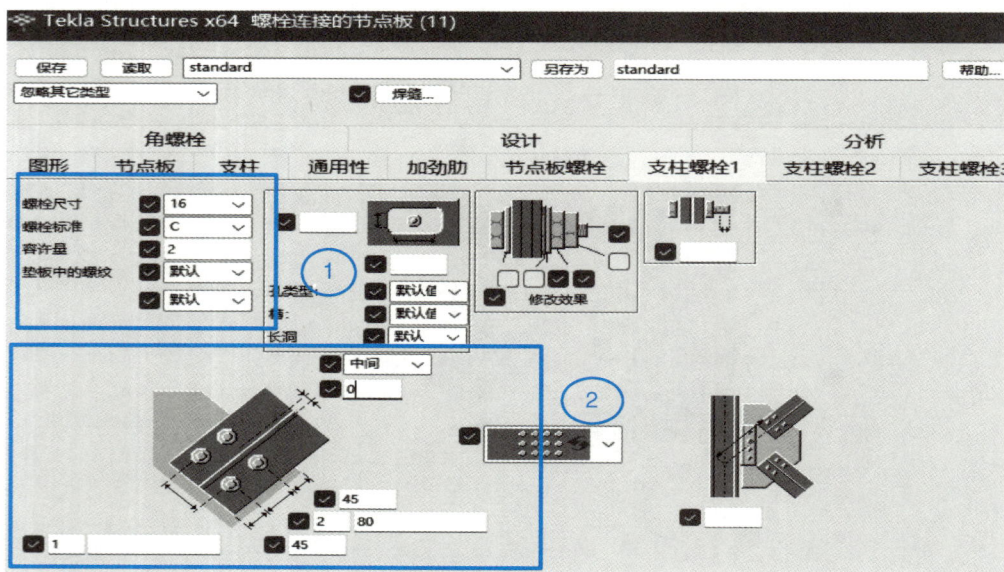

图 7-50　操作步骤三

最后的节点效果图，见图 7-51。

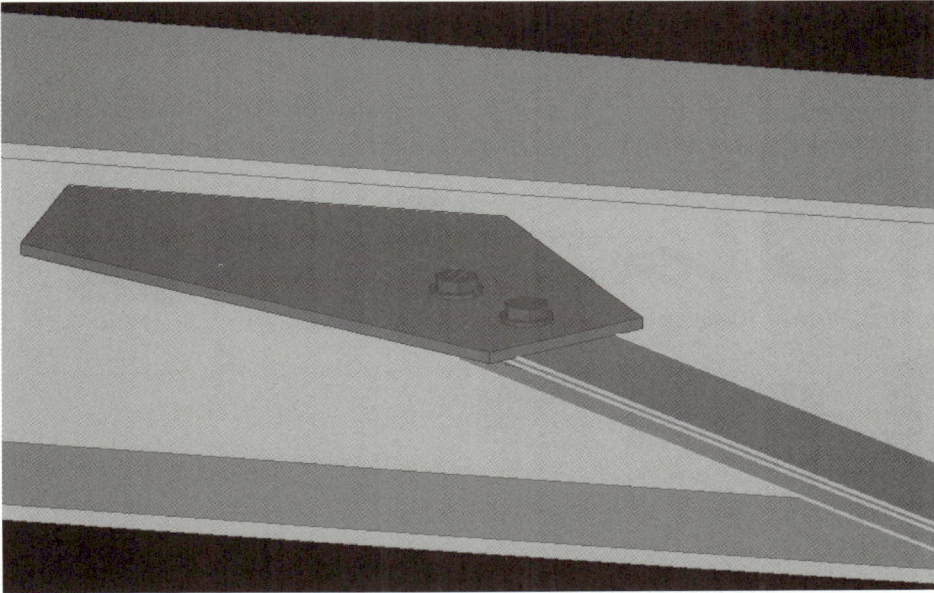

图 7-51　节点效果图

7.8　10 号支撑节点

设计节点图，见图 7-52。

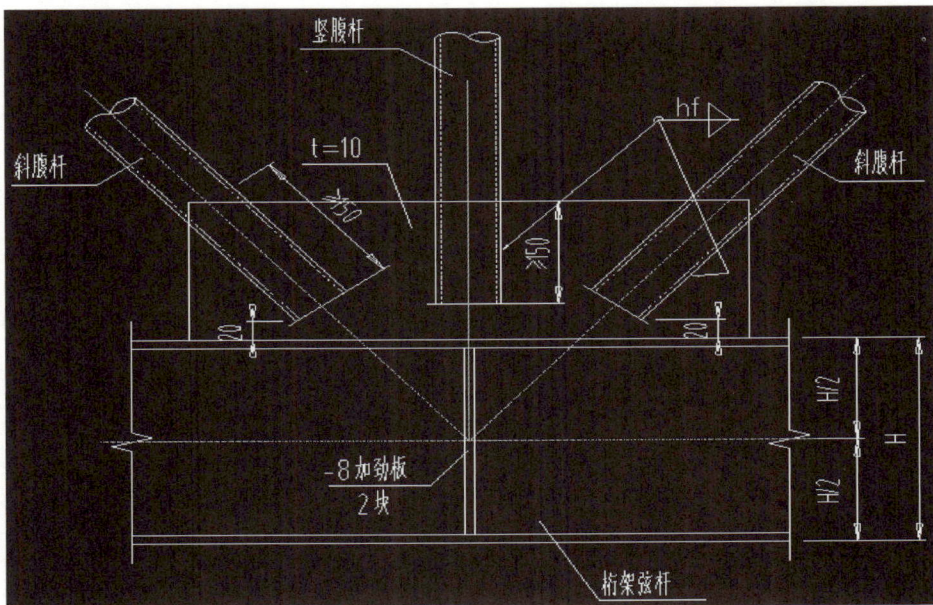

图 7-52　节点图

双击"望远镜"工具，弹出组件选项卡，查找 10 号节点，见图 7-53。

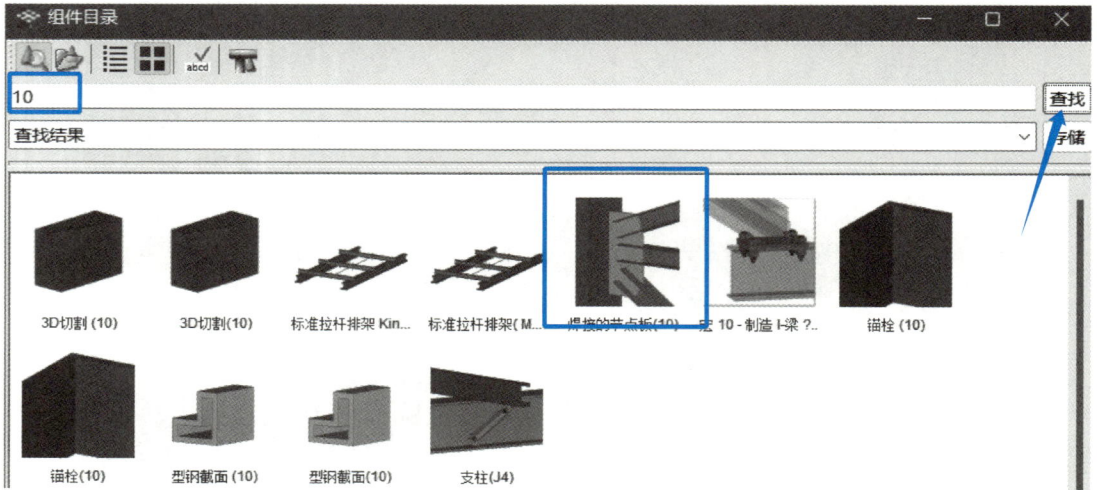

图 7-53　查找节点

第一步：图 7-54 中，填写边距为 20mm，钢管端部距梁或柱的距离为 40mm，插板的深度为 150mm。

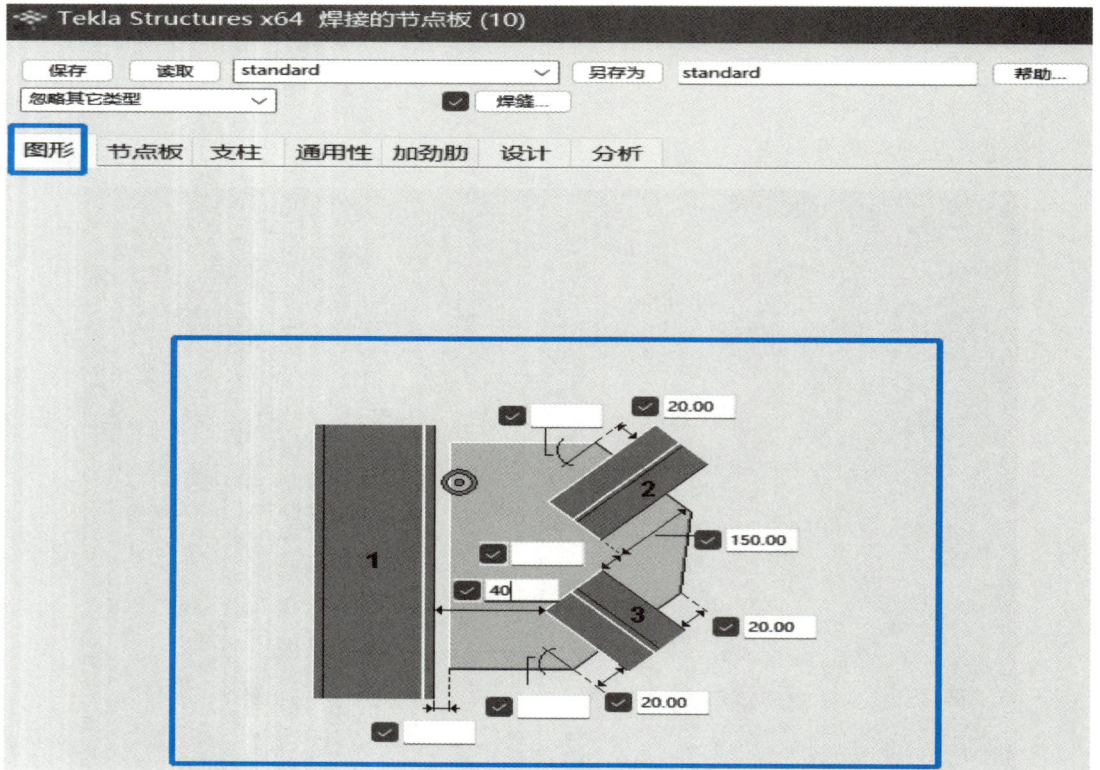

图 7-54　操作步骤一

第二步：图 7-55 中，①表示节点板厚度 10mm，②表示连接板的形式。

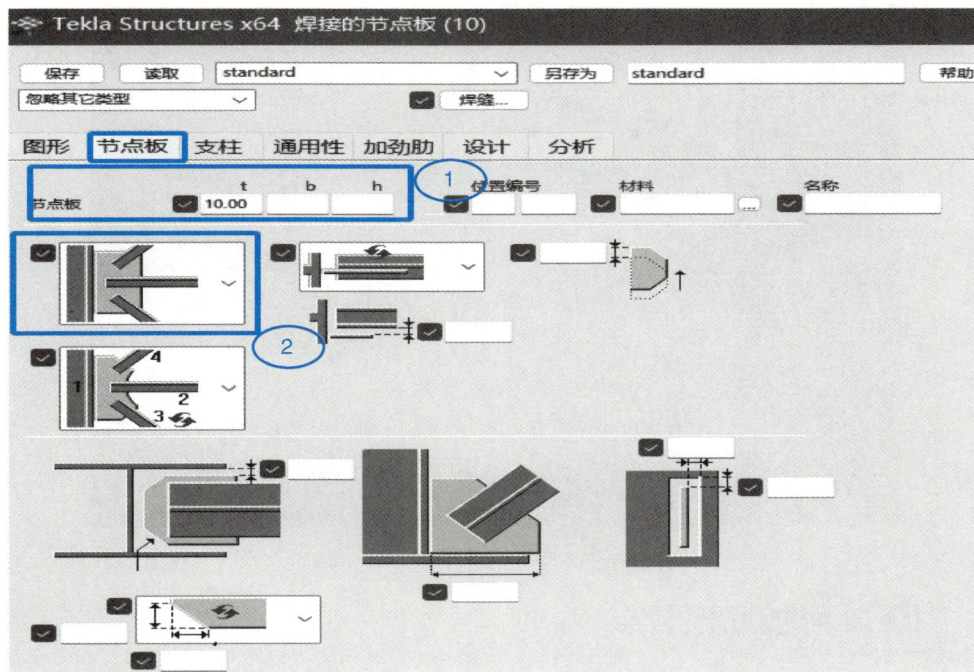

图 7-55 操作步骤二

第三步：图 7-56 中，①表示封板的厚度 6mm；②表示连接板的位置居中放置；③表示槽口间隙增大 2mm；④表示封板外伸 10mm。

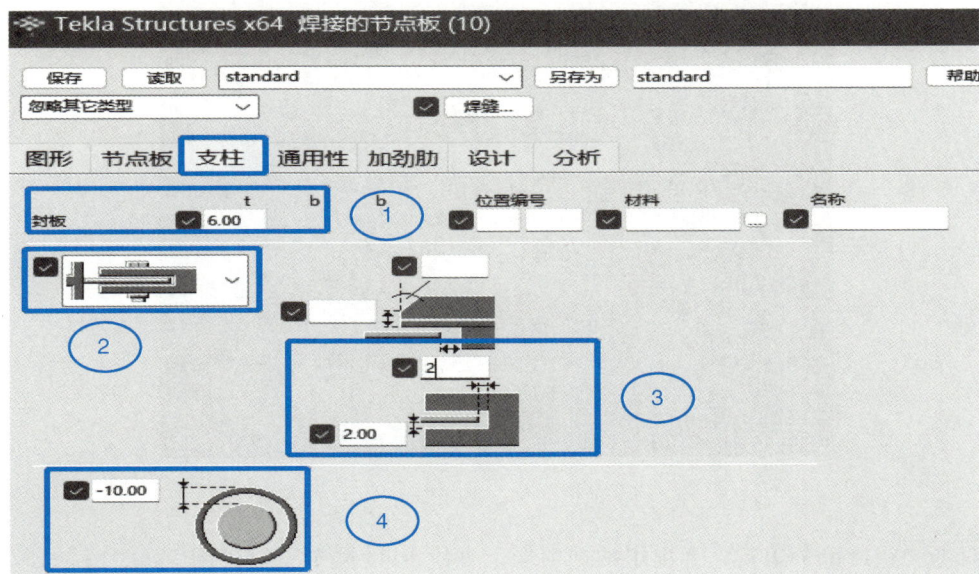

图 7-56 操作步骤三

最后的节点效果图，见图 7-57。

图 7-57　节点效果图

7.9　1064 号加劲板节点

设计节点图，见图 7-58。

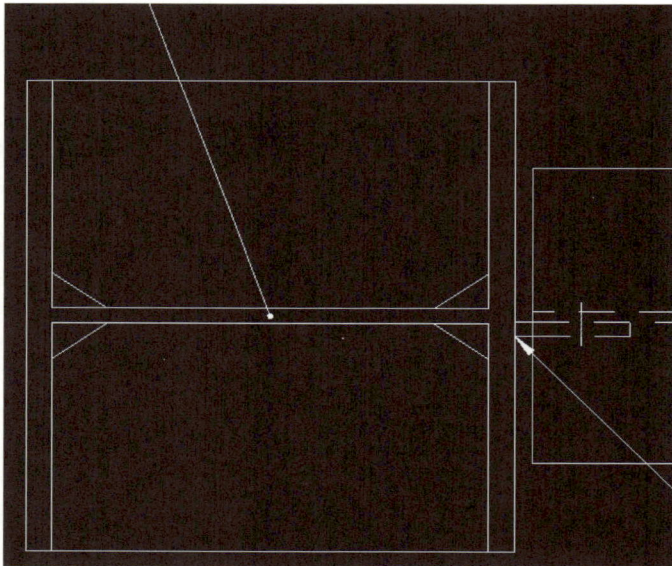

图 7-58　节点图

双击"望远镜"工具，弹出组件选项卡，查找 1064 号节点，见图 7-59。

第一步：图 7-60 中，填入加劲板的厚度，为 10mm。

第二步：图 7-61 中，加劲板与型材的间隙填 0。

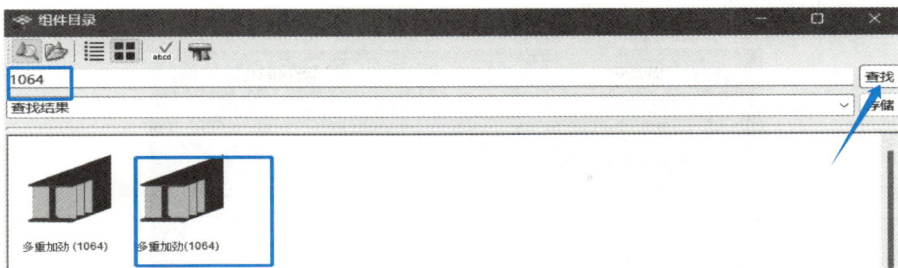

图 7-59　查找节点

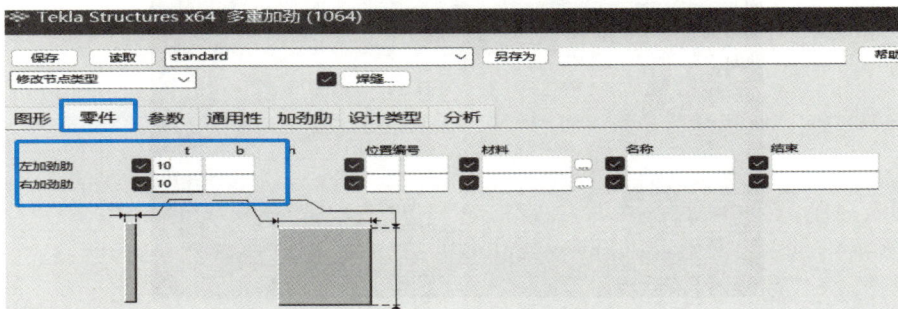

图 7-60　操作步骤一

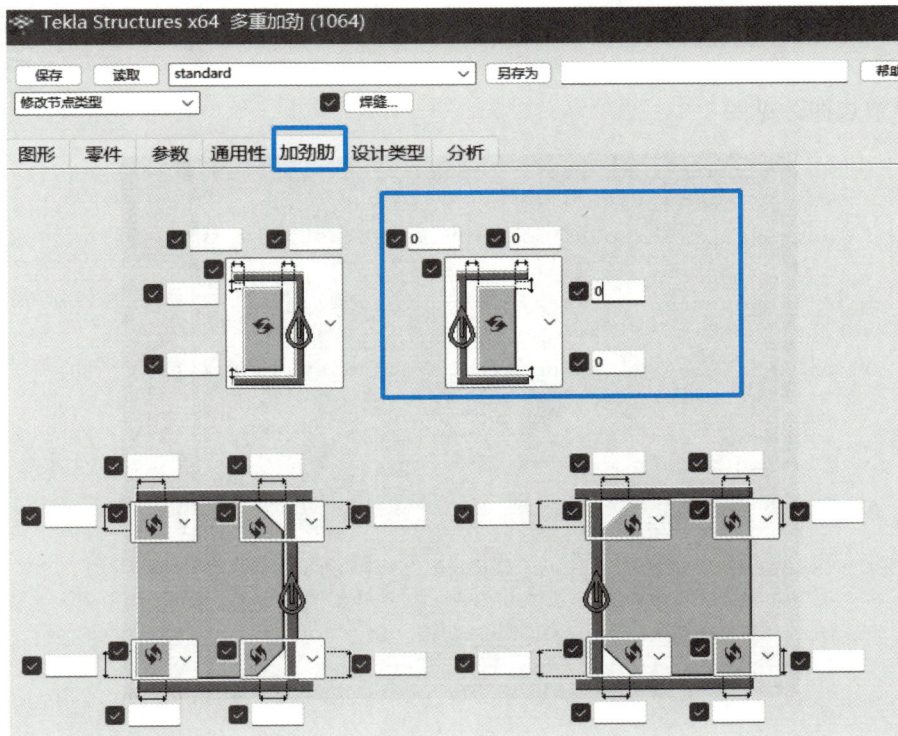

图 7-61　操作步骤二

最后的节点效果图，见图 7-62。

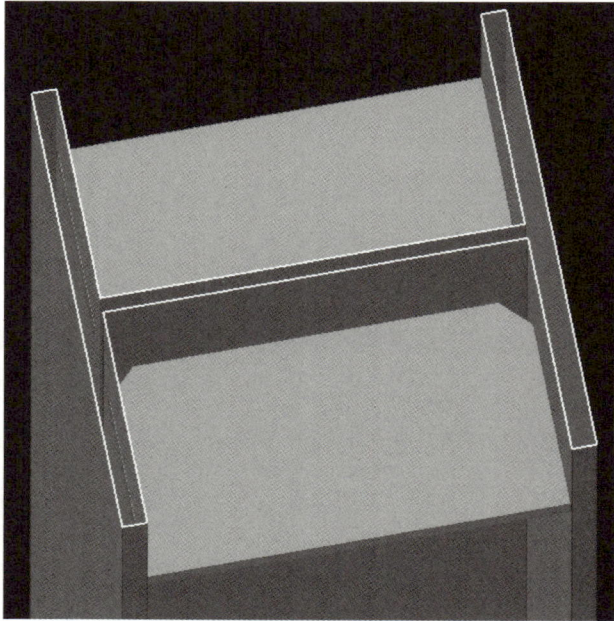

图 7-62　节点效果图

7.10　1059 号隔板节点

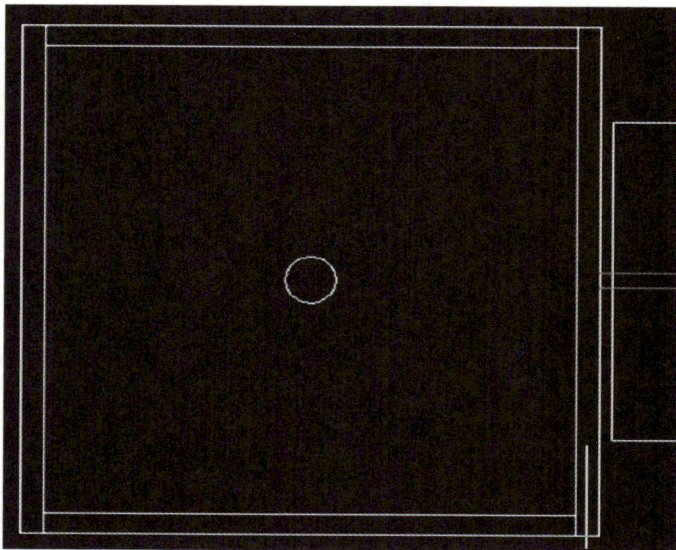

设计节点图，见图 7-63。

图 7-63　节点图

双击"望远镜"工具，弹出组件选项卡，查找 1059 号节点，见图 7-64。

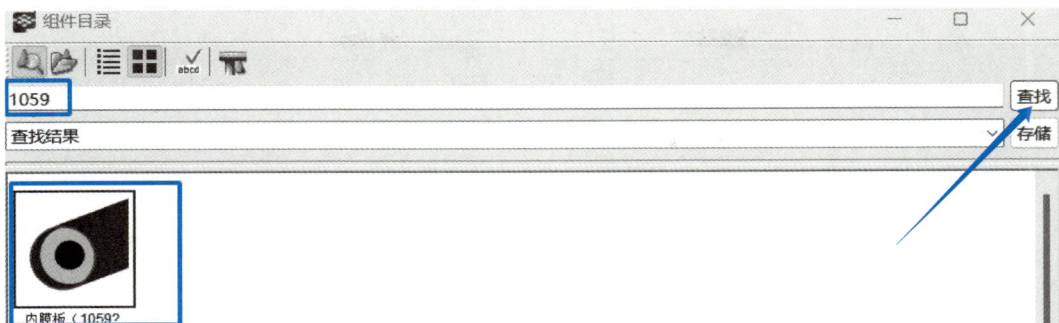

图 7-64　查找节点

第一步：图 7-65 中，①表示中间孔为 20mm，②表示切角为 25mm，③隔板间隙为 2mm，④周边孔填 0。

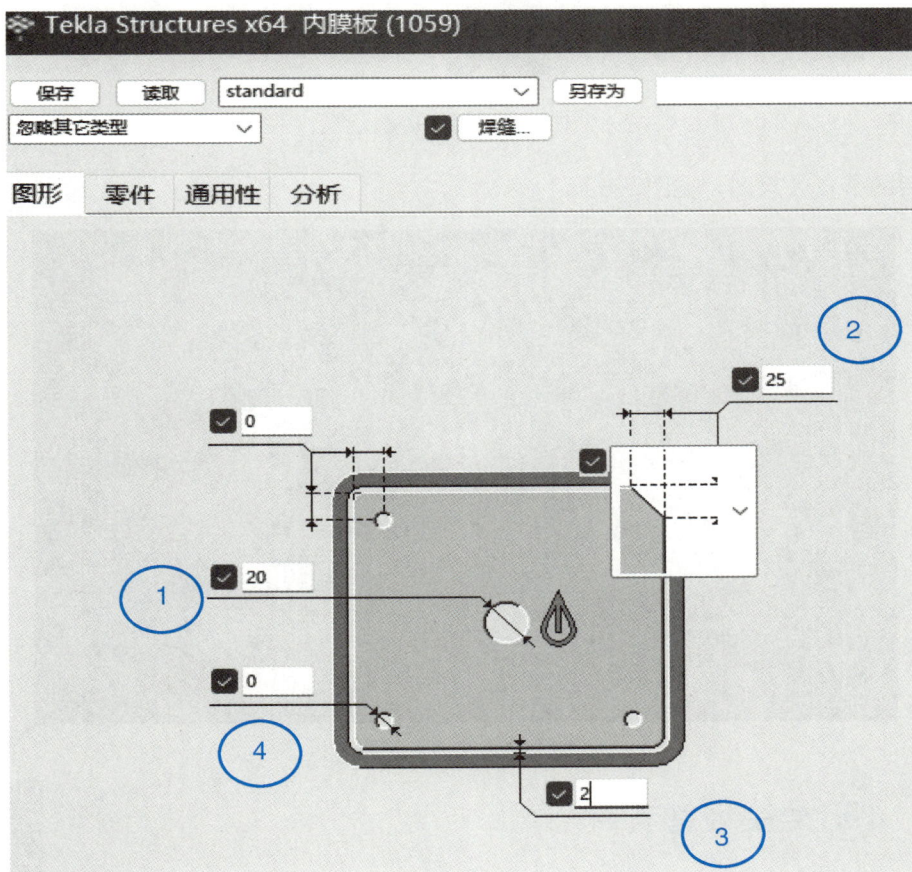

图 7-65　操作步骤一

第二步：隔板厚度为 10mm，见图 7-66。

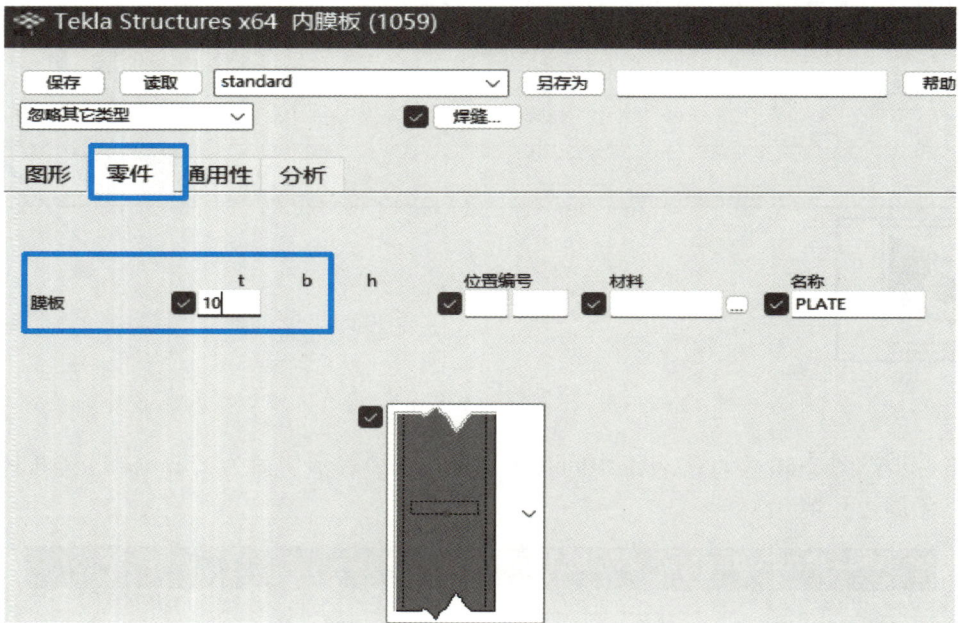

图 7-66　操作步骤二

最后的节点效果图，见图 7-67。

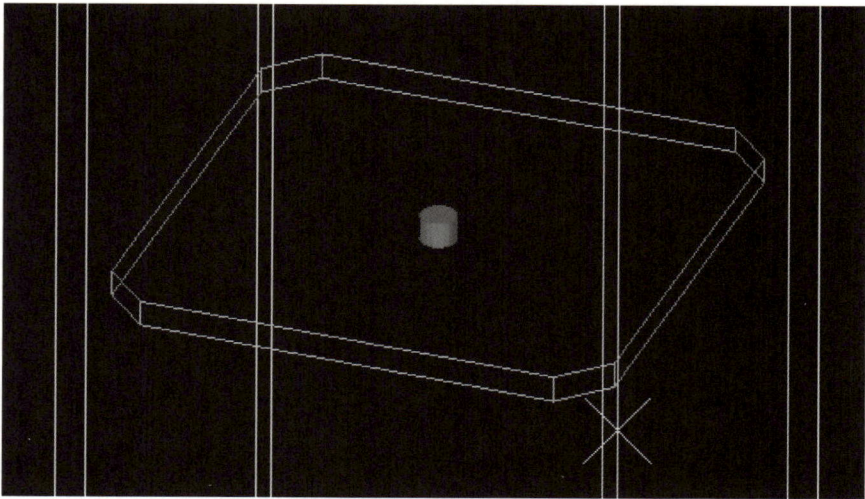

图 7-67　节点效果图

7.11　195 号变径管节点

设计节点图，见图 7-68。

双击"望远镜"工具，弹出组件选项卡，查找 195 号节点，见图 7-69。

第一步：填入变径管的长度，然后点击主部件和次部件就可以了，见图 7-70。

7.11　195号
变径管节点

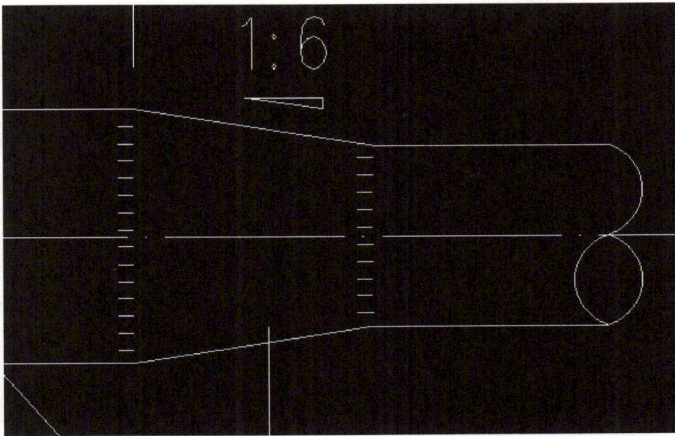

图 7-68　节点图

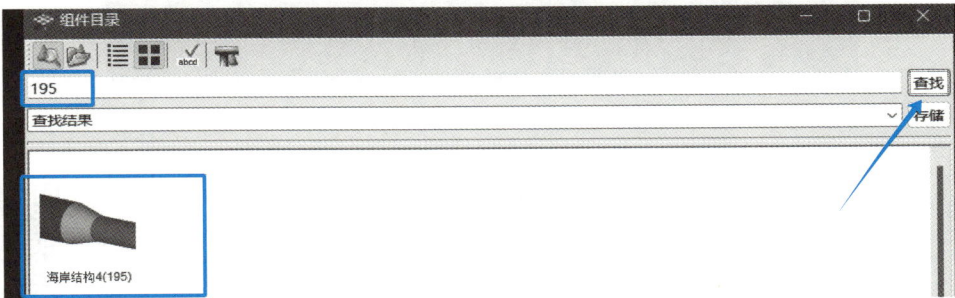

图 7-69　查找节点

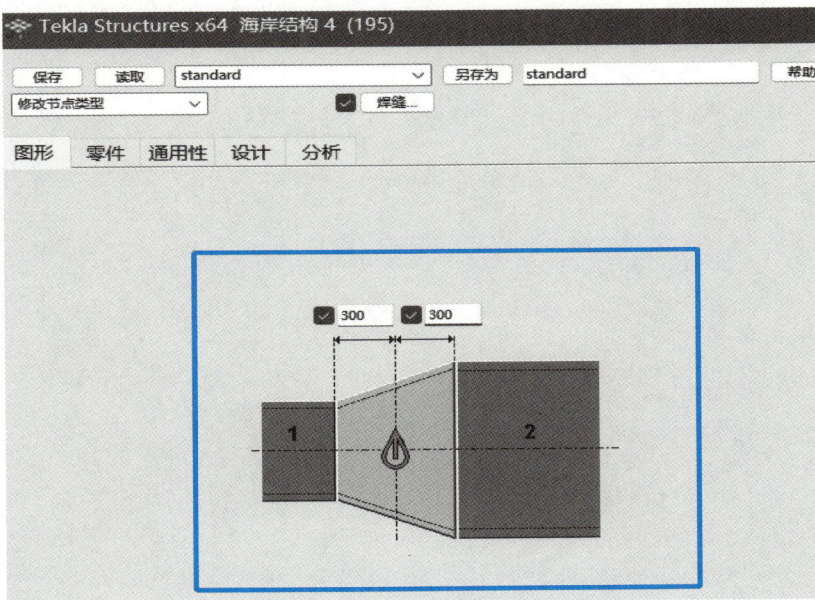

图 7-70　操作步骤一

最后的节点效果图，见图 7-71。

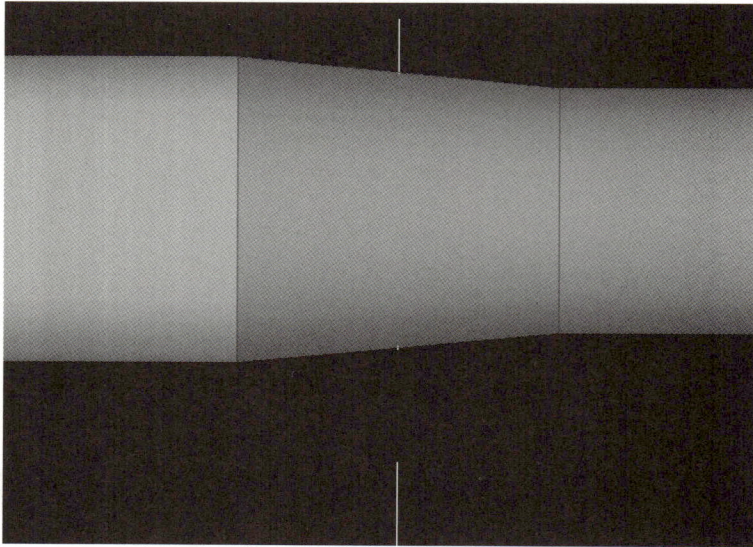

图 7-71　节点效果图

7.12　126 号花篮螺栓节点

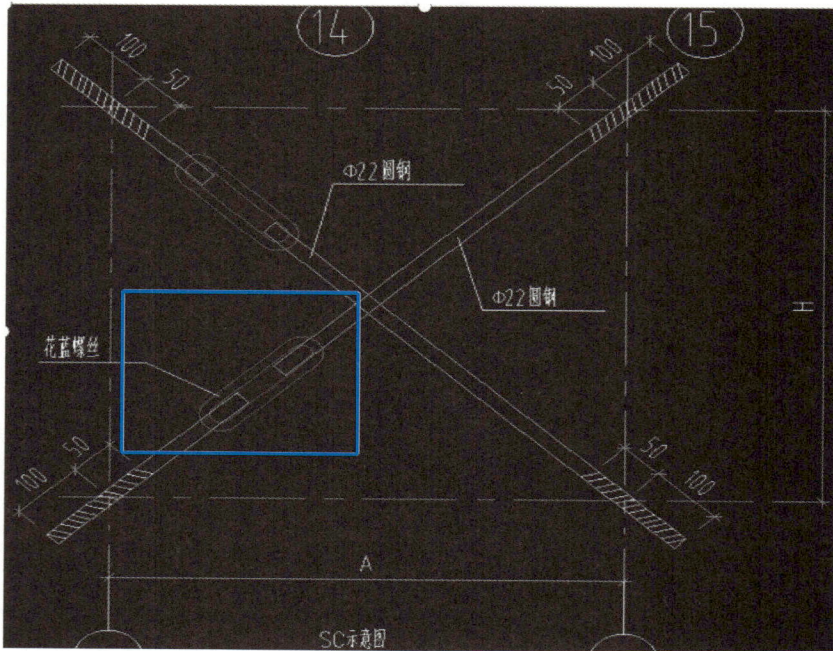

设计节点图，见图 7-72。

7.12　126号
花篮螺栓

图 7-72　节点图

双击"望远镜"工具，弹出组件选项卡，查找 126 号节点，见图 7-73。

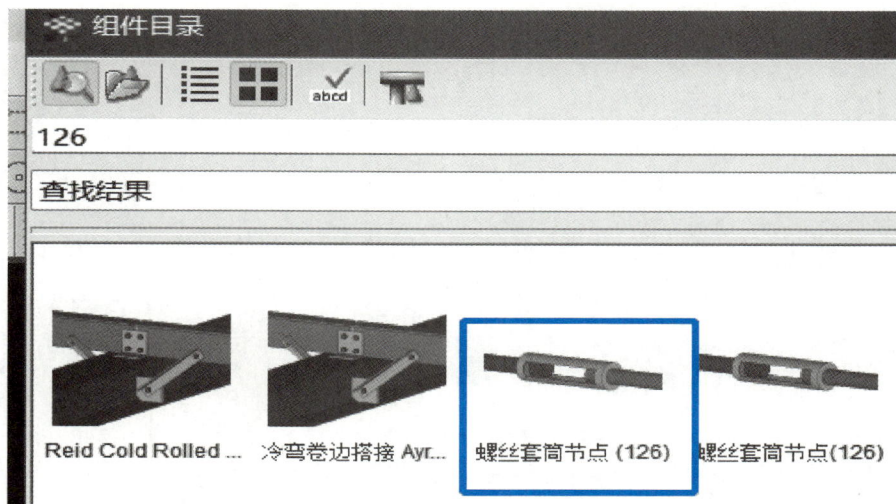

图 7-73　查找节点

第一步：填写常规数据，这里开丝的长度为 200mm，圆钢间隙为 100mm，见图7-74。

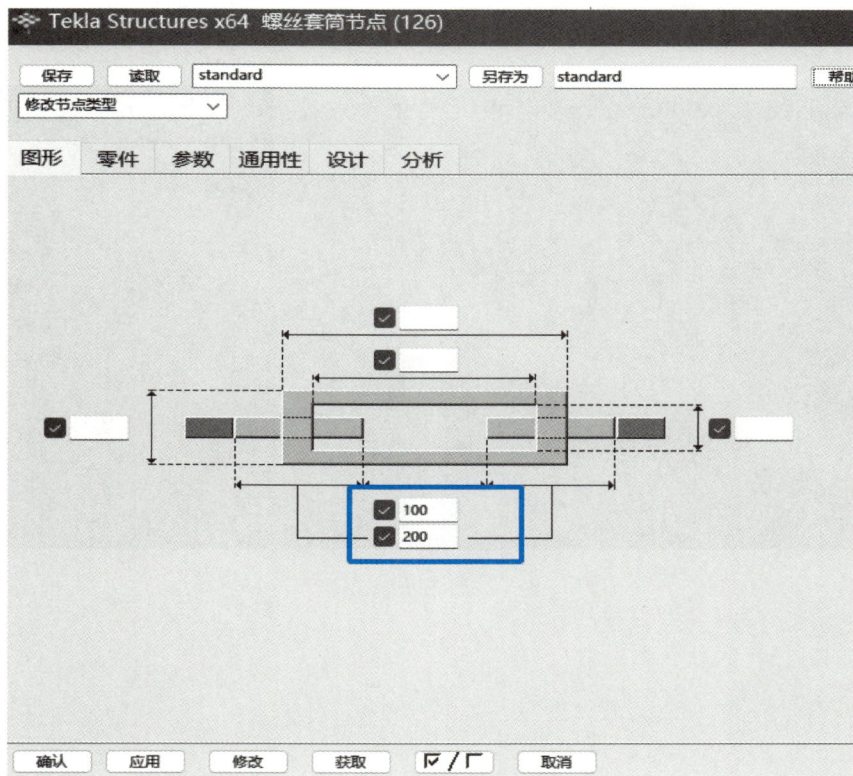

图 7-74　操作步骤一

第二步：拆分整根的圆钢，分成两段，然后启动 126 号节点，分别点击两段圆钢，这样节点就自动生成了，见图 7-75。

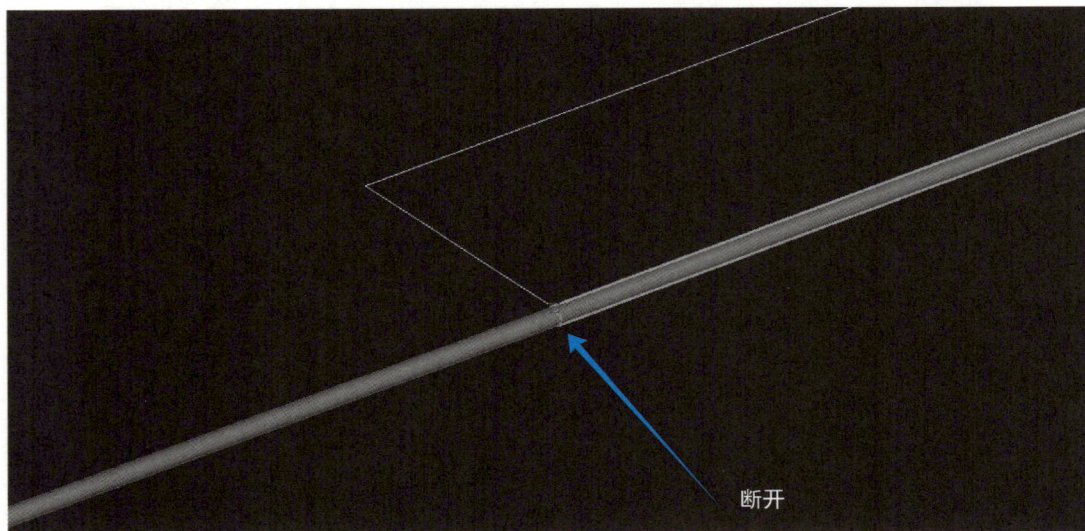

断开

图 7-75　操作步骤二

最后的节点效果图，见图 7-76。

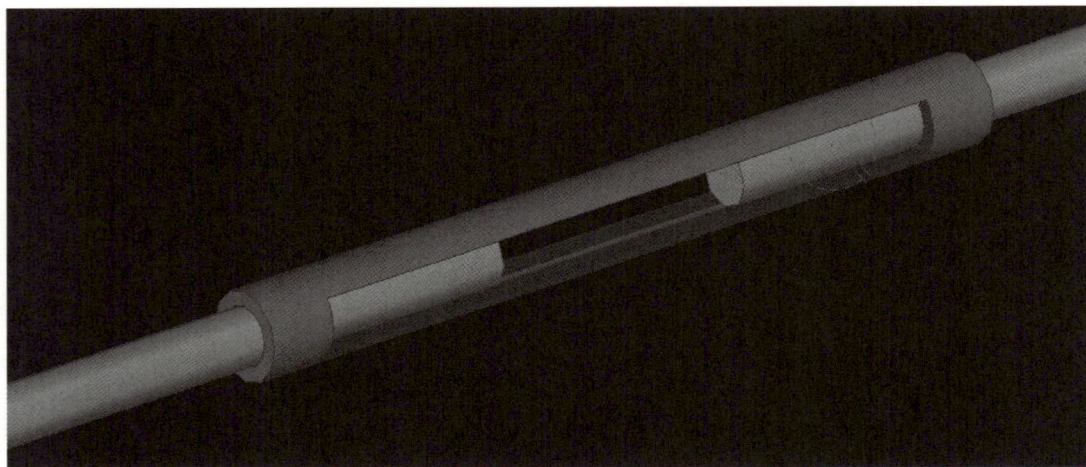

图 7-76　节点效果图

7.13　23 号相贯节点

设计节点图，见图 7-77。

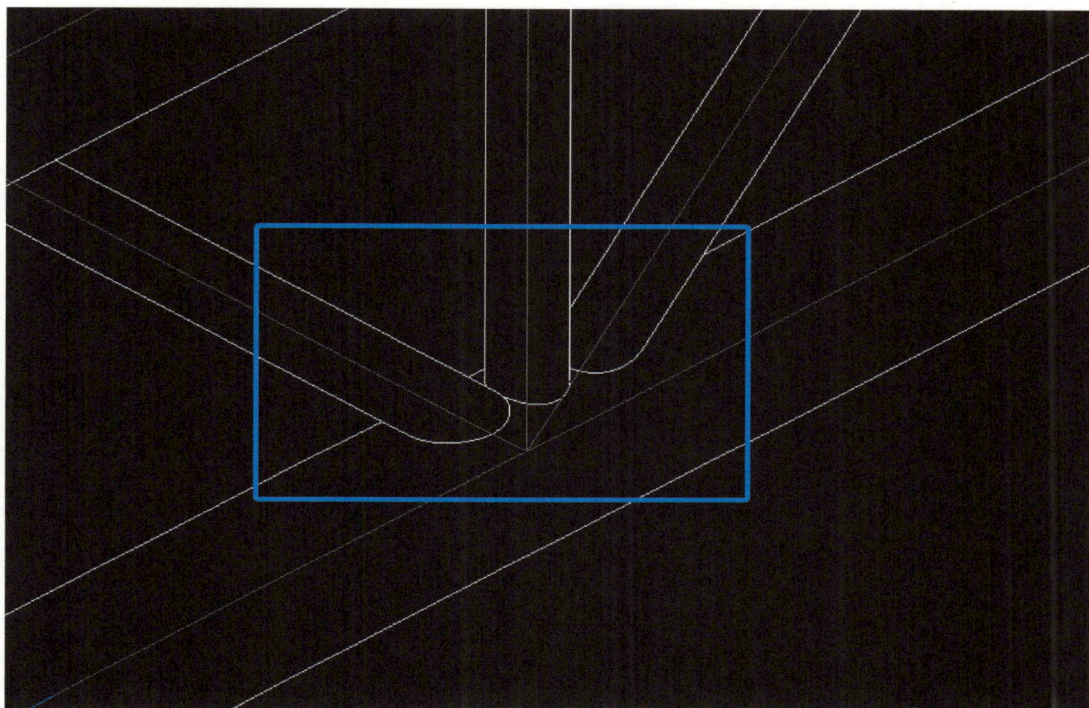

图 7-77　节点图

双击"望远镜"工具，弹出组件选项卡，查找 23 号节点，见图 7-78。

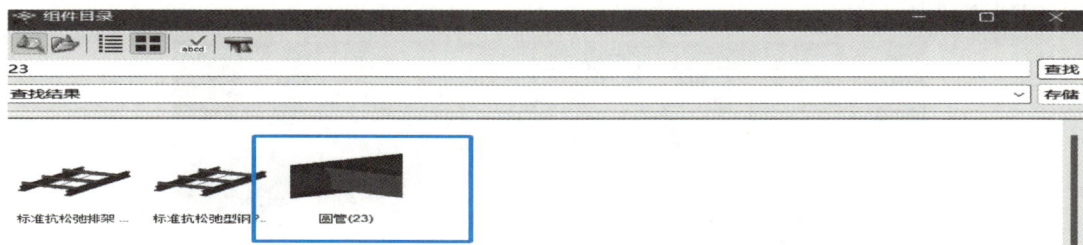

图 7-78　查找节点

第一步：填写参数，焊接调成"否"，切割容许量代表切割线的长度，这个可以根据项目节点实际情况进行调节，一般为 500mm 左右，不宜过长。切割线过长，容易引起模型卡顿，见图 7-79。

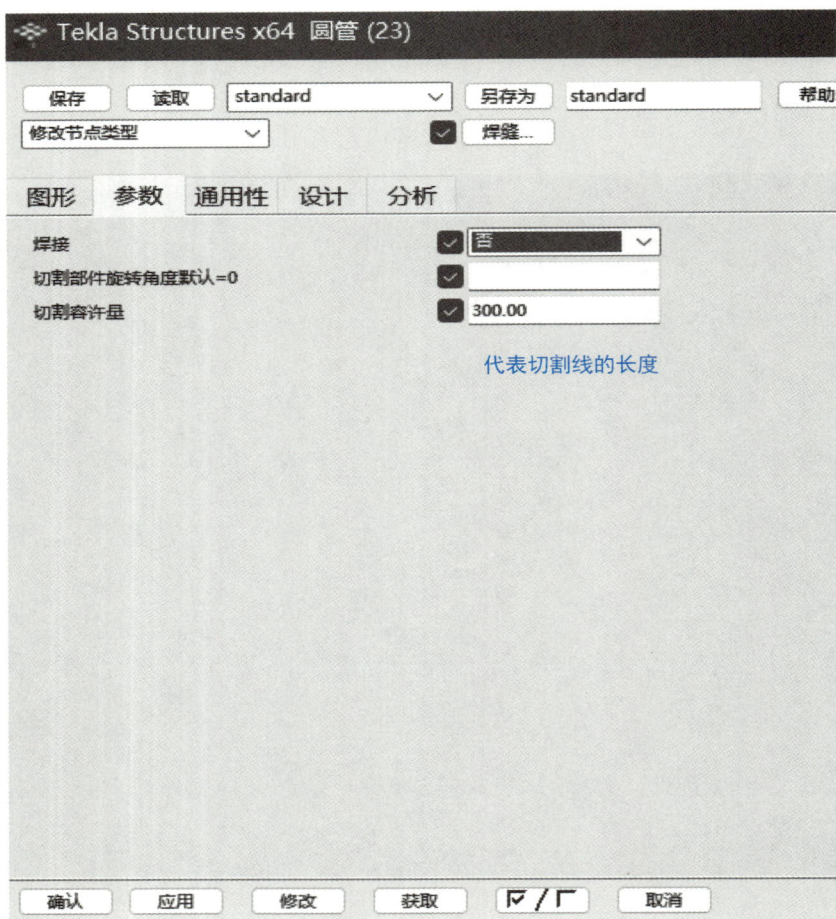

图 7-79　操作步骤一

第二步：设置好参数以后，启动节点，先点击主管，再点击次管。这样，次管就自动被切割了，见图 7-80。

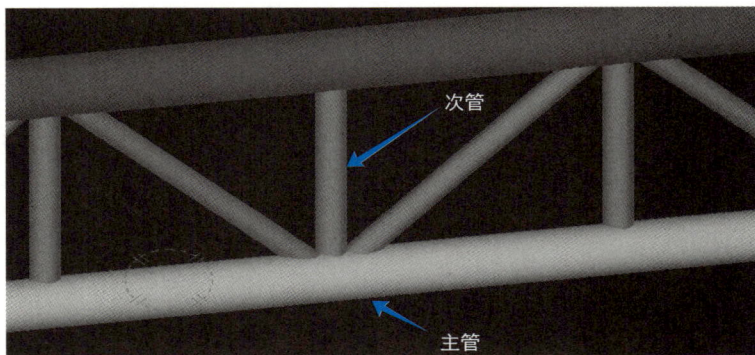

图 7-80　操作步骤二

最后的节点效果图，见图 7-81、图 7-82。

图 7-81　节点效果图一

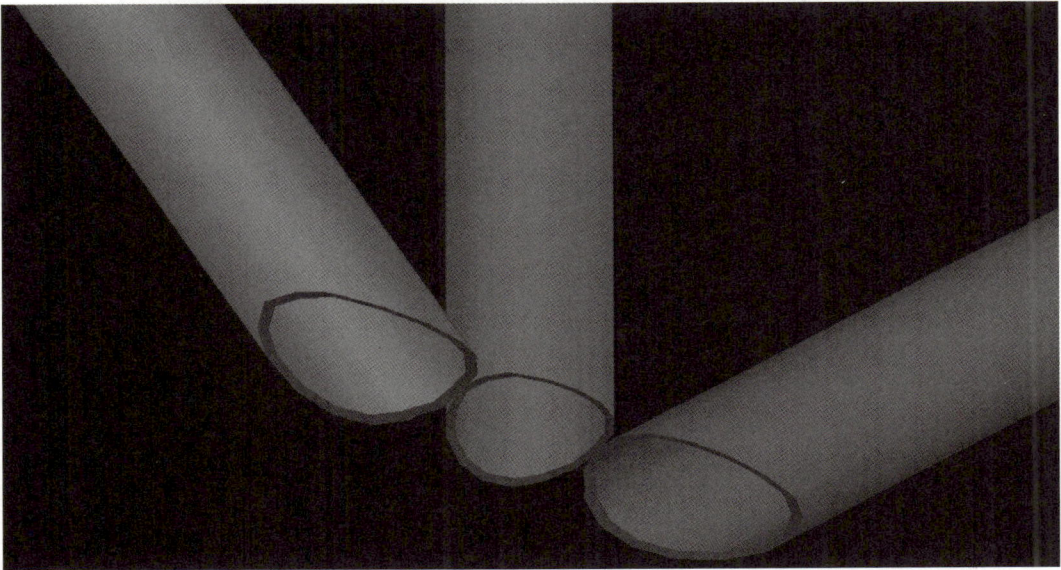

图 7-82　节点效果图二

7.14　137 号现场钢柱对接节点

设计节点图，见图 7-83。

双击"望远镜"工具，弹出组件选项卡，查找 137 号节点，见图 7-84。

7.14　137号现场
钢柱对接节点

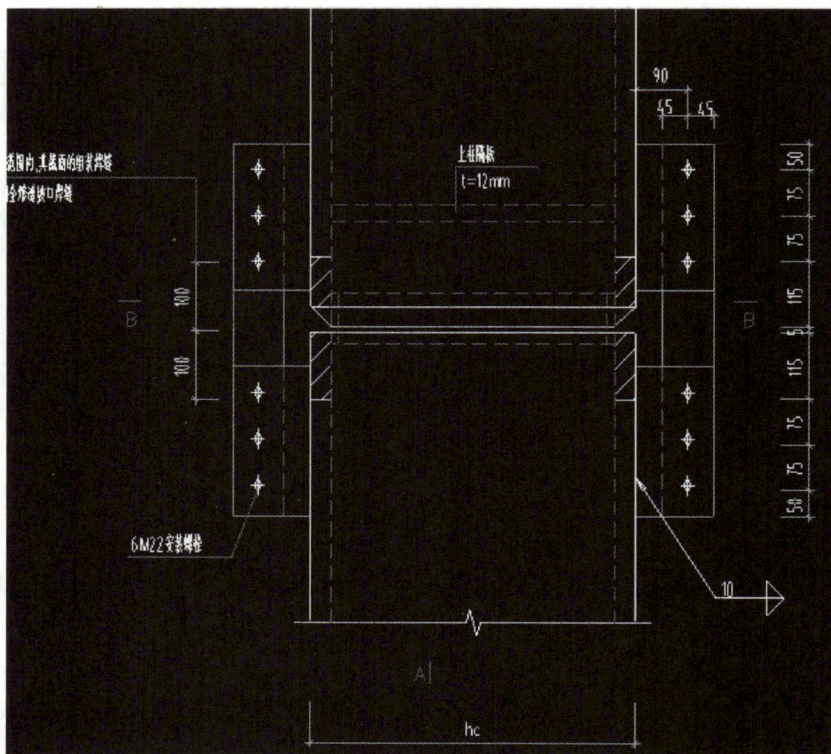

图 7-83　节点图

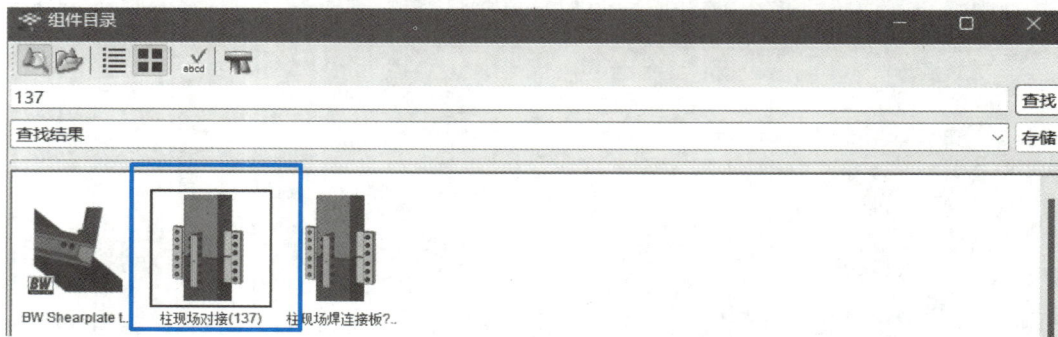

图 7-84　查找节点

　　第一步：图 7-85 中，①这里的节点板实际就是耳板，接头板就是两个双夹板。②表示上节柱和下节柱之间是 5mm 的间隙，上下两个耳板的间距是 100mm。③左右两块耳板间距为 200mm。

　　第二步：图 7-86 中，①代表上下隔板的厚度为 16mm。②代表隔板的间距。③代表隔板的开孔和倒角。

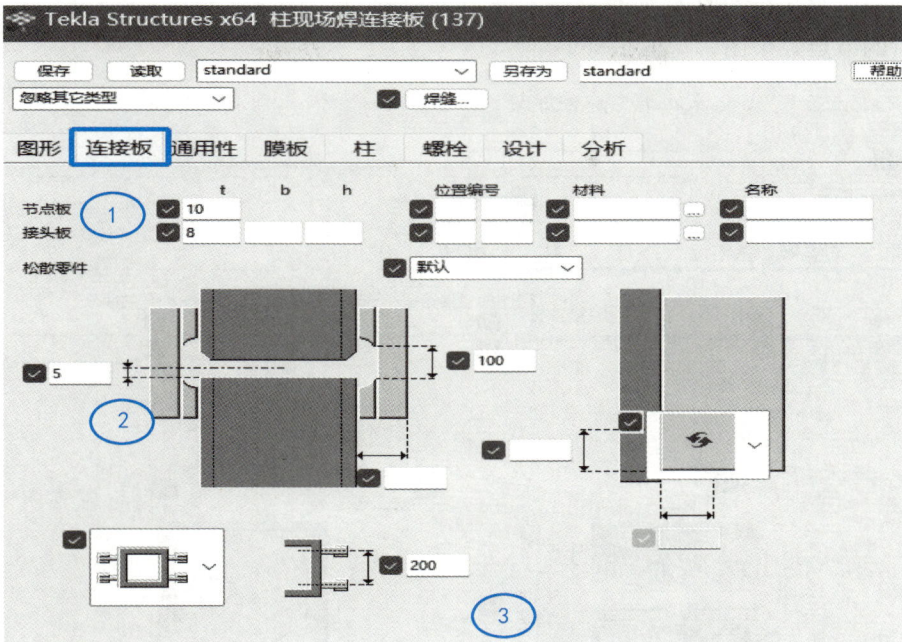

图 7-85 操作步骤一

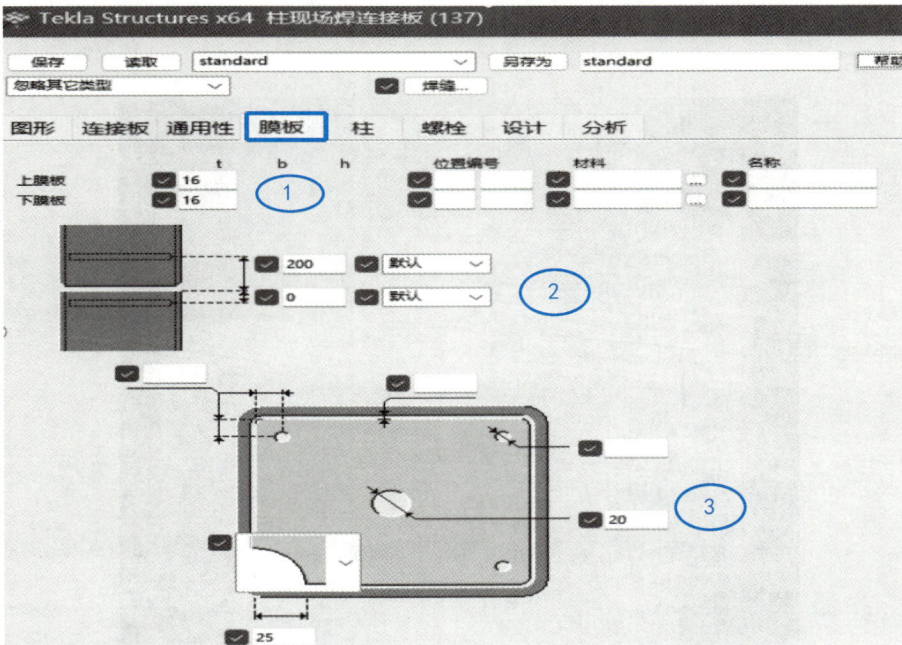

图 7-86 操作步骤二

第三步：衬垫板的厚度为 6mm，宽度为 30mm，见图 7-87。

最后的节点效果图，见图 7-88。

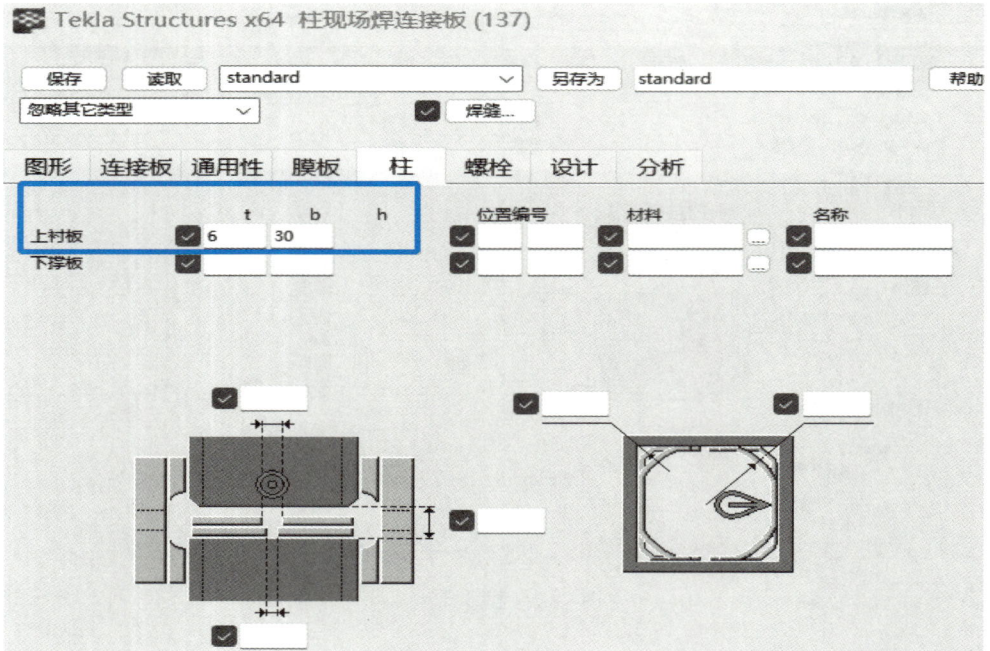

图 7-87　操作步骤三

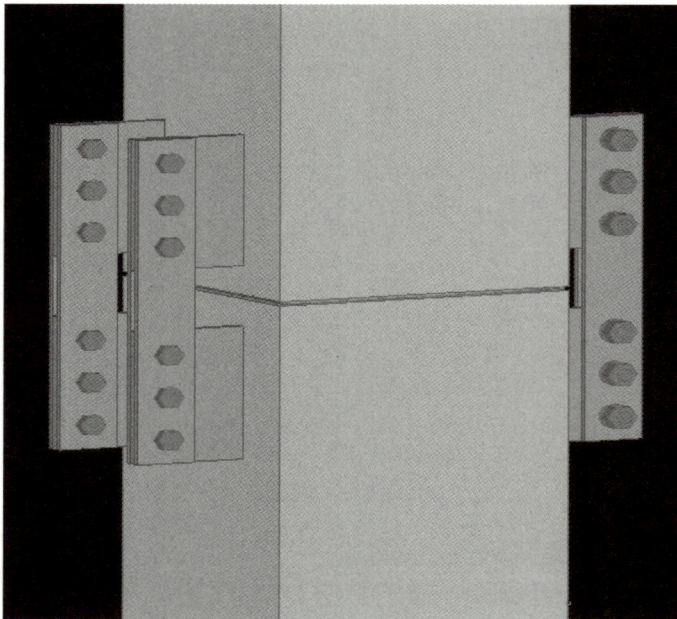

图 7-88　节点效果图

7.15　89 号扶手节点

设计节点图，见图 7-89。

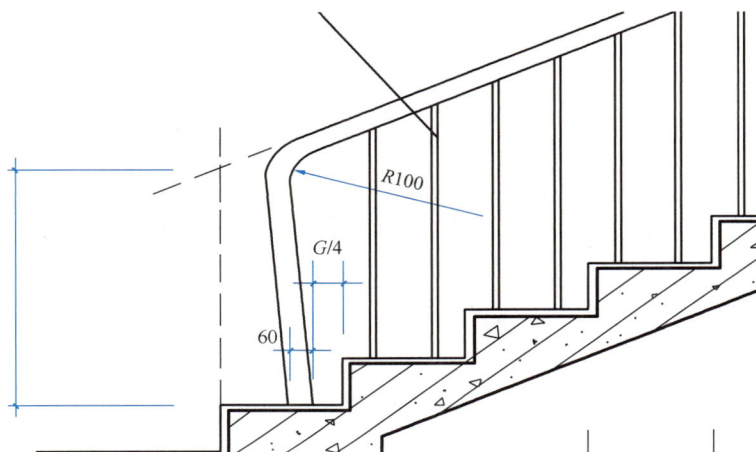

图 7-89　节点图

双击"望远镜"工具，弹出组件选项卡，查找 89 号节点，见图 7-90。

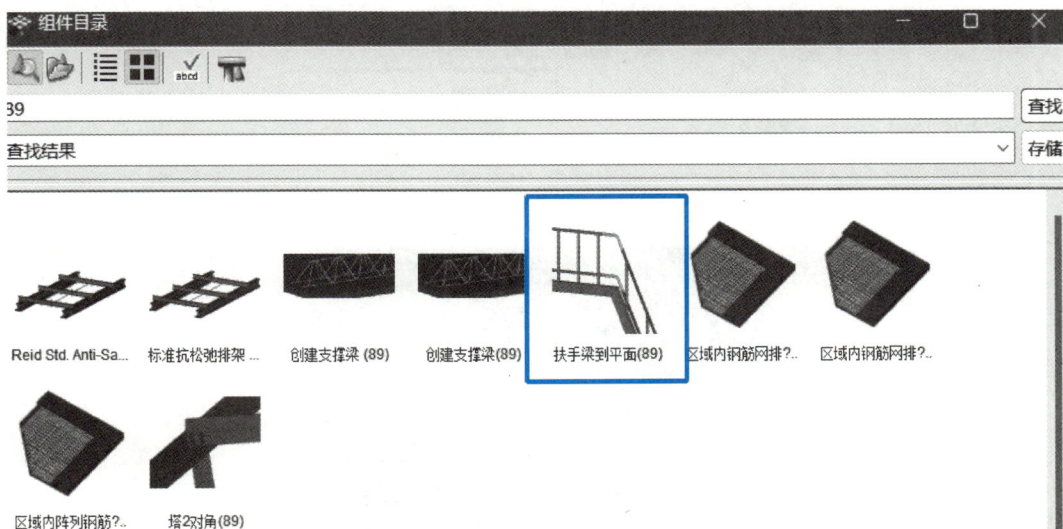

图 7-90　查找节点

第一步：图 7-91 中，①代表弯头端板距交点的距离，②代表弯头半径。

第二步：构造方法选择"扩展"，见图 7-92。

最后的节点效果图，见图 7-93。

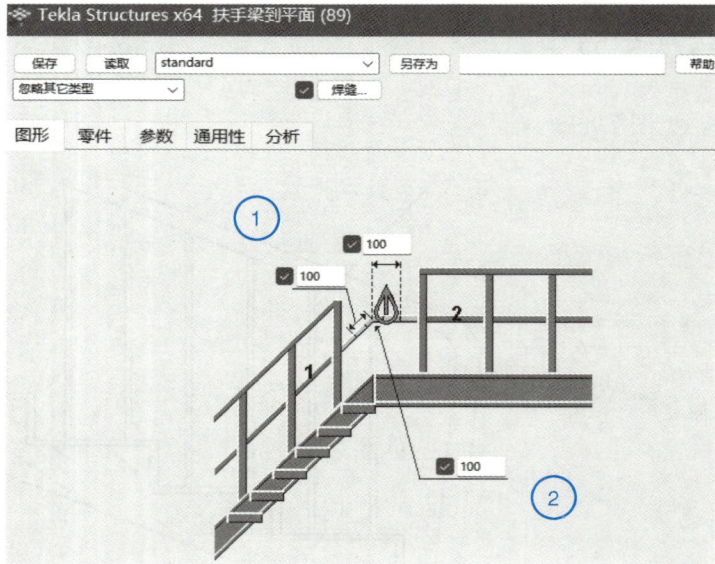

图 7-91　操作步骤一

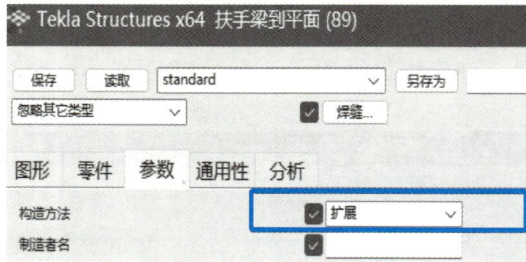

图 7-92　操作步骤二

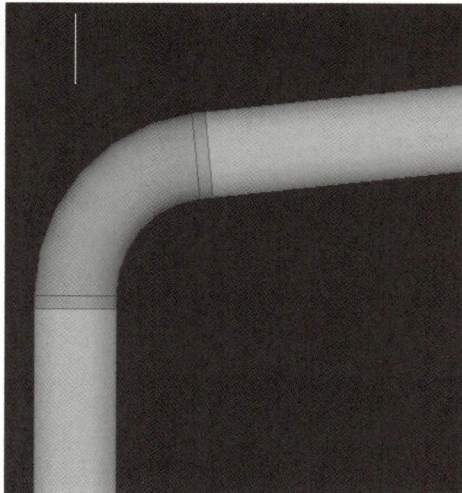

图 7-93　节点效果图

第**8**章

常用操作

本章主要给大家介绍软件常用的操作。这些都是我们在做项目时总结出来的、比较实用的一些技巧，可以多加练习并熟练掌握，以便做项目时能灵活应用。

8.1　如何导入报表清单

（1）打开模型文件，见图 8-1。

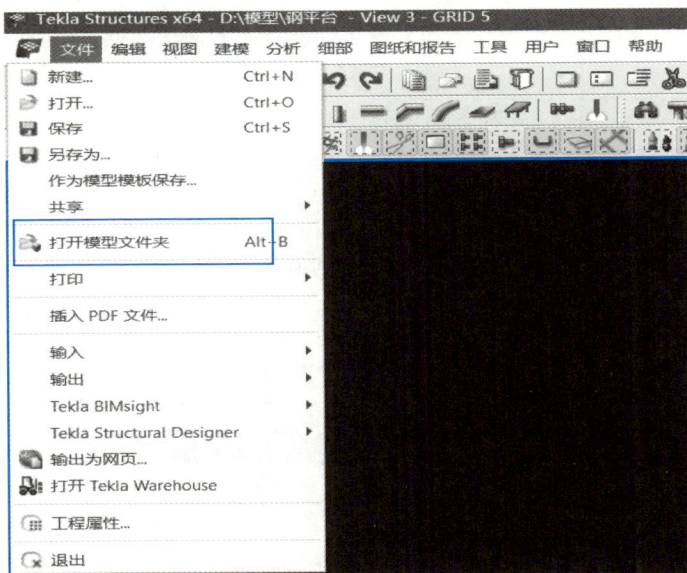

图 8-1　打开模型文件夹

（2）复制准备好的清单报表到模型文件夹里，见图 8-2、图 8-3。

名称	修改日期	类型	大小
材料汇总清单.xls.rpt	2024/2/26 16:41	RPT 文件	110 KB
构件零件清单1.xls.rpt	2024/2/28 9:34	RPT 文件	116 KB
构件清单1.xls.rpt	2024/2/28 9:34	RPT 文件	104 KB
零件清单1.xls.rpt	2024/2/28 9:34	RPT 文件	101 KB
螺栓清单.xls.rpt	2023/10/31 11:09	RPT 文件	9 KB

图 8-2　清单模板

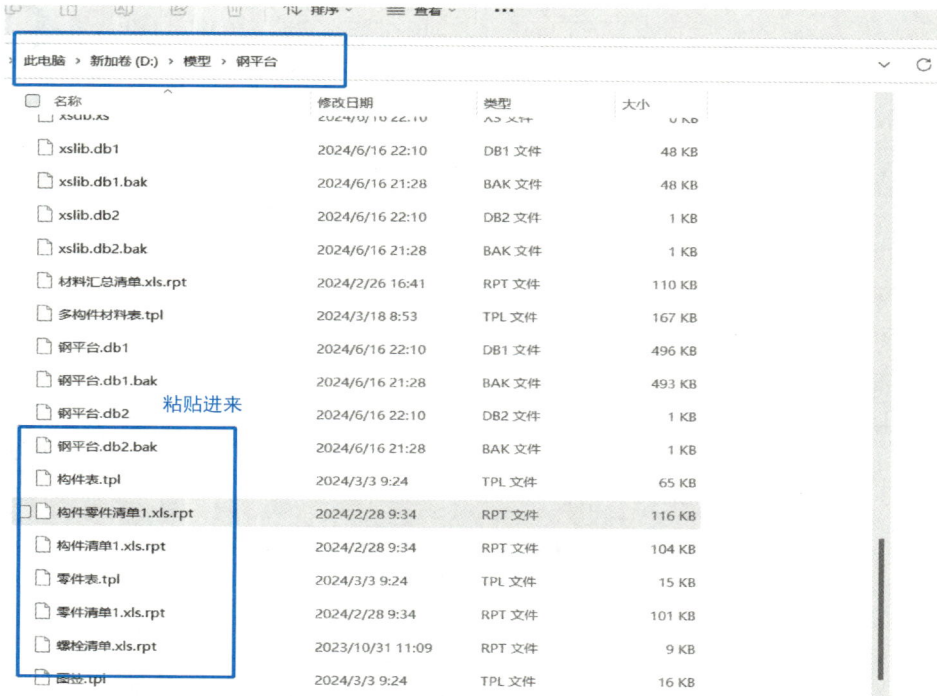

图 8-3　清单模板导入模型

（3）打开报告，检查清单报表有没有导入成功，见图 8-4。

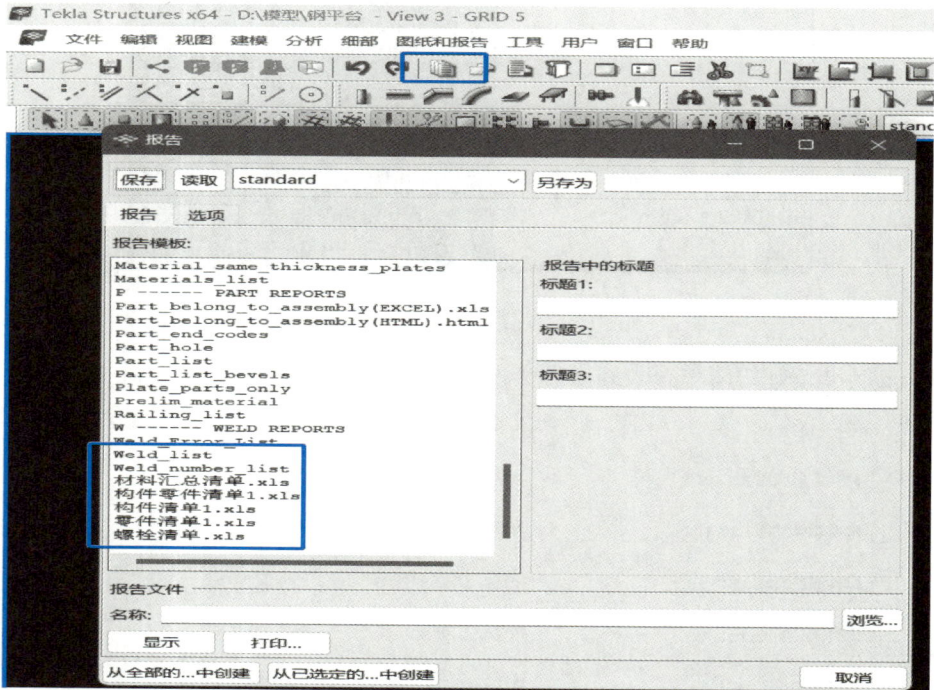

图 8-4　检查清单是否导入成功

8.2　如何提料

（1）打开报告，选择材料汇总清单，选中模型里的零件，创建清单，见图 8-5。

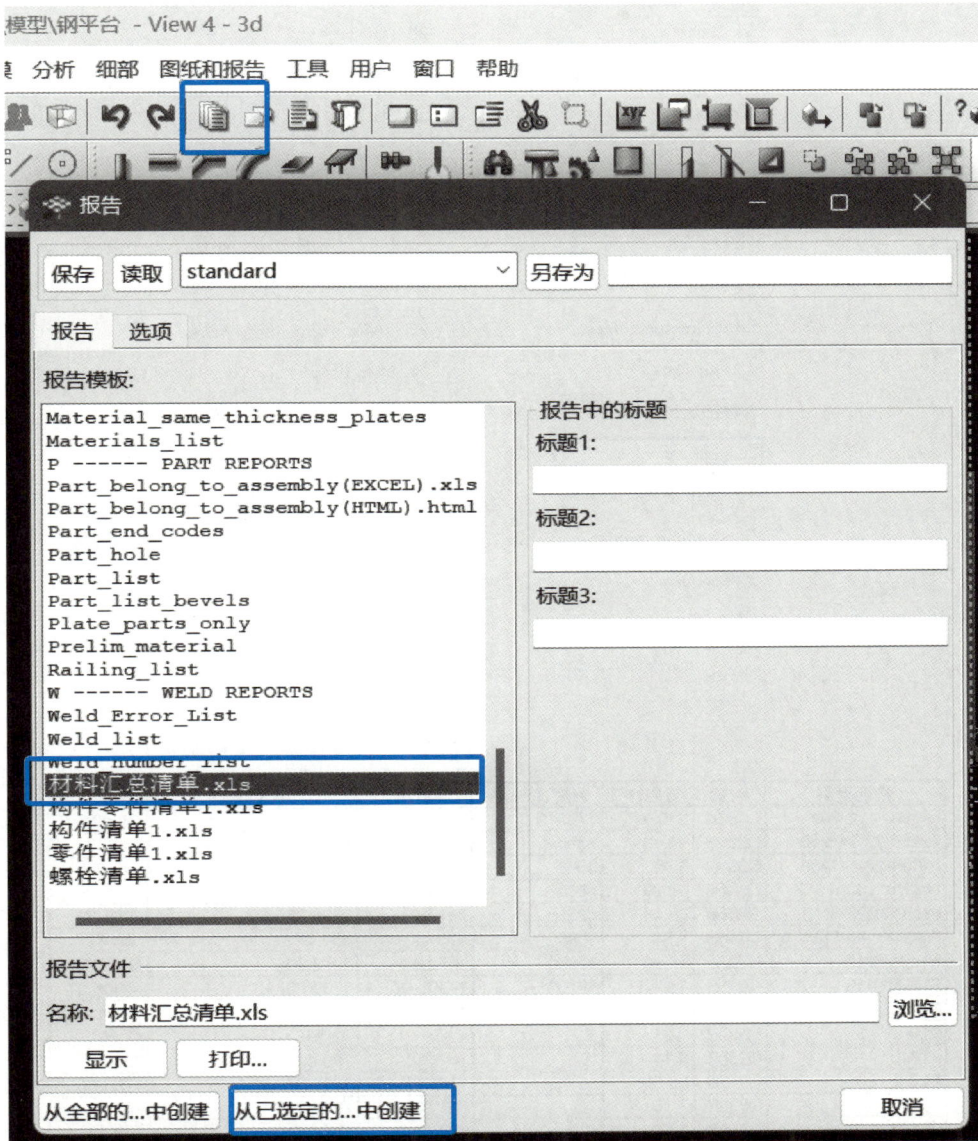

图 8-5　选择材料汇总清单

（2）打开模型文件，找到"Reports"文件，找到材料汇总清单，见图 8-6、图 8-7。

	名称 ^	修改日期	类型
	Analysis	2024/3/3 8:56	文件夹
	attributes	2024/5/27 15:36	文件夹
	Clashes	2024/3/11 14:17	文件夹
	CustomComponentDialogFiles	2024/4/23 10:29	文件夹
	drawings	2024/6/17 15:37	文件夹
	IFC	2024/3/17 17:17	文件夹
	logs	2024/5/25 15:13	文件夹
	NC_dxf	2024/5/15 14:18	文件夹
	NCFiles	2024/5/15 14:18	文件夹
	ParametricProfiles	2024/4/23 10:29	文件夹
	PlotFiles	2024/6/5 10:46	文件夹
	ProjectOrganizer	2024/6/4 16:38	文件夹
	Reports	2024/3/12 10:30	文件夹
	SessionFileRepository	2024/6/16 22:10	文件夹
	ShapeGeometries	2024/3/17 9:12	文件夹
	Shapes	2024/3/17 9:12	文件夹
	.locked	2024/6/17 21:57	LOCKED

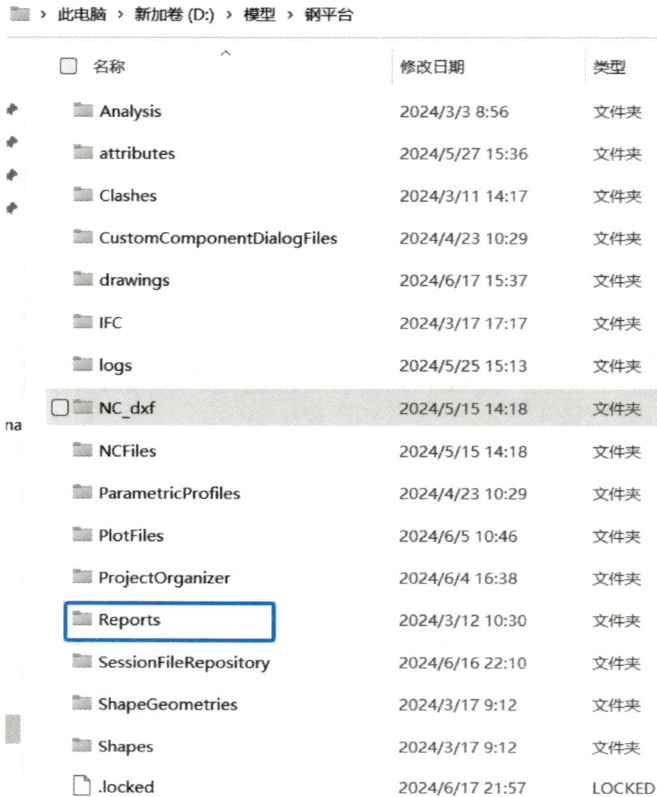

图 8-6 打开清单文件夹

日期　17.06.2024 22:43:52

截面型材	材质	面积(m²)	长度（mm）	净重(Kg)	毛重(Kg)	重量(Kg)
HI500-8-12*200	Q355B	319.37	178170	12009.36	12039.45	12009.36
HI650-12-14*250	Q235B	19.13	8380	949.48	951.51	949.48
HI650-12-14*250	Q355B	6.91	3000	340.06	340.60	340.06
HN300*150*6.5*9	Q235B	50.92	42895	1448.89	1575.20	1575.20
HN400*200*8*13	Q235B	69.40	43815	2817.62	2893.32	2893.32
HW400*400*13*21	Q355B	7.34	3090	520.40	530.47	530.47
RHS200*10	Q355B	14.40	17980	1072.69	1072.69	1072.69
RHS400*16	Q355B	143.78	89700	17305.07	17305.07	17305.07
PL6	Q235B	0.68		14.84	14.84	14.84
PL6	Q355B	2.21		42.39	42.39	42.39
PL8	Q235B	8.14		237.30	238.60	237.30
PL8	Q355B	58.59		1763.85	1766.62	1763.85
PL10	Q235B	7.15		261.93	264.31	261.93
PL10	Q355B	4.81		170.11	173.63	170.11
PL12	Q235B	4.85		214.87	216.87	214.87
PL12	Q355B	10.57		467.10	471.22	467.10
PL14	Q355B	3.03		152.47	154.67	152.47
PL19	Q235B	0.28		18.81	19.12	18.81
PL20	Q355B	5.09		342.11	342.11	342.11
PL30	Q355B	8.96		964.61	964.61	964.61
共计		745.60	387031	41113.94	41377.28	41326.02

图 8-7 材料汇总清单

8.3　添加材质

（1）从菜单栏中选择：建模→材料对话框→点开钢材质，见图 8-8、图 8-9。

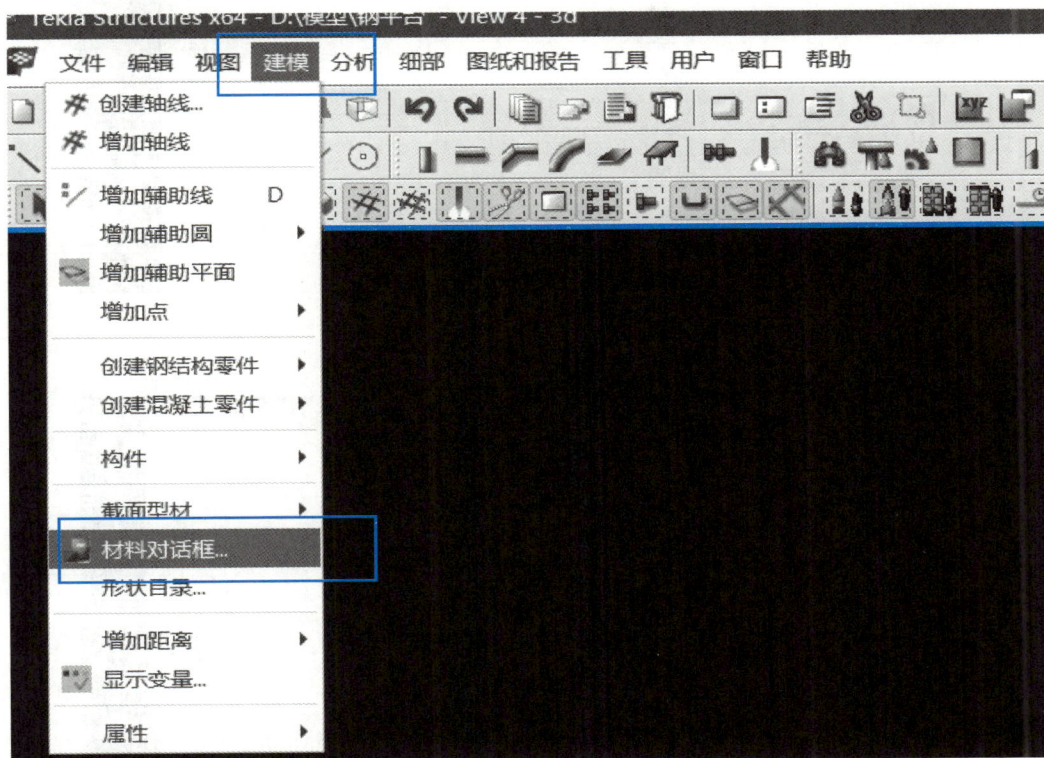

图 8-8　材料对话框

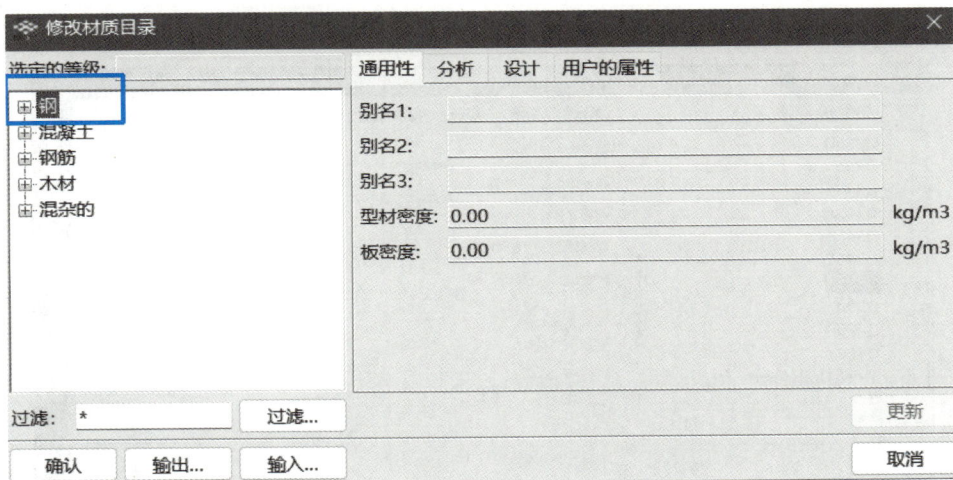

图 8-9　选择钢材质

（2）右击，复制钢的任意一个材质，然后修改名称，例如修改成 Q355B，见图 8-10、图 8-11。

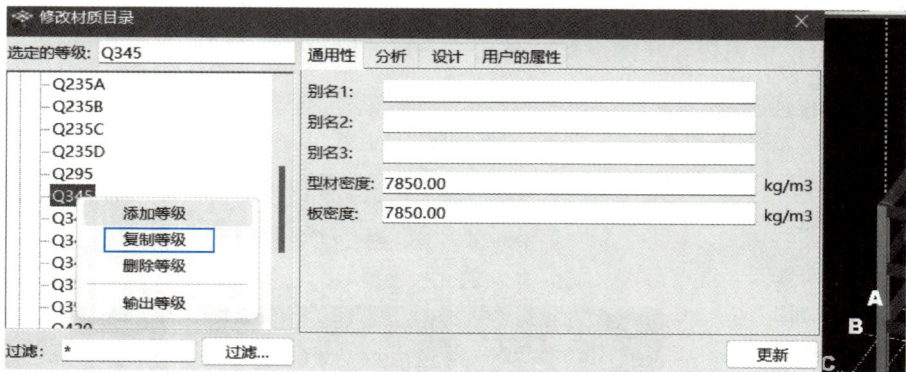

图 8-10　复制等级

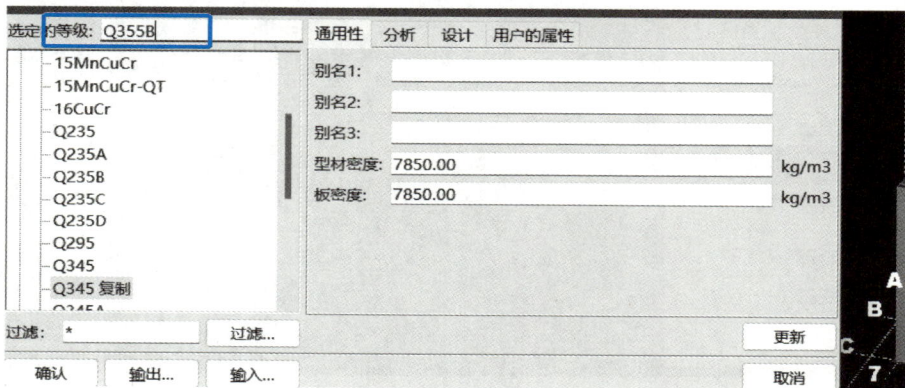

图 8-11　填写材质

（3）点击更新→确认，见图 8-12。

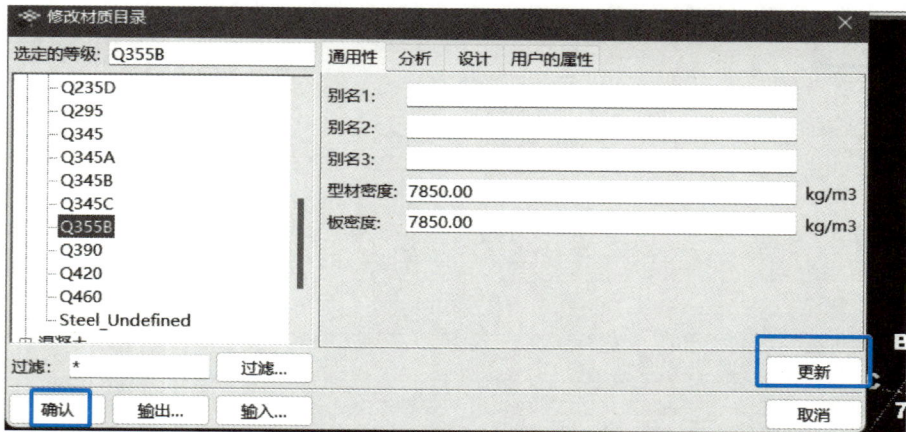

图 8-12　添加材质成功

8.4　添加螺栓

（1）从菜单中选择：细部→螺栓→螺栓对话框，见图 8-13。

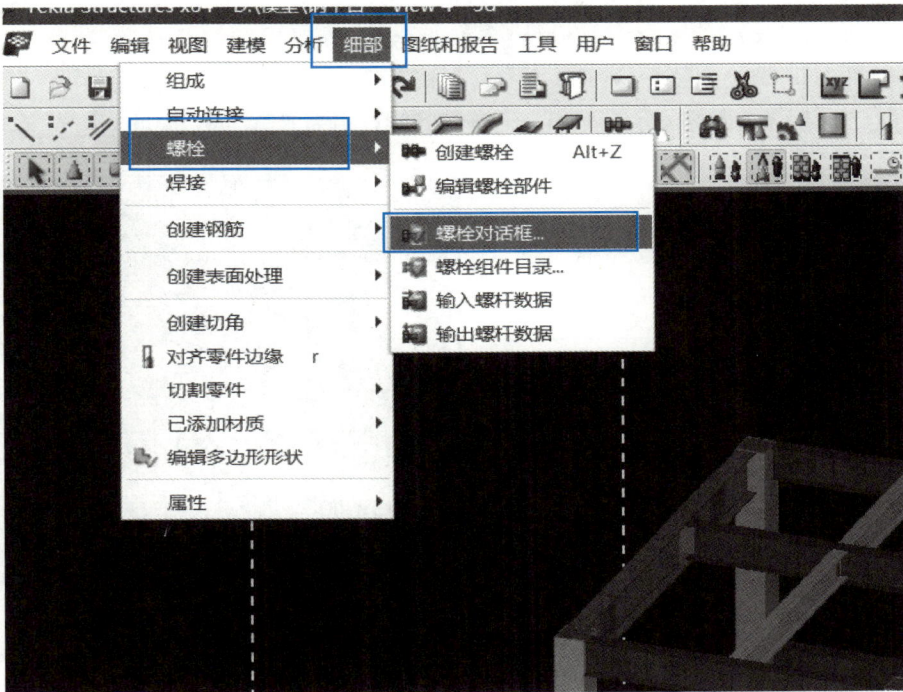

图 8-13　螺栓对话框

（2）例如：添加 C12，长度为 180mm 的加长螺栓。过滤出 C 级螺栓，然后修改长度，添加→更新→确定，见图 8-14。

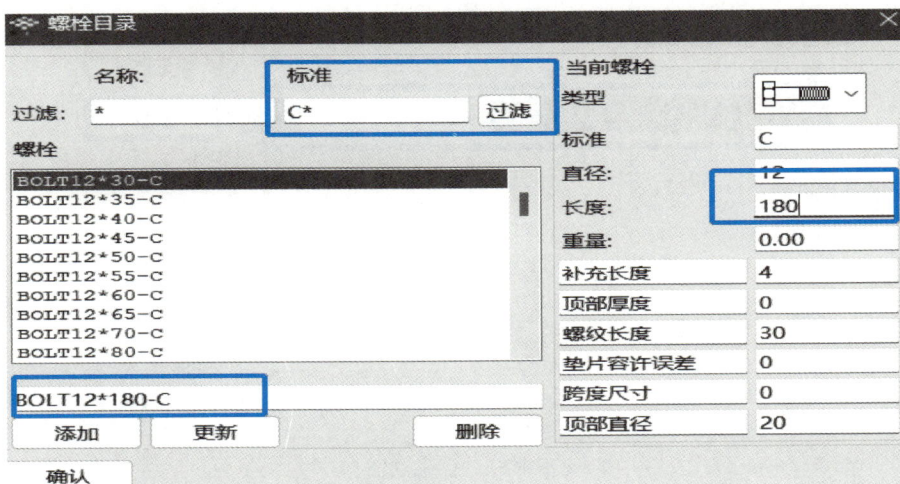

图 8-14　添加螺栓

183

8.5 添加状态

（1）工具→状态管理器，见图 8-15。

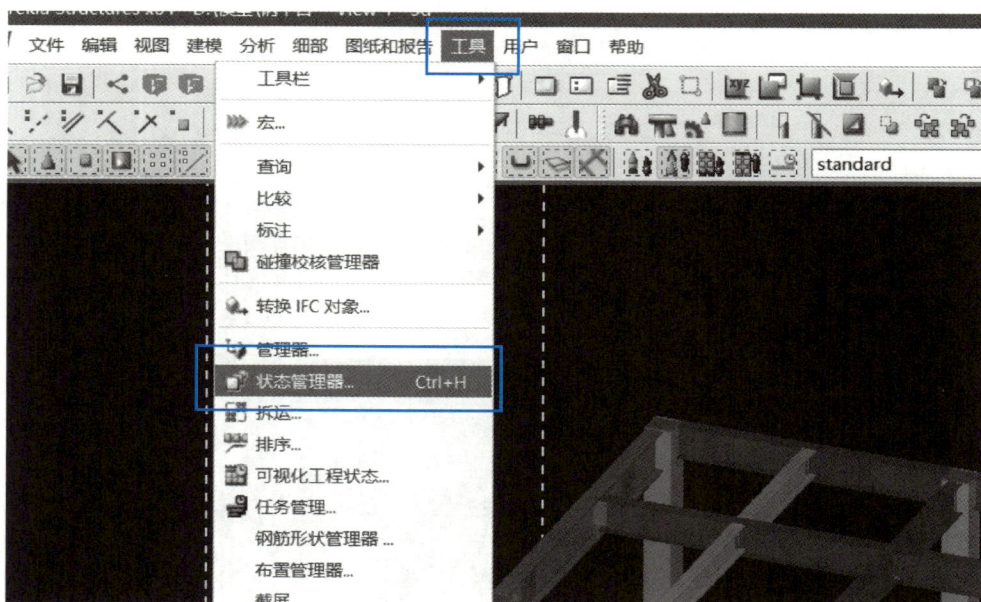

图 8-15 状态管理器

（2）点击添加状态，例如添加"状态 2"，评注为"钢柱"，见图 8-16。

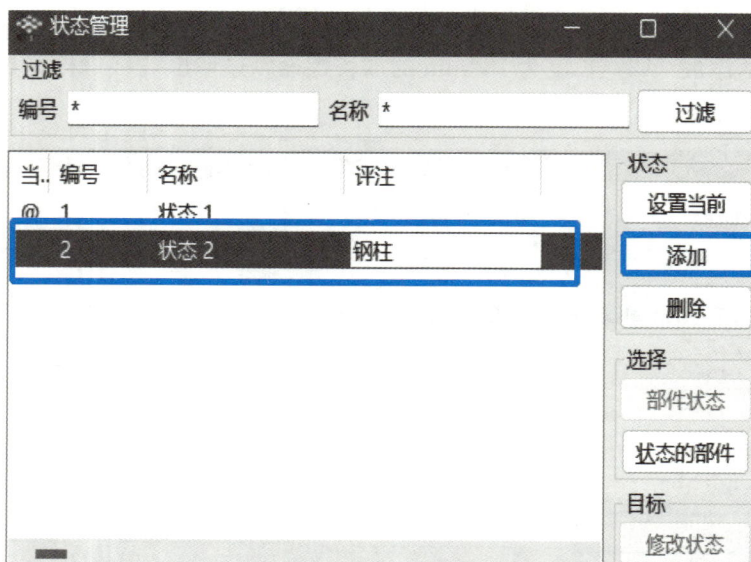

图 8-16 添加状态

（3）模型初始的状态为状态 1，选中所有的钢柱，点击修改状态，模型中钢柱的状态就由状态 1 变成了状态 2，见图 8-17。

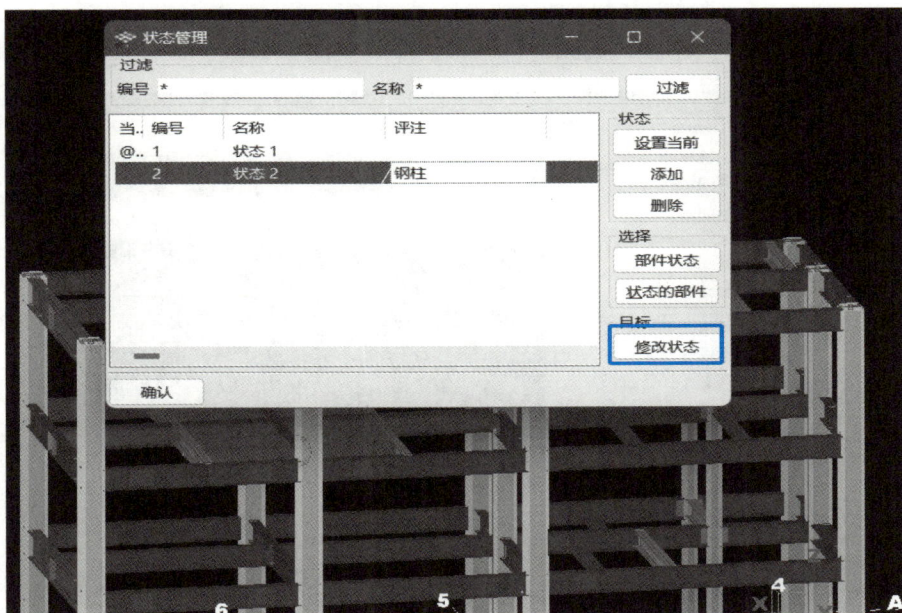

图 8-17　修改状态

（4）如果把状态 2 设置为当前状态，那么后面所建的零件状态就默认为状态 2。选中状态 2，点击"状态的部件"，属于状态 2 的部件就会高亮显示，见图 8-18。

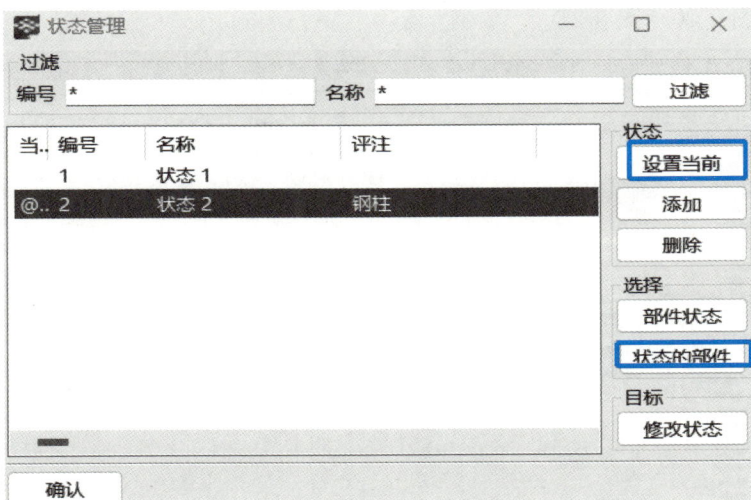

图 8-18　状态部件

（5）对零件添加状态，主要的目的是方便单独过滤某种零件。不同的零件设置不同的状态，方便后期处理模型时进行单独的过滤筛选。

8.6 添加截面

（1）从菜单中选择：建模→截面型材→截面库，见图 8-19。

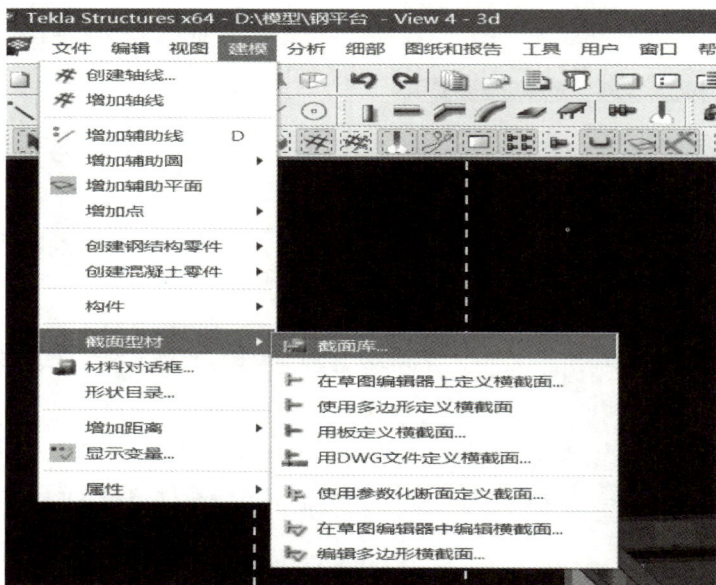

图 8-19 截面库

（2）例如：添加箱形截面 400×400×16×16，右击添加截面，然后修改截面名称及截面参数，见图 8-20、图 8-21。

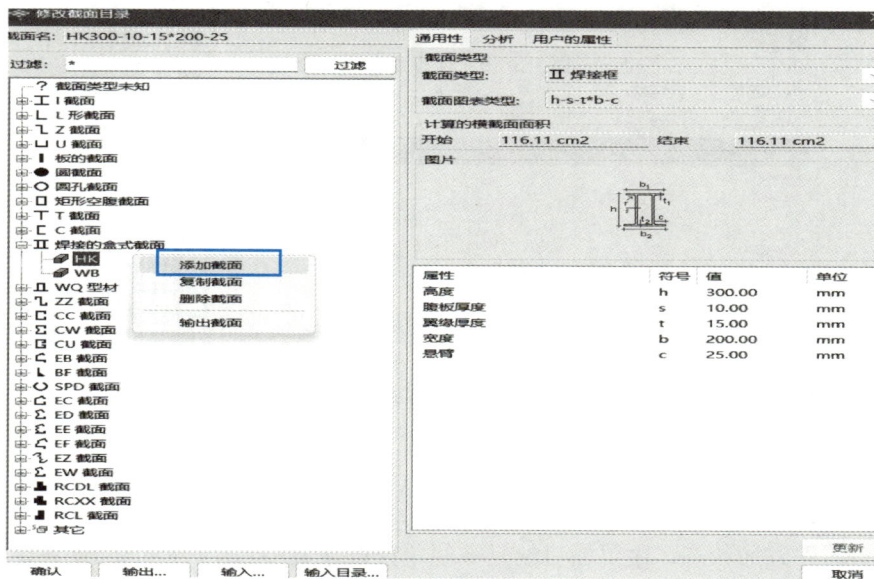

图 8-20 添加截面之一

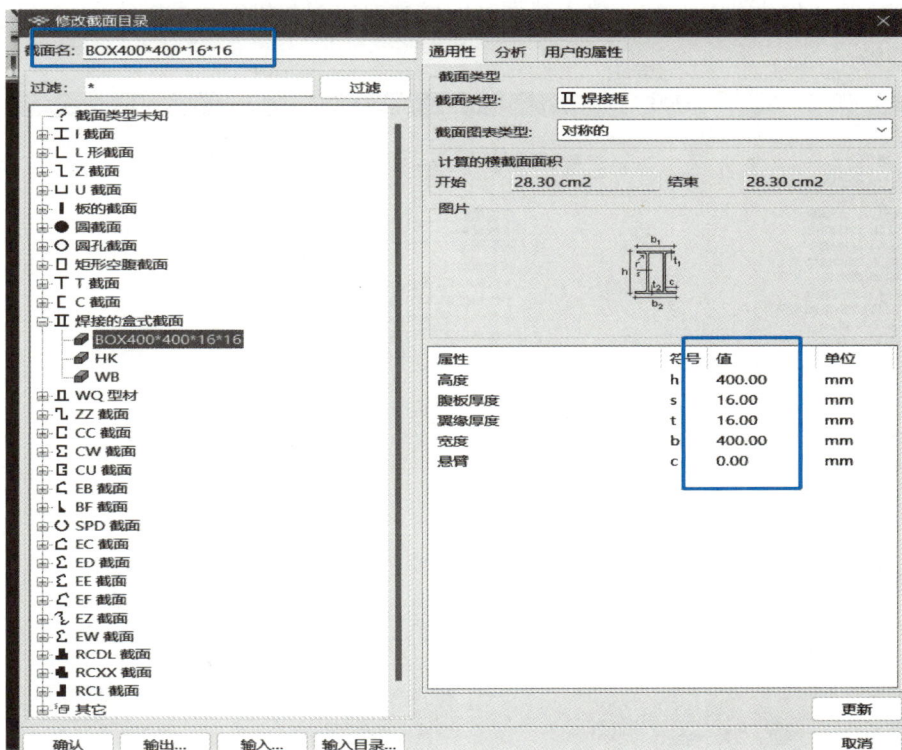

图 8-21　添加截面之二

（3）使用"型钢五金大全"查询该截面的截面面积和单位重量，见图 8-22。

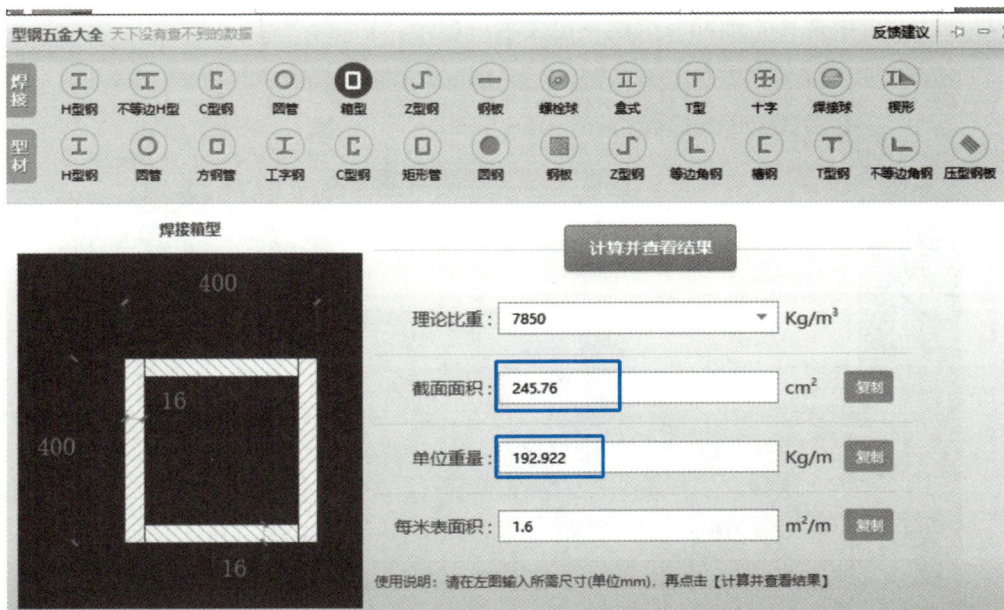

图 8-22　查询截面

（4）点开"分析"这一栏，填入查询好的横截面面积和单位长度的重量，然后更新确认，见图8-23。

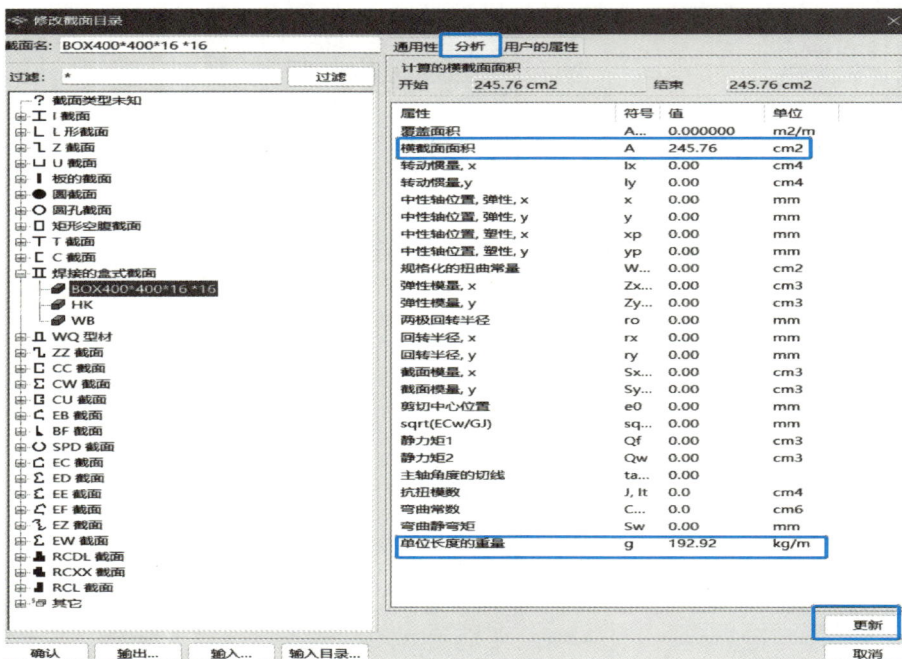

图 8-23　填写数据

8.7　创建自定义节点

（1）从菜单中选择：细部→组成→定义用户单元，见图8-24。

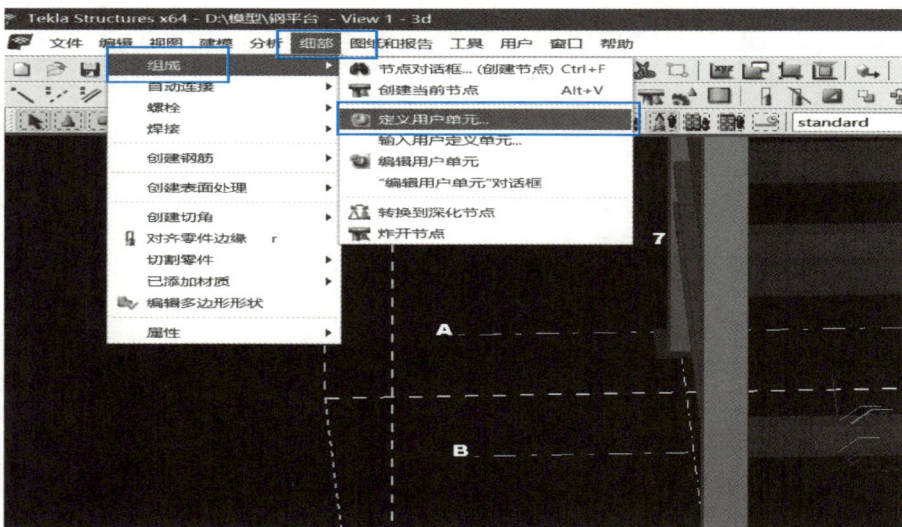

图 8-24　定义用户单元

（2）类型选择"节点"，名称自己定义一个节点名称，例如：钢柱和钢梁的节点名称为"GZ1-GL1"。点击"下一步"按钮，见图 8-25。

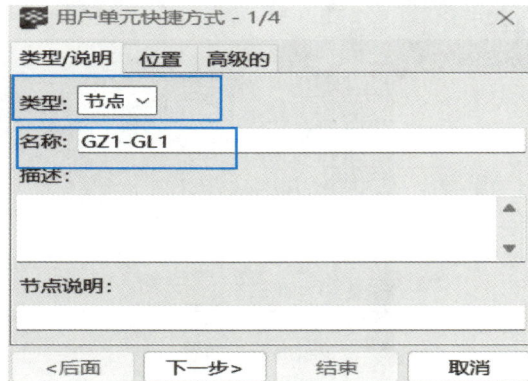

图 8-25　填写节点名称

（3）在模型中选择构成节点的对象，这里我们要框选组成节点的零件、螺栓、切割线、焊缝。切记不要遗漏任何对象。全部选中后，点击"下一步"按钮，见图 8-26。

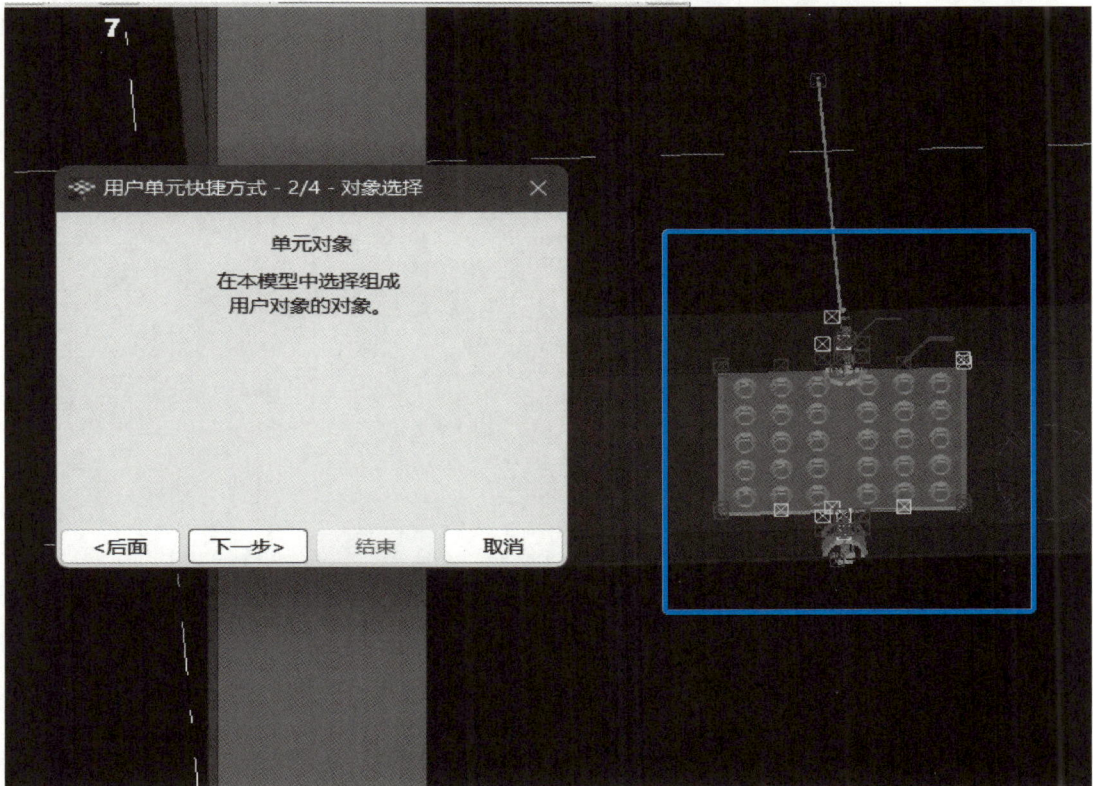

图 8-26　单元对象

（4）选择主零件，主零件就是钢柱，见图 8-27。

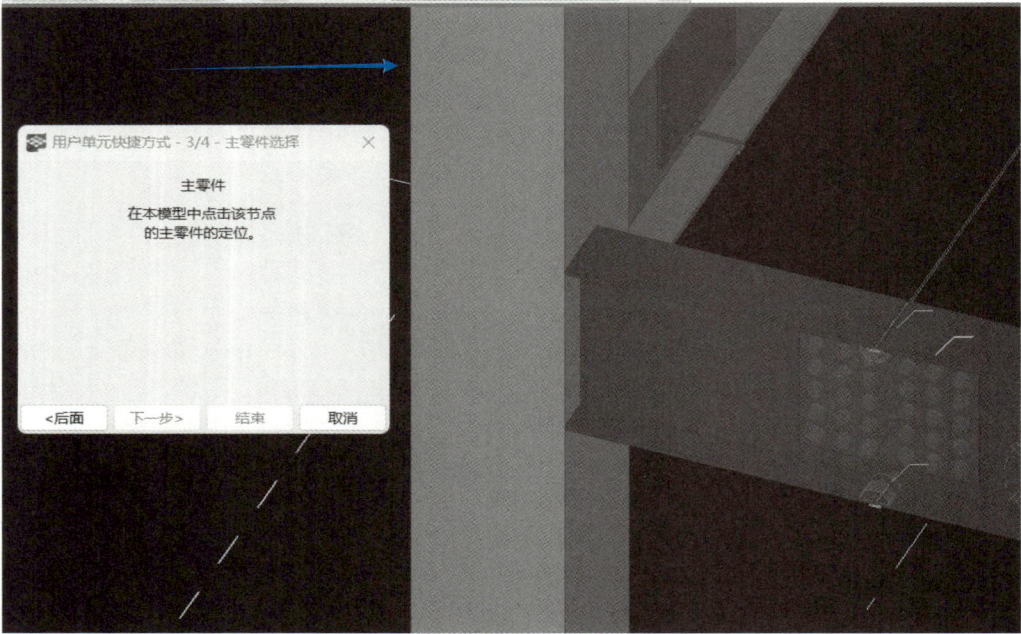

图 8-27　主零件

（5）选择次零件，次零件就是钢梁，然后点击"结束"按钮，见图 8-28。

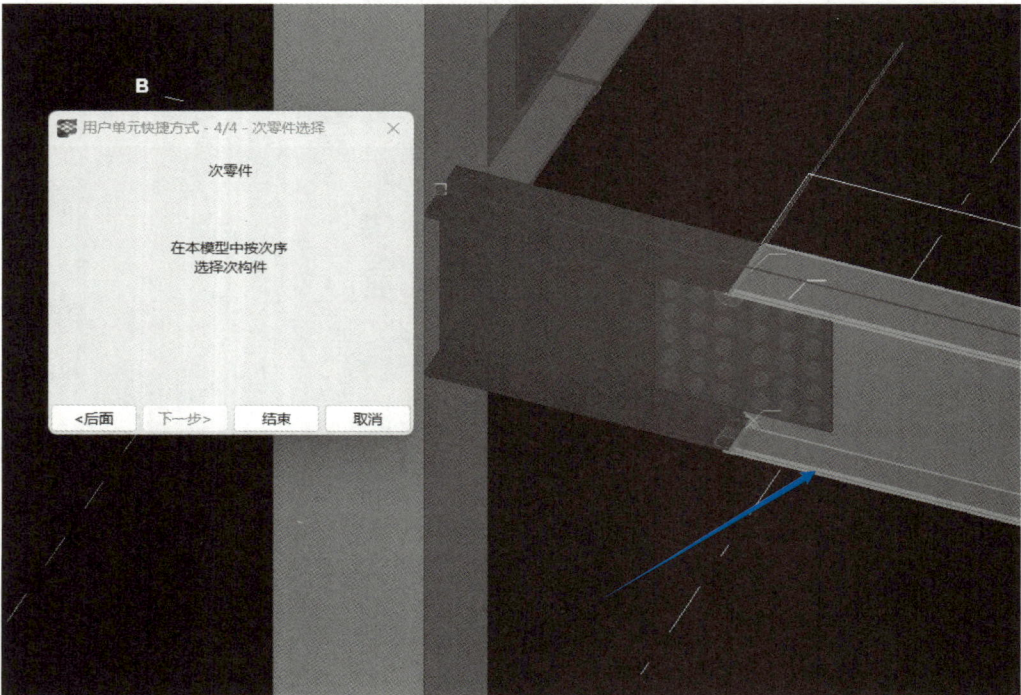

图 8-28　次零件

（6）节点完成，会显示绿色的锥形符号，见图 8-29。

图 8-29　节点完成

（7）点开"望远镜"节点工具，弹出组件目录选项卡。点击"用户"选项，见图 8-30。

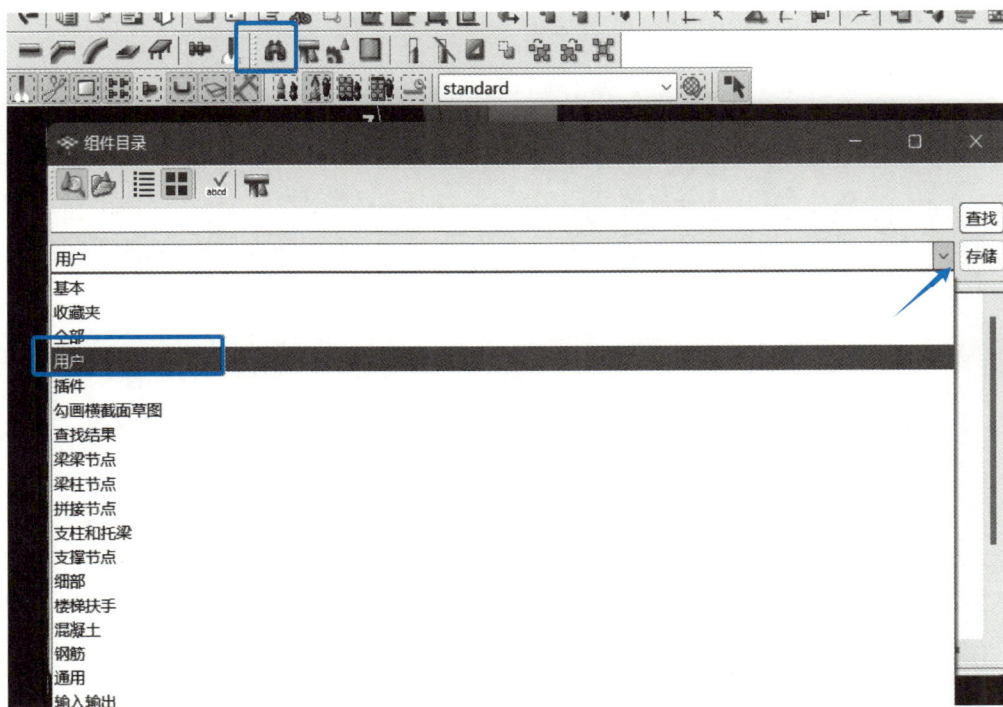

图 8-30　搜索用户

（8）根据名称找到对应的节点，选择做好的自定义节点；然后，先点击钢柱，再点击钢梁。这样，节点就自动完成了，见图 8-31。

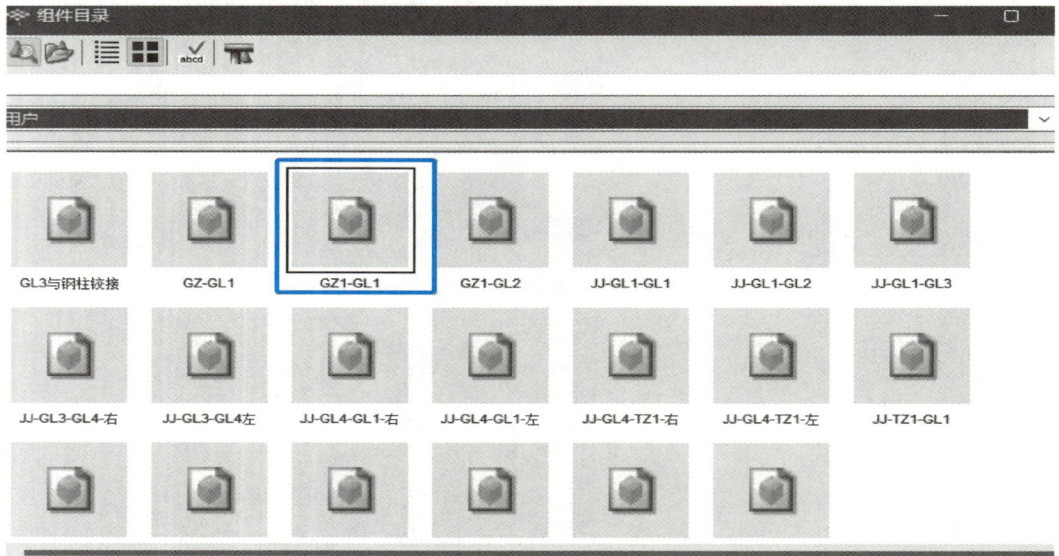

图 8-31　自定义节点

8.8　导入节点

（1）点开"望远镜"节点工具，弹出组件目录选项卡；点击"用户"选项，见图 8-32。

图 8-32　搜索用户

（2）右击，然后点击"输入"。例如：导入一个"电渣焊"的节点，找到放置桌面上的"电渣焊"的节点，见图 8-33、图 8-34。

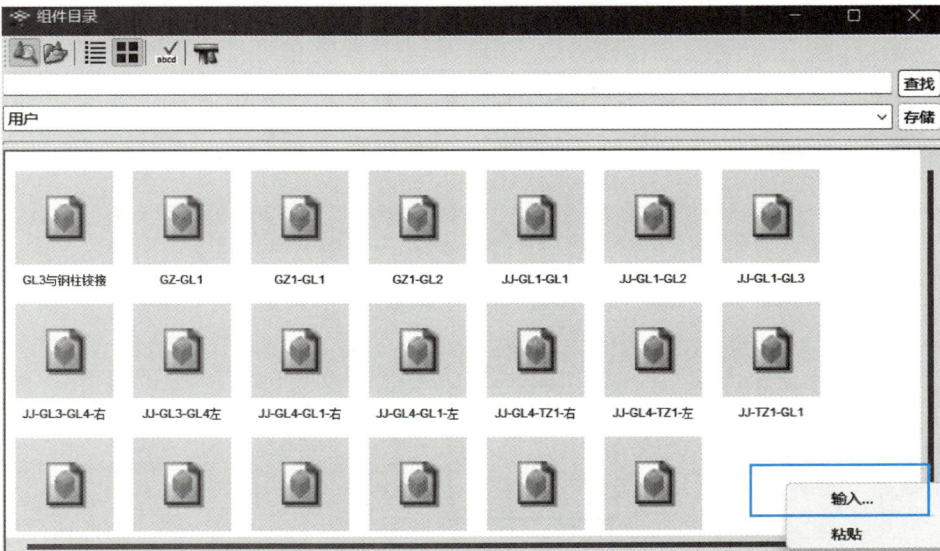

图 8-33　输入节点

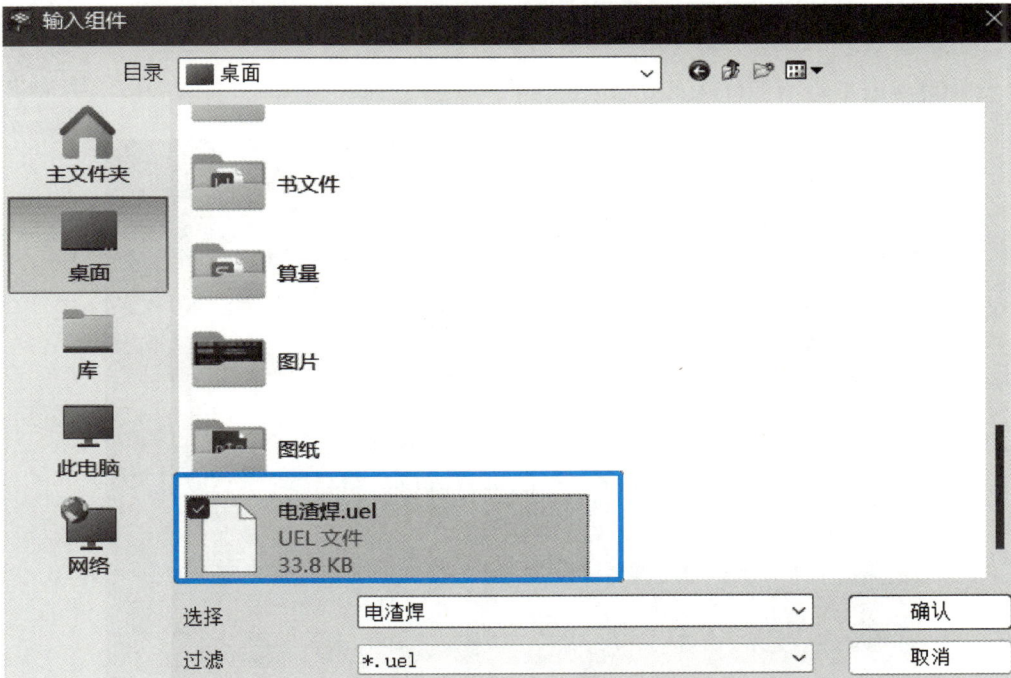

图 8-34　找到相应的节点

（3）输入节点，我们就可以在节点列表里找到"电渣焊"节点。这样，就可以在模型里使用了，见图 8-35。

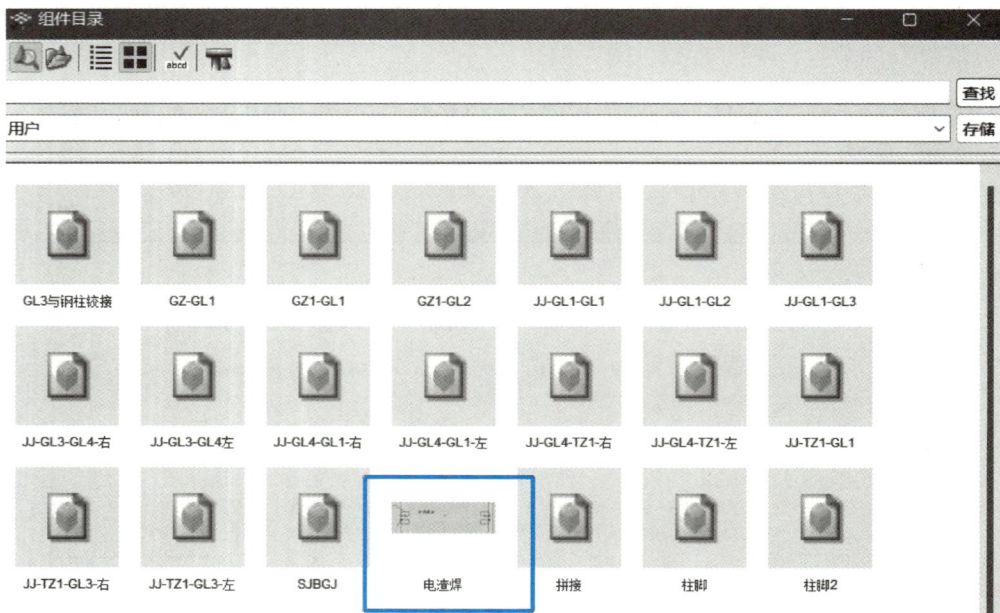

图 8-35　导入节点成功

8.9　查询模型重量

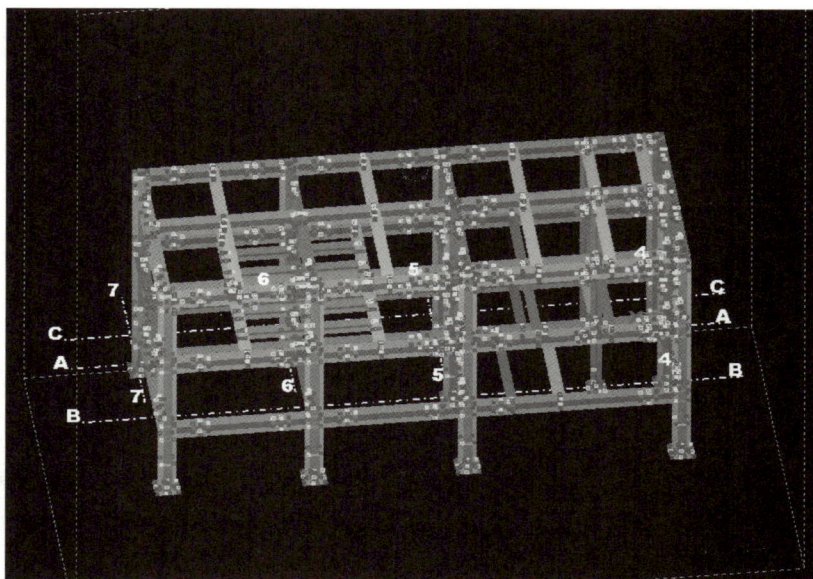

（1）框选整个模型，见图 8-36。

8.9 查询
模型重量

图 8-36　框选整个模型

（2）从菜单中选择：工具→查询→重心，见图 8-37、图 8-38。

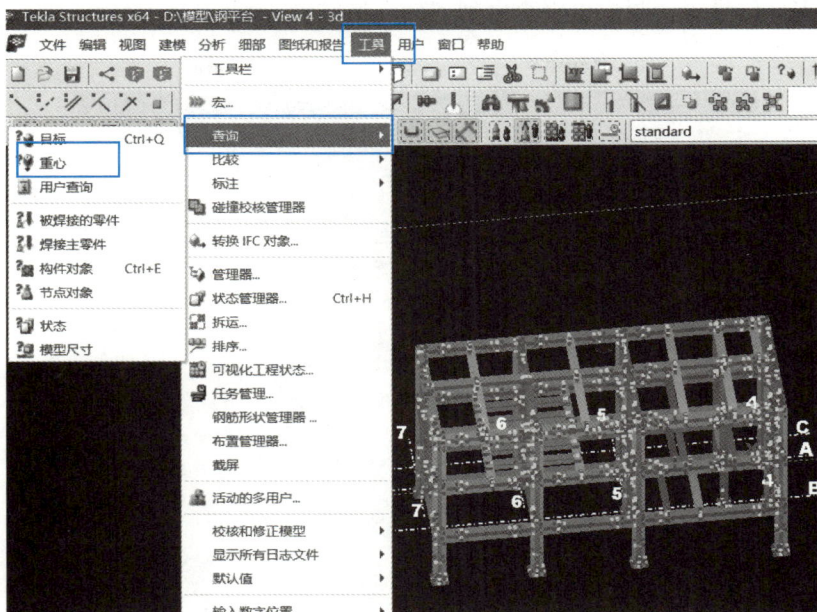

图 8-37　查询重量

图 8-38　重量信息

8.10　查询零件信息

（1）选中零件，右击找到"查询→零件"，弹出零件信息对话框，见图 8-39。

图 8-39　查询零件

（2）从零件信息里，我们可以查询到零件的构件号、零件号、坐标、重量、截面型材等主要信息，见图 8-40。

图 8-40 零件信息

8.11 查询主部件

（1）从菜单中选择：工具→查询→构件对象，见图 8-41。

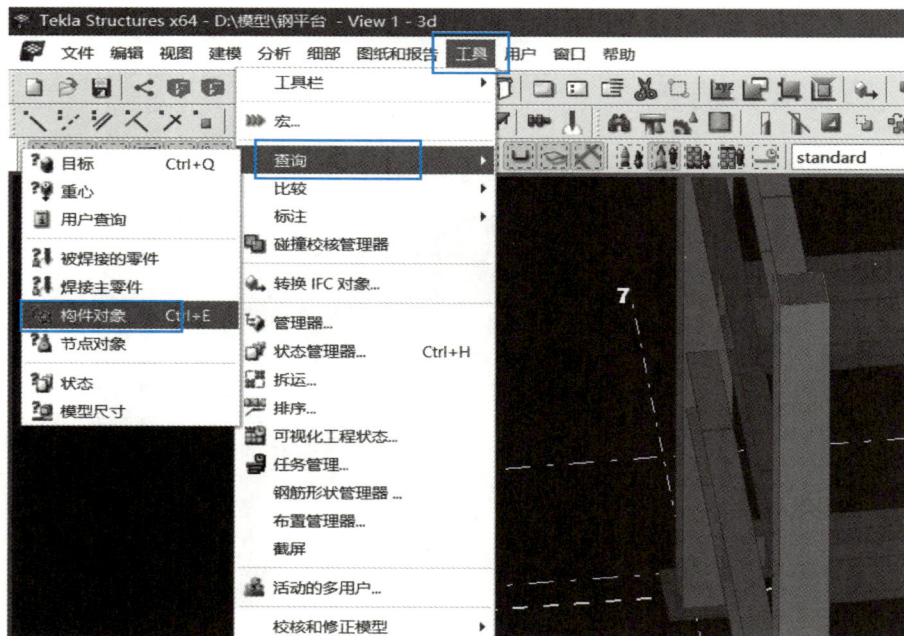

图 8-41 构件对象

（2）然后，选中一个构件，构件里如果显示为红色的零件，即为主部件，见图 8-42。

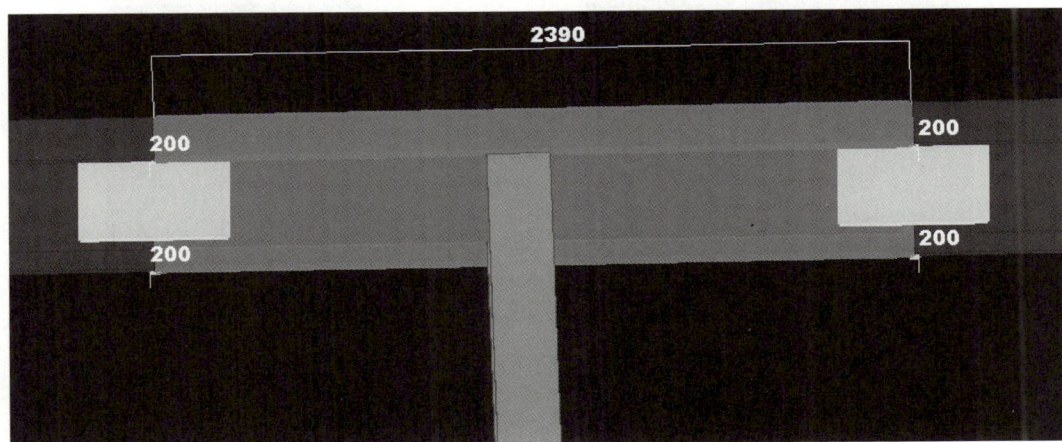

图 8-42　主部件

8.12　查询模型中某一点的坐标

（1）使用增加点工具，在模型任意位置增加一个辅助点，见图 8-43。

图 8-43　增加辅助点

（2）框选辅助点，然后右击查询，见图 8-44、图 8-45。

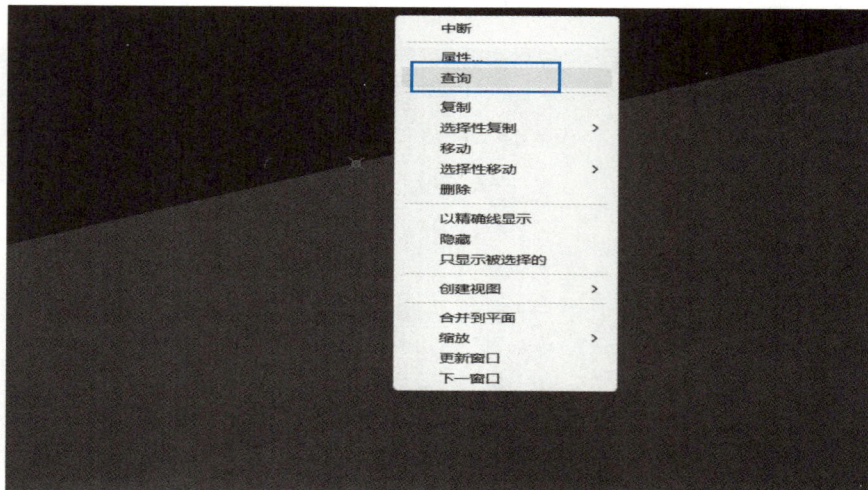

图 8-44　查询坐标点

图 8-45　坐标信息

8.13　输出 DWG 格式的 3D 文件

（1）从菜单中选择：文件→输出→3D DWG/DXF，见图 8-46。

8.13 输出DWG
格式的3D模型

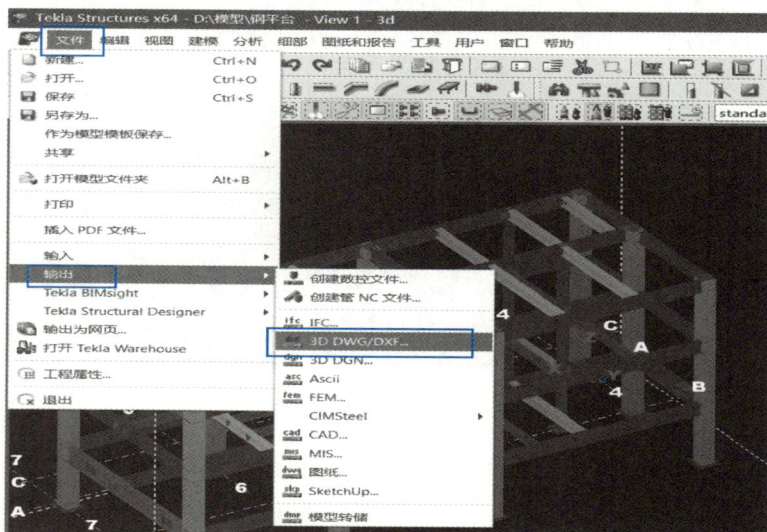

图 8-46　输出 3D 文件

（2）框选整个模型，选择"面"。点击"创建"，就可以生成 3D DWG 文件，见图8-47。

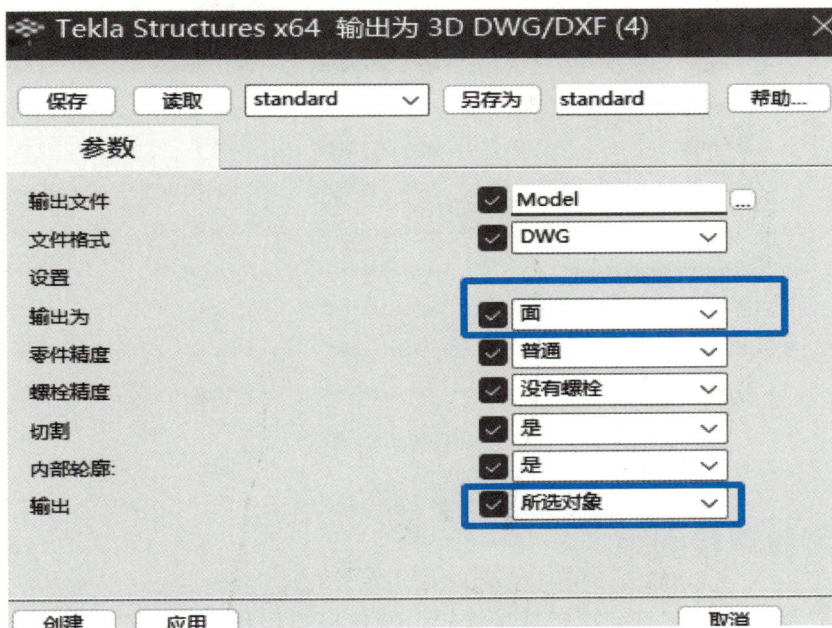

图 8-47　选择"面"

（3）文件→打开模型文件夹，然后就可以找到 Model 这个文件。这个文件可以用 CAD 打开，就可以看到 DWG 版本的 3D模型，见图 8-48、图 8-49。

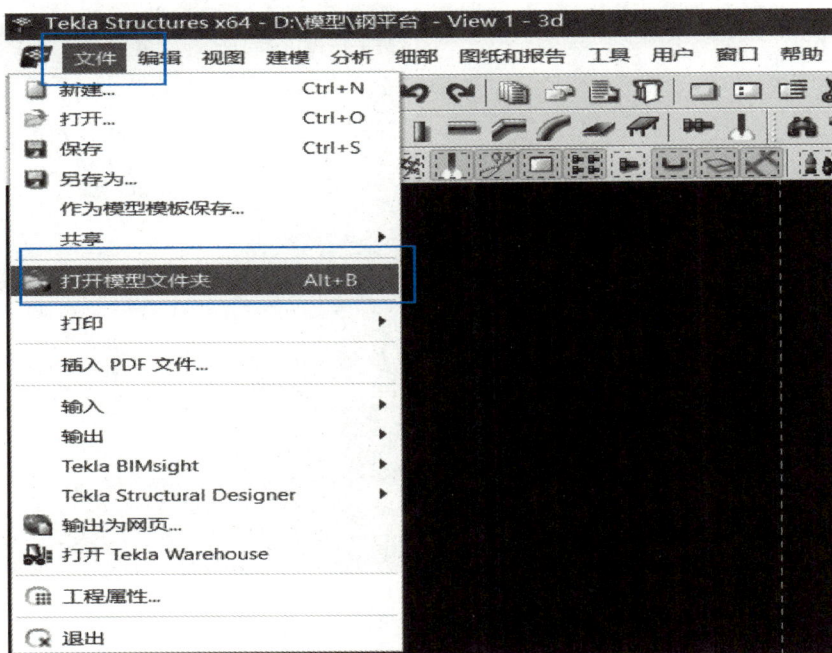

图 8-48　打开模型文件夹

图 8-49　模型文件

8.14　测量螺栓间距

（1）点击测量螺栓工具，然后选择螺栓，再选择连接板，这样软件就会自动标注螺栓的间距。见图 8-50。

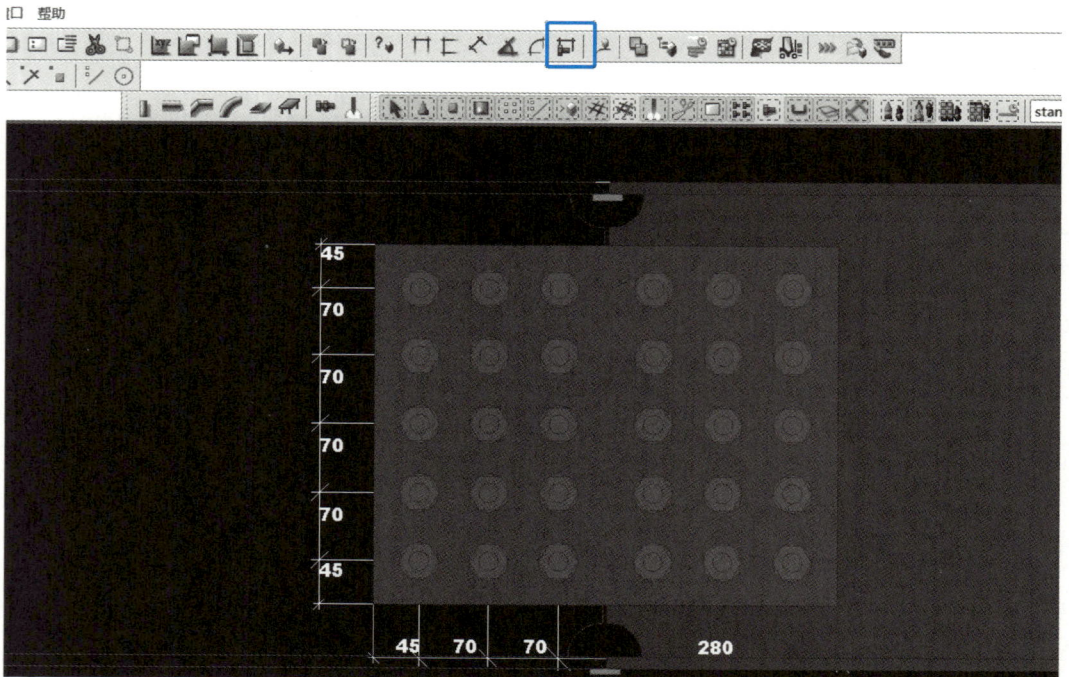

8.14 测量螺栓

图 8-50　测量螺栓

（2）右击，从弹出的菜单当中选择"重画视图"，这样尺寸标注就消失了，见图 8-51。

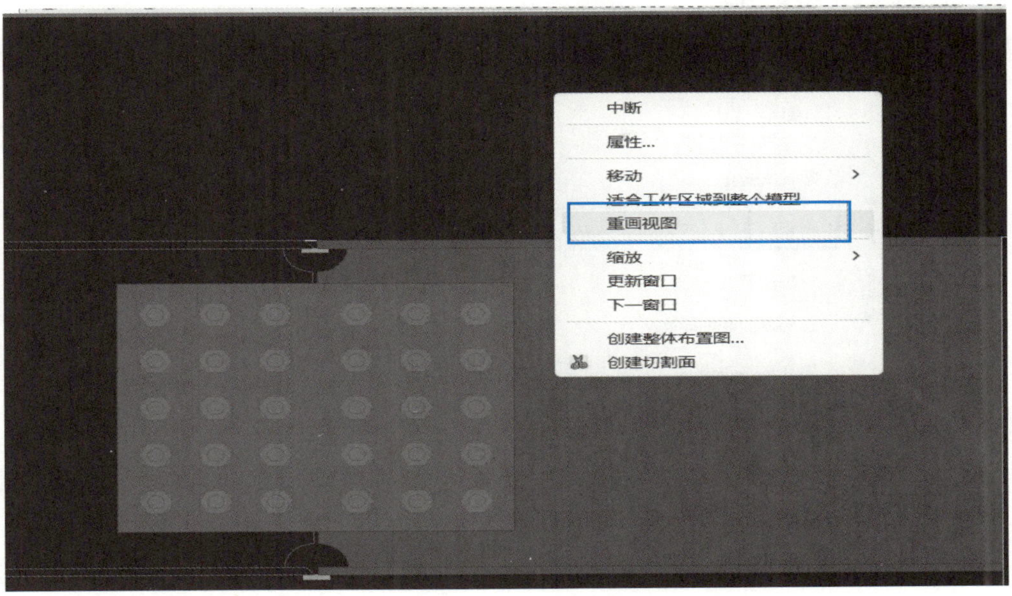

图 8-51 重画视图

8.15 导入 CAD 图纸

（1）用 CAD 打开图纸，把每一张平面图或者立面图单独保存成一张图纸，并且把图纸移动到（0，0）原点坐标，最后把图纸保存为低版本的，例如 2004 版。见图 8-52。

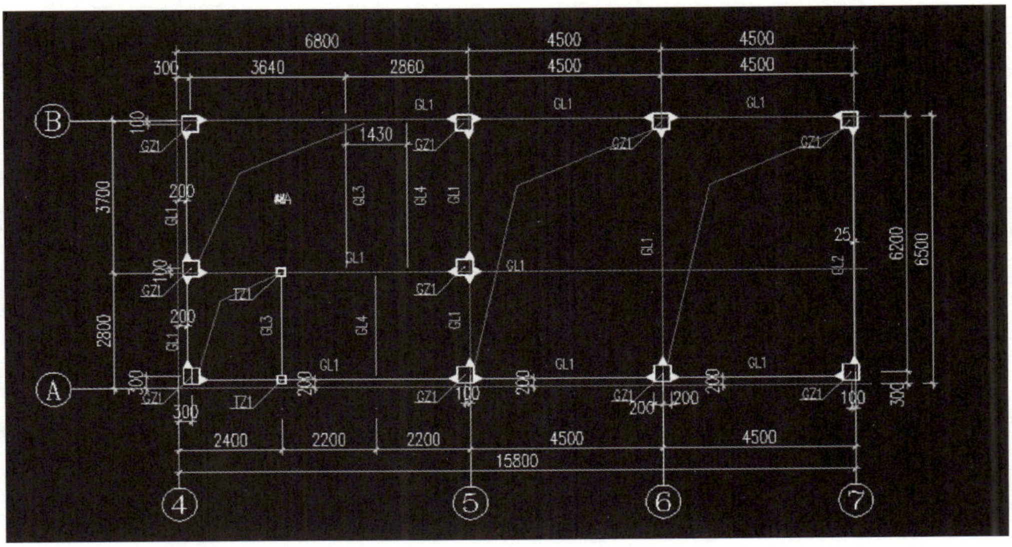

图 8-52 处理 CAD 图纸

（2）在模型文件里新建一个 REF 文件，我们可以把处理好的 CAD 图纸放到这个文件夹内，见图 8-53、图 8-54。

图 8-53　新建 REF 文件

图 8-54　平面布置图

（3）这里，我们导入 3m 标高的平面布置图，首先在模型里要切到 3m 标高的平面视图，放平，设置工作平面，见图 8-55。

（4）点开右侧菜单当中的"参考模型"工具，接着点击"添加模型"，然后浏览模型文件夹，找到 REF 文件。选择我们要导入的图纸，点击"添加模型"，见图 8-56。

（5）双击空白处，弹出视图属性对话框，点击"显示"；勾选"参考对象"，再点击"修改"；然后，在模型里右击，选择"重画视图"。这样，我们的 CAD 图纸就可以显示了，见图 8-57、图 8-58。

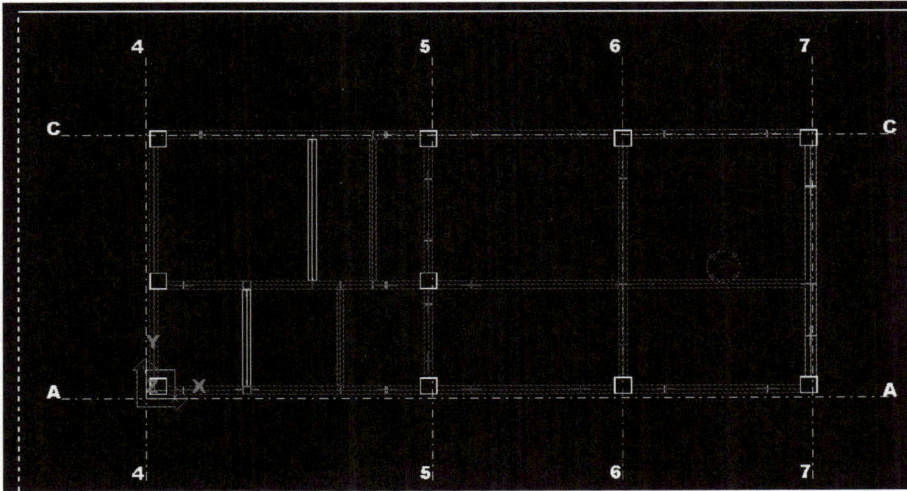

图 8-55　3m 标高平面视图

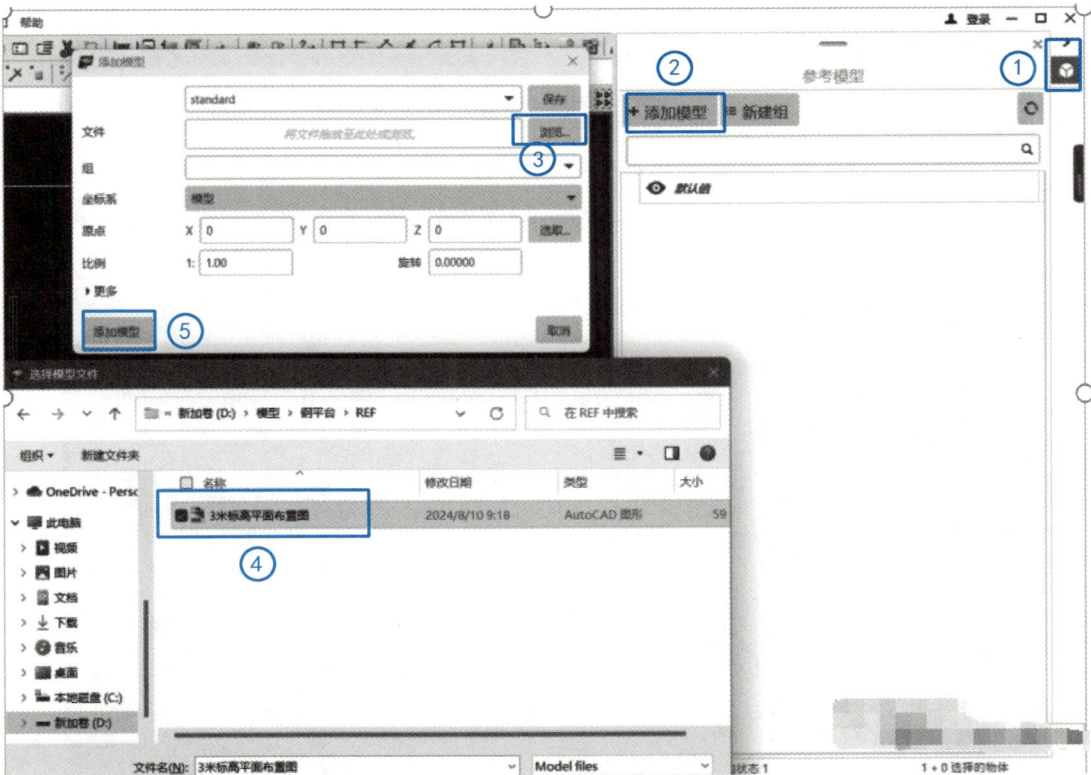

图 8-56　添加模型

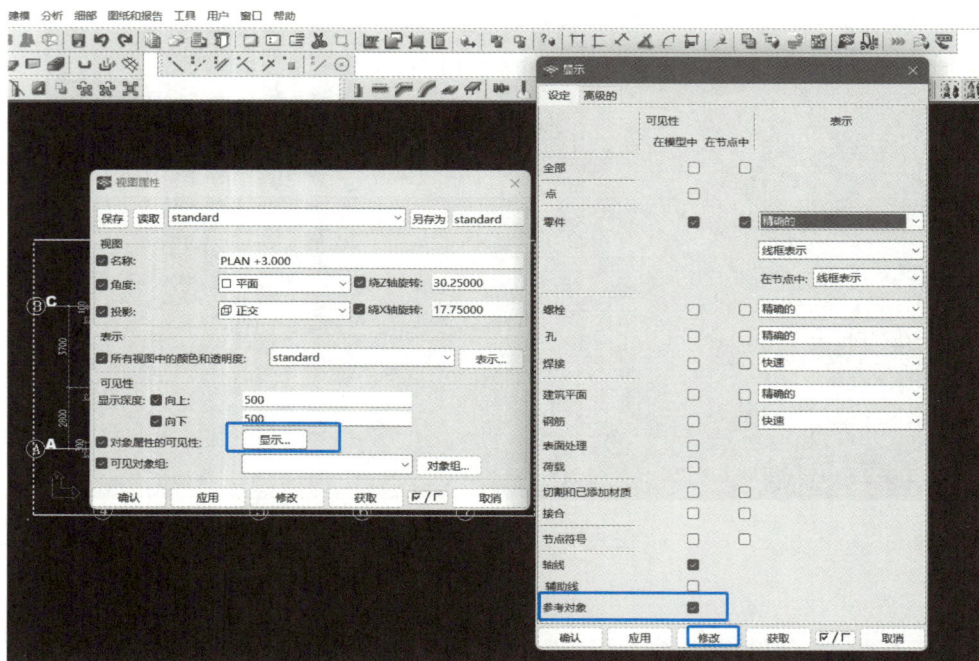

图 8-57　显示参考对象

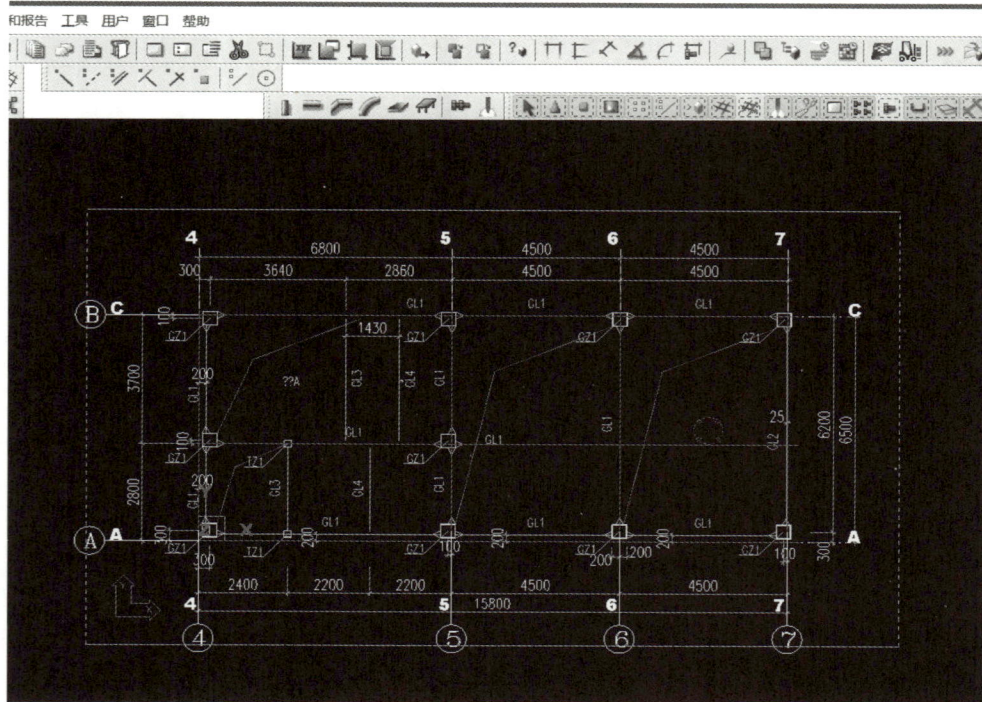

图 8-58　导入图纸